新疆砾岩油藏深部调驱提高采收率技术与实践

王延杰　白雷　唐可　罗强　聂小斌　等著

石油工業出版社

内 容 提 要

本书以新疆油田砾岩油藏深部调驱开发项目为基础，主要介绍了新疆砾岩油藏地质特征、开发渗流特征、砾岩油藏深部调驱配方体系及油藏适应性研究、深部调驱配套技术以及现场应用情况，为同类或相似油藏深部调驱设计、实施和管理等提供借鉴。

本书可供从事油气田开发工作的管理人员、工程技术人员以及院校相关专业师生参考使用。

图书在版编目（CIP）数据

新疆砾岩油藏深部调驱提高采收率技术与实践 / 王延杰等著 .—北京：石油工业出版社，2022.3

ISBN 978-7-5183-5135-0

Ⅰ. ① 新… Ⅱ. ① 王… Ⅲ. ①砾岩—岩性油气藏—化学驱油—提高采收率—研究—新疆 Ⅳ. ① TE357.46

中国版本图书馆 CIP 数据核字（2021）第 271215 号

出版发行：石油工业出版社

（北京安定门外安华里 2 区 1 号　100011）

网　址：www.petropub.com

编辑部：（010）64523537　图书营销中心：（010）64523633

经　　销：全国新华书店

印　　刷：北京中石油彩色印刷有限责任公司

2022 年 3 月第 1 版　2022 年 3 月第 1 次印刷

787×1092 毫米　开本：1/16　印张：12

字数：280 千字

定价：100.00 元

《新疆砾岩油藏深部调驱提高采收率技术与实践》

编　委　会

前　言

随着国内外新增探明储量油藏品质变差，老油田挖潜成为保持世界原油产量稳定的主要选项之一。老油田多数具有“高含水”特征，油藏长期水驱使非均质性进一步加剧，油层中逐渐形成高渗透通道或大孔道，油水井间形成水窜通道，严重影响油藏水驱开发效果，因此，如何有效控水稳油是老油田开发面临的难题。目前国内在控水稳油方面做了各种有益的尝试，其中深部调驱就是重要的一项，通过深部调驱技术可以改善产吸剖面，缓解层间和层内矛盾，近年来在减缓主力油藏产量递减、改善开发效果方面起到重要的作用。

新疆油田砾岩油藏分布范围广，动用储量 7.51×10^8t，占新疆油田的 56.6%，可采储量 1.98×10^8t，占 57.4%，是新疆油田主力生产区域之一。砾岩油藏具有极强非均质性，含水率上升快，动用程度低，注水开发效果逐年变差。为了实现老区持续稳产，多年来持续开展深部调驱技术的研究与实践，现场应用取得了较好的效果。以新疆油田砾岩油藏深部调驱开发项目为基础，以最新的研究结果和进展为内容来源，经系统整理编写成此书。全书共分为五章，第一章介绍了砾岩油藏地质特征，从砾岩油藏构造沉积、分类、模态、孔喉结构以及孔隙结构等方面进行详细论述；第二章介绍了砾岩油藏开发渗流特征，主要从砾岩油藏水驱开发特征、渗流规律以及优势通道识别方面展开论述；第三章介绍了深部调驱配方，主要包括弱凝胶、体膨颗粒、微球及就地聚合强凝胶等深部调驱技术；第四章介绍了砾岩油藏深部调驱配套技术，包括油藏和井层筛选技术、数值模拟技术、注入工艺技术、采出液分析检测技术以及效果评价技术等；第五章介绍了深部调驱技术在砾岩油藏的应用情况，主要包括Ⅰ类、Ⅱ类、Ⅲ类砾岩油藏深部调驱现场试验。

本书编写过程中，得到了中国石油天然气股份有限公司、中国石油大学（北京）、西南石油大学等单位领导和专家的大力支持，在此表示感谢。由于笔者水平及掌握的资料有限，书中不足之处在所难免，敬请广大读者批评指正。

目　　录

第一章　新疆砾岩油藏地质特征

第一节　砾岩油藏基本概念

砾岩是指粒度大于 2mm 的碎屑物含量占 30% 以上的碎屑岩[1, 2]。砾岩的形成取决于 3 个条件：有供给岩屑的源区，有足以搬运碎屑的水流，有搬运能量逐渐衰减的沉积地区。因此，在地形陡峭、气候干燥的山区，活动的断层崖和后退岩岸是砾岩形成的有利条件。巨厚的砾岩层往往形成于大规模的造山运动之后，是强烈地壳抬升的有力证据。砾岩的成分、结构，砾石排列方位，砾岩体的形态反映陆源区母岩成分、剥蚀和沉积速度、搬运距离、水流方向和盆地边界等自然条件。越靠近盆地边界，沉积物的粒度越大，陆源碎屑总含量也越高。砾岩油藏的储层由砂岩、砾岩组成，但油藏中 60% 以上的储量分布在砾岩储层中。砾岩油藏属于难开发油藏之一，具有相变快、岩性变化快、孔隙结构复杂、非均质性严重等特点[3–5]。

砾岩油藏在国内外有着广阔的分布，国内砾岩油藏主要集中在新疆准噶尔盆地[6–10]、河南双河油田[11]、辽河油田西部凹陷[12]、大庆油田徐家围子地区[13]、胜利油田盐家油田[14, 15]、胜利油田罗家油田[16]、胜利油田的东营凹陷永 55 区块[17]、东营凹陷北部陡坡带[18]，其中新疆准噶尔盆地探明地质储量 12.3×10^8t，砾岩油藏范围内规模居世界首位（图 1–1）。国外砾岩油藏主要分布在美国帕克斯普林斯砾岩油田[19]、巴西的卡莫普利斯油田、美国的麦克阿瑟油田[20]、阿根廷门多萨油田等。

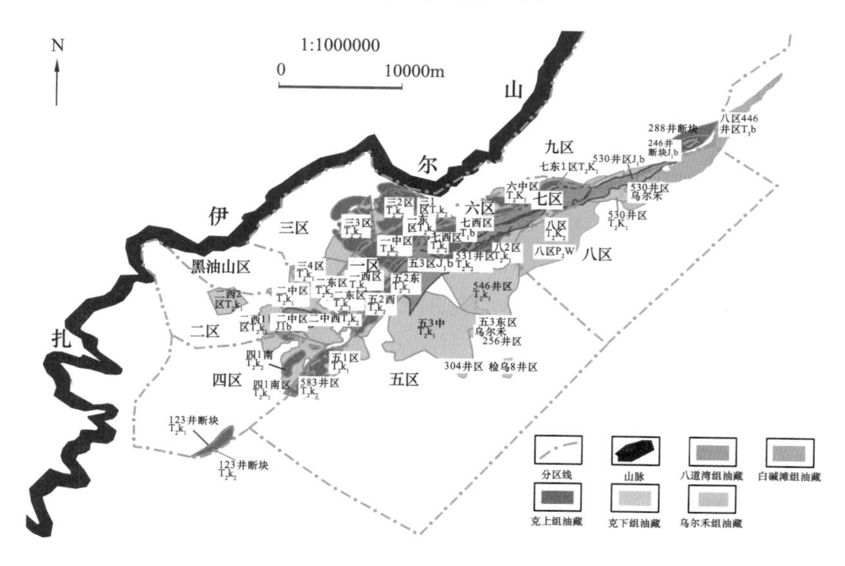

图 1–1　新疆主要砾岩油藏分布

第二节 新疆砾岩油藏主要分类

克拉玛依砾岩油藏按储层物性和流体性质又可划分为三类[26–28]。

Ⅰ类油藏：中渗透、中低原油黏度层块。处在沉积相带的相对有利部位的扇中、扇顶或山麓河流相河床多次重叠发育的地区，储油层以砾岩、砾状砂岩为主的碎屑岩，油层基本连片分布。有效渗透率大于100mD，地层原油黏度一般4～8mPa·s，属于砾岩油藏储层最好的层块。

Ⅱ类油藏：低渗透、中等原油黏度层块。处在沉积相带的变差部位的大型洪积扇扇缘，小型洪积扇扇中及扇间过渡带。泥质含量增高，颗粒分选差，有效渗透率30～70mD，地层原油黏度2.5～14mPa·s，油层连通性差，水驱控制程度低，开发效果差。

Ⅲ类油藏：中渗透、高黏度。主要油层属于离物源近，高能量不稳定水流的扇顶与河流相砂砾岩体，油层连片分布，一般埋藏较浅，胶结疏松，层内渗透率级差大。隔层较薄且不够稳定，储层中存在高渗透网络，微裂缝一般较发育，有效渗透率100～540mD，地层原油黏度为21～214mPa·s。

三类砾岩油藏储层岩石颗粒成分以石英、长石和岩屑为主，但各组分质量分数差别明显。Ⅰ类油藏砂砾岩石英质量分数最高，为30.6%～64.5%，平均为48.4%；长石质量分数为15.9%～24.7%，平均为22.1%；岩屑质量分数为13.9%～39.2%，平均为25.2%。Ⅱ类油藏砂砾岩石英质量分数为12.6%～49.9%，平均为33.5%；长石质量分数为17.9%～37.9%，平均为30.2%；岩屑质量分数为14.1%～60.2%，平均为29.3%。Ⅲ类油藏砂砾岩石英质量分数为5.8%～55.2%，平均为23.2%；长石质量分数为3.8%～47.6%，平均为33.4%；岩屑质量分数为34.9%～65.3%，平均为40.2%。

油藏储层矿物质量分数表明，在成分成熟度方面，Ⅰ类最高，Ⅱ类次之，Ⅲ类最差。在颗粒磨圆和分选方面，Ⅰ类油藏砂砾岩储层岩石颗粒分选因子为2.0～4.7，磨圆为半圆状—次棱角状，结构成熟度较高；Ⅱ类油藏分选因子为2.3～5.2，磨圆为半圆状—次棱角状，结构成熟度较低；Ⅲ类油藏分选因子为2.9～7.6，磨圆为次棱角状，结构成熟度最低。

三类油藏沉积物源相同，由于沉积环境、水动力、搬运距离及后期成岩作用差异，导致储层岩石学特征差别明显。因此砾岩油藏深部调驱技术主要特点是根据不同类型砾岩油藏特点，研发与储层地质特点相匹配的配方体系。

第三节 新疆砾岩油藏模态特征

储层孔隙模态的建立，是从微观上把储层孔隙结构理论模式化。美国地质学家Clarke[29]在1979年针对碎屑岩中分选差、粒度粗、粒度分布区间广的砾岩储层，提出一级颗粒组成骨架，充填较细二级颗粒的双模态结构模式，并用数学分析和特征曲线描述了它与单模态结构的明显差别。刘敬奎[30]在此基础上，针对克拉玛依砾岩储层结构特点，将双模态定义推广，提出复模态的砾岩储层结构概念（图 1–2）。

一、单模态结构特征

单模态结构岩石喉道大小与颗粒粒径及其堆积角 θ 相关，颗粒粒径和堆积角越大，则喉道越大。孔隙度大小与颗粒粒径无关，只与堆积角相关。最疏松堆积（θ =90°）时，孔隙度为 47.64%，最紧密堆积（θ =60°）时，孔隙度为 25.95%。渗透率则与颗粒粒径和堆积角紧密相关，相比孔隙度，渗透率受堆积角的影响更大。单模态结构岩石通常在砂岩油藏比较常见，砾岩储层相对比较少。

二、双模态结构特征

双模态岩石结构又分为双模态悬浮结构和双模态充填式两种，前者表明二级颗粒含量较高，较粗的一级颗粒漂浮在二级颗粒之上，比如含砾砂岩、砂质粉砂岩等；后者表明二级颗粒较少，分散地充填在一级颗粒骨架中，比如典型的粗砂岩、不等粒砂岩等。双模态岩石的孔隙度与一级颗粒的堆积角和二级颗粒含量相关。一级颗粒堆积角越小，或二级颗粒的含量越高，则孔隙度越小。渗透率除了与一级颗粒堆积角和二级颗粒含量有关外，还与一级颗粒粒径的平方成正比。双模态结构岩石的孔隙度和渗透率均小于单模态结构的孔隙度和渗透率。

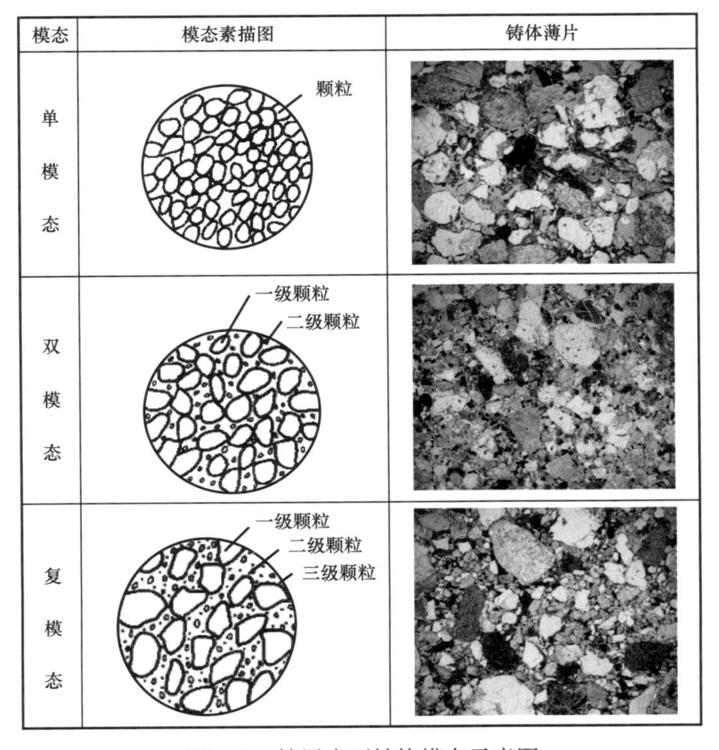

图 1–2 储层岩石结构模态示意图

三、复模态结构特征

复模态结构即在砾石为骨架形成的孔隙中，部分或全部为砂粒所充填，而砂粒组成的孔隙中，又部分充填亚黏土级颗粒和黏土颗粒。这种结构岩石颗粒分选差、孔隙结构复杂，相同成岩条件下，比其他模态岩石物性差。罗明高[27]称这种结构为三模态结构，并根据二级颗粒或三级颗粒含量的高低，分为三模态悬浮式和三模态充填式两种（图 1–3）。

(a) 悬浮式（含砾粗砂岩，T71911，1155.22m，S_7^{3-1}）

(b) 充填式（砂质砾岩，T71911，1161.56m，S_7^{3-2}）

图 1–3　复模态岩石颗粒堆积方式

（1）悬浮式复模态岩石富含泥质、粉砂质等颗粒，填隙物含量高，储层质量差，比如含泥砂质砾岩、含砾砂岩、砂砾质泥岩等过渡类型岩石。

（2）充填式复模态包含砂、砾、泥三级颗粒，且砾石颗粒占优，砂砾颗粒形成岩石骨架，少量泥质充填，主要岩石类型包括不等粒砾岩、砂质砾岩、泥质砾岩等过渡类型岩石，与悬浮式复模态岩石相比，泥质和砂质组分相对较少。

通过岩石铸体薄片观察，在砾岩储层的孔隙结构观察中，既可见到双模态结构，也可见复模态结构，新疆砾岩储层孔隙结构以复模态为主（图 1–3），其次是双模态孔隙结构，单模态孔隙结构发育较少。前人对单模态、双模态孔隙结构特征已做了大量的研究工作，1991 年罗明高从粒径比和相对含量这两个重要影响因素入手，确定了不同碎屑岩结构模态的数学和地质模型及在不同模态中的孔隙度、渗透率的计算公式，阐述了碎屑岩结构模态的形成机理及其对储层物性的影响[31]。

第四节　新疆砾岩油藏孔喉结构特征

一、孔隙类型及组合形式

通过铸体薄片观察，克拉玛依油田砾岩储层主要有 5 种孔隙类型及 4 种组合形式[32, 33]，部分岩石孔隙类型如图 1–4 所示，5 种孔隙类型分别如下。

（一）粒间孔隙

碎屑颗粒之间形成的孔隙，按成因可分为原生粒间孔、剩余粒间孔和粒间溶孔三类。

（1）原生粒间孔是碎屑颗粒之间形成的较大孔径，形状多为三角形、多边形，一般而言，原生粒间孔发育的部分渗透率、孔隙度均较大，物性相对较好。

（2）剩余粒间孔是原生孔隙经过成岩作用改造变形后的孔隙形态，包括压实缩小的粒间孔、自生矿物沉淀充填缩小的粒间孔。

（3）粒间溶孔是指成岩碎屑颗粒部分溶蚀，或者胶结物部分溶解而产生的次生孔隙，孔隙直径较大，不受颗粒边缘的限制。孔隙边缘一般为港湾状，形状不规则，按形状可分为蜂窝状粒间孔与线状砾缘孔两类：① 蜂窝状粒间孔孔隙直径 1～625μm，是储存空间；② 线状砾缘孔喉道半径平均值一般小于 1μm，是联系通道。

克拉玛依油田砾岩油藏粒间孔隙不像砂岩中的那样发育，形态不均匀，二维平面呈三角形、多边形或不规则形，孔喉配位数低，为 3～4。这类孔隙在各时代的储层中所占份额有别，除二叠系外，一般不低于 80%。

（二）界面缝

界面缝发育在岩性变化面之间，宽 1～50μm。此类孔隙在大型洪积扇顶颇为发育。如油田六区洪积扇顶可占 1.5%～66%，三叠系百口泉组占 18.8%。由于其形态比较均一，通道端直，液阻效应较粒间孔低，易发生水窜。

（三）微裂缝

按成因可分为两种：（1）构造成因的张裂隙和剪裂隙，宽度一般大于 5μm，分布在各储层及古生界的风化壳中，易形成水窜、水淹通道；（2）发育在水云母中的张裂隙，宽度小，延伸短。

（四）晶间孔隙

晶间孔隙主要发育在方沸石或长石的晶体之间，孔隙直径 4～630μm。

（五）溶模孔

某些晶体（如方沸石、长石类）被溶蚀为残体，但其外形仍保持原矿物的晶形，直径一般 1～200μm。

克拉玛依砾岩储层不仅包括砾、砂、泥各类粒级所形成的三元组合，而且还具有原生孔隙与次生孔隙共存的组合特征。粒间孔、晶间孔、溶模孔是储层主要储集空间，砾缘缝、微裂缝、界面孔是主要渗滤通道。共四种组合类型。（1）粒间孔与砾缘缝 + 界面缝隙组合类型：孔、喉半径较大，发育在小型洪积扇顶、大型洪积扇中及辫状河流相等有利储油相带。（2）粒间孔与微裂缝 + 界面缝隙组合类型：发育在大型洪积扇顶的较有利储油相带。（3）粒间孔与界面缝隙组合类型：孔小，喉细，发育在小型洪积扇中及大型洪积扇缘的不利储油相带。（4）溶模孔 + 晶间孔与微裂缝组合类型：分布在成岩后生作用严重的洪积相砾岩带，形成特低渗透层。

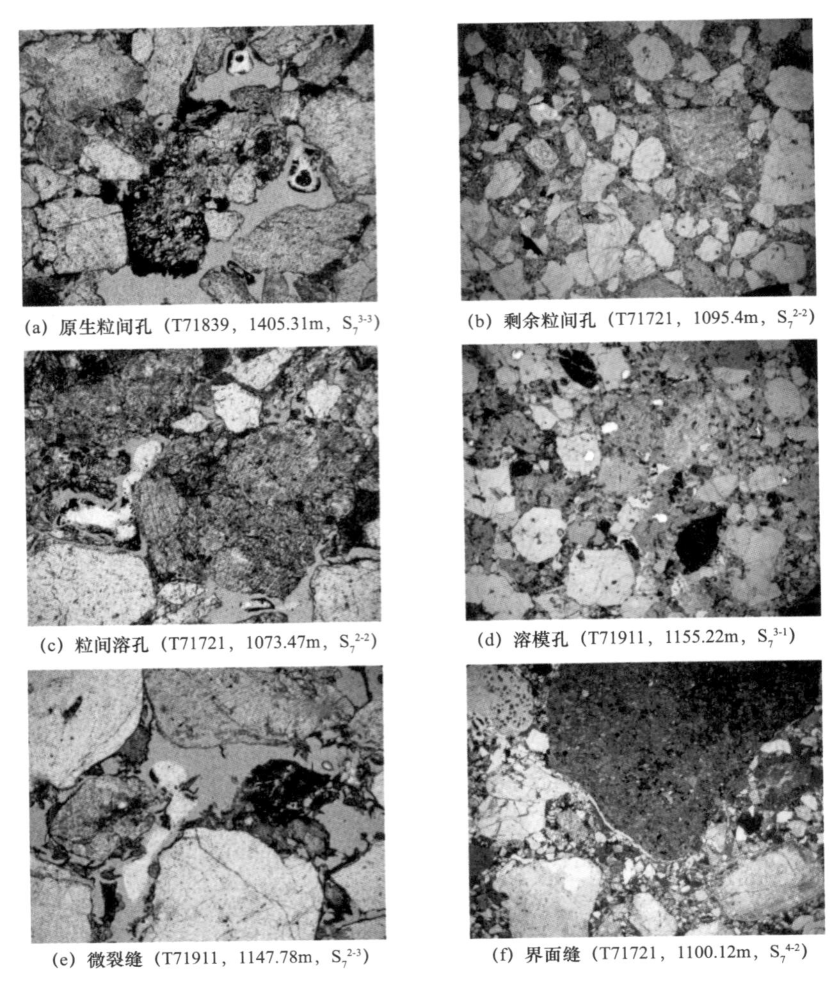
(a) 原生粒间孔（T71839，1405.31m，S_7^{3-3}）
(b) 剩余粒间孔（T71721，1095.4m，S_7^{2-2}）
(c) 粒间溶孔（T71721，1073.47m，S_7^{2-2}）
(d) 溶模孔（T71911，1155.22m，S_7^{3-1}）
(e) 微裂缝（T71911，1147.78m，S_7^{2-3}）
(f) 界面缝（T71721，1100.12m，S_7^{4-2}）

图 1–4　岩石孔隙类型铸体薄片观察

二、喉道分布特征

通过室内压汞法分别研究单模态、双模态、复模态砾岩储层的孔喉分布特征。单模态毛细管压力曲线表现为阀压低（<0.01MPa），最大毛细管半径为 58.14μm，进汞饱和度较高（图 1–5），进汞曲线有一段平缓段，且平缓段对应毛细管压力较低，大孔粗喉发育。在 20.4MPa 压力下进汞饱和度均超过 90%，退汞率平均为 30% 左右。孔喉分布直方图主要为单峰分布，分选系数普遍大于 3.5，分选较好，偏态大于零，孔喉偏粗态。

双模态毛细管压力曲线阀压较高（0.03～0.2MPa），平均最大毛细管半径为 43.93μm，退汞效率平均为 24.63%。进汞曲线略偏粗（图 1–6），喉道分布不均，孔喉分布范围广，压汞曲线和孔喉分布图均表明颗粒分选差，分选系数大于 3，孔喉分选一般，偏态介于 −1～1 之间，平均偏态值为 0.24，略偏粗态。孔喉分布直方图一般为双峰分布，但主要渗透率贡献值区间仅能控制一个峰值区，所以导致注水开发时含水率上升快，无水采收率低。

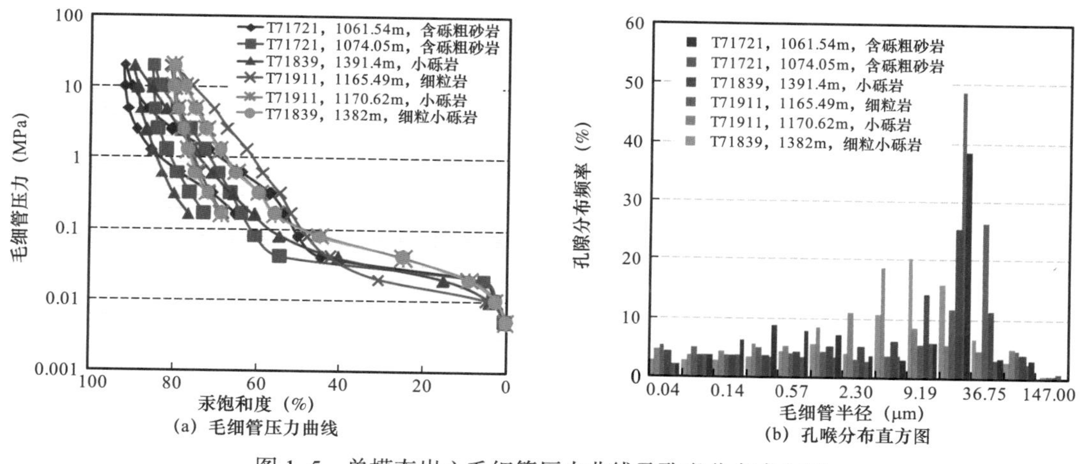

图 1-5 单模态岩心毛细管压力曲线及孔喉分布直方图

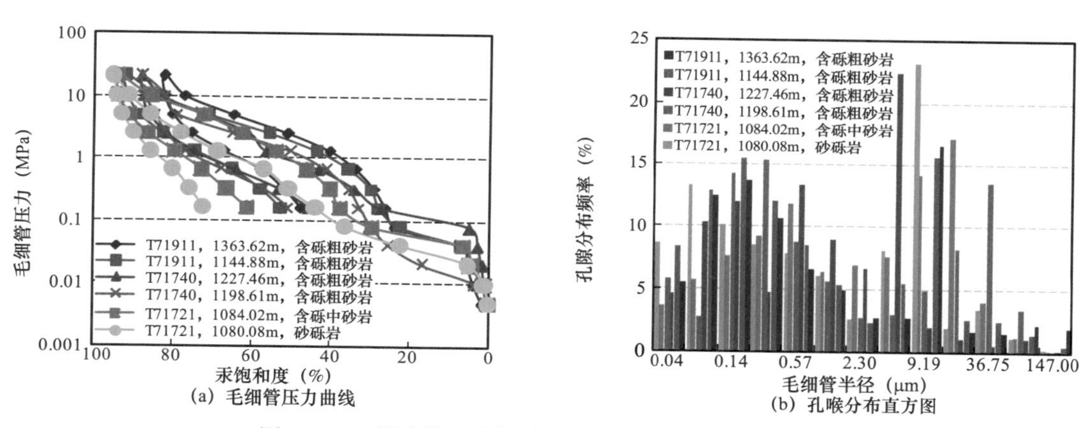

图 1-6 双模态岩心毛细管压力曲线及孔喉分布直方图

复模态孔喉分布直方图呈单峰偏细型或多峰偏细型（图 1-7），毛细管压力曲线的阀压高（0.2～0.6MPa），平均最大毛细管半径为 22.5μm，最大进汞饱和度多数偏低（<60%），退汞效率偏低，平均值 20.41%。

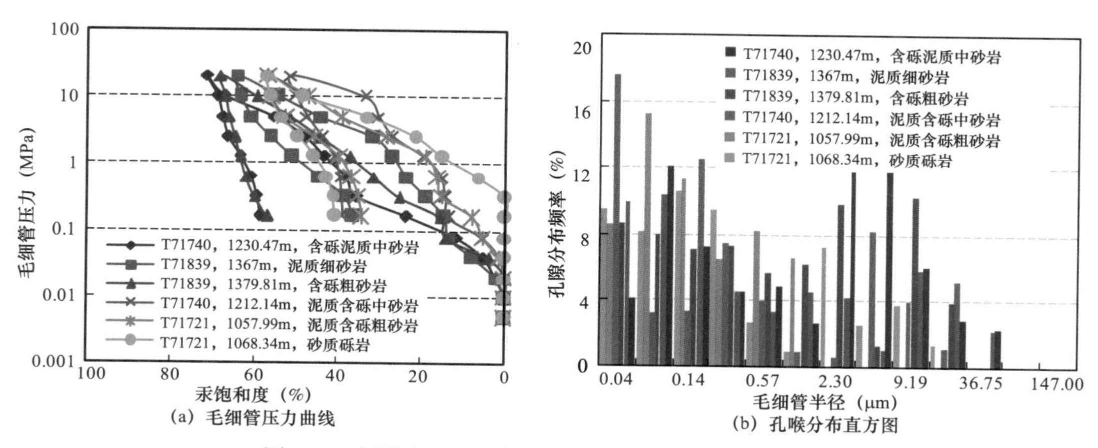

图 1-7 复模态岩心毛细管压力曲线及孔喉分布直方图

三、复模态储层三维空间结构特征

全直径微纳米 X–CT 扫描及图像处理技术可以在岩心不被破坏的状态下对岩心进行三维扫描，形成三维动画，明确岩石的物理参数，极大提高对岩心小孔、微孔的认识。CT 扫描技术在国外已成为岩心分析的常规测试技术[34–36]，自 2000 年以来，国内 CT 扫描技术快速发展，2009 年中国石油勘探开发研究院应用 CT 扫描系统对 13 个岩心连续进行扫描，并应用三维重建技术得到岩心的三维孔隙变化，在“孔群级”尺度上清楚地观察到岩心内部的孔隙变化和非均质特征[37]。新疆油田针对砾岩油藏复杂孔喉结果特征，采用 CT 扫描技术对储层空间微观非均质结构进行了一系列研究[38–41]。

分别对单模态、双模态、复模态岩心进行 X–CT 三维扫描（图 1–8），单模态三维图中孔隙数量为 3519 个，孤立孔隙有 1166 个，连通孔隙数量为 2353 个，有效孔隙连通率为 66.87%，喉道数量为 5568 个，平均孔喉配位数为 3.08。岩心孔隙分布较大，最大孔喉半径超过 70μm，主要孔隙半径分布在 10～30μm，喉道最大半径达到 30μm，主要喉道半径分布在 4～12μm 之间。

双模态孔隙数量为 1349 个，孤立孔隙有 571 个，连通孔隙数量为 778 个，有效孔隙连通率为 57.67%。喉道数量为 2000 个，平均孔喉配位数为 2.88。双模态岩心孔隙分布范围 0～30μm，主要孔喉分布在 0～20μm 之间。喉道分布主要集中在 2～10μm 之间。

复模态孔隙三维图形呈星点状分布，相互连通较差。三维图中孔隙数量为 2452 个，孤立孔隙有 1494 个，连通孔隙数量为 958 个，有效孔隙连通率为 39.07%。喉道数量为 3057 个，平均孔喉配位数为 2.42。岩心孔隙分布范围 0～30μm，主要孔隙分布在 0～10μm 之间。喉道分布集中在 0～6μm 之间。

不同模态储层 X–CT 扫描分析结果表明，相比单模态、双模态结构，复模态储层孔隙平均配位数低，孤立喉道数大，喉道尺寸较小，孔隙连通率差（表 1–1）。

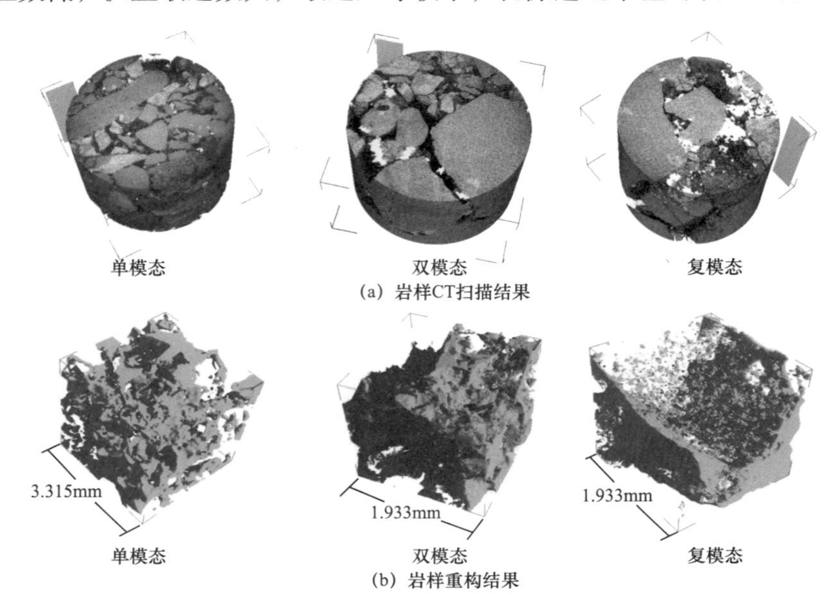

图 1–8　岩样孔隙空间分布

表 1–1　不同模态岩心 X–CT 图像孔喉统计

模态	岩性	孔隙度（%）	气测渗透率（mD）	孔隙数量（个）	喉道数量（个）	平均配位数	孤立孔喉（个）	连通孔隙（个）	孔隙连通率（%）
单模态	粗砂岩	21.1	859	3519	5568	3.08	1166	2353	66.87
双模态	含砾粗砂岩	14.5	335	1349	2000	2.88	571	778	57.67
复模态	砾岩	15.1	36.5	2452	3057	2.42	1494	958	39.07

四、复模态可动流体空间连续谱分布特征

传统实验方法把岩心当作“黑盒子”模型，只能研究岩心水驱油（或渗吸）过程中一些宏观参数对水驱油效率（或渗吸效率）的影响，而无法给出水驱油过程中岩石不同孔隙的动用情况。核磁共振作为一种新型技术，能够快速、无损坏地得到岩心的孔喉分布特征，目前已被国内外各油田广泛采用[42–50]。核磁共振测井中一般采用差谱、移谱技术来识别油、水信号并定量测量油、水饱和度，然而大量实验研究结果表明，我国典型油田储层内油相的弛豫时间与大孔隙内水相的弛豫时间很接近，直接进行核磁共振测量难以分辨油、水信号。

为了通过核磁共振手段表征岩心驱替过程中，原油在不同模态孔隙结构中的分布，采用重水建立束缚水、用重水配制驱替液驱替岩心。重水与普通水具有相近的物理化学性质。重水由氘原子和氧原子构成，其中氘原子是由一个质子和中子组成，氘原子的质量数是偶数，而原子序数是奇数，不能够产生核磁共振现象。实验采用重水饱和岩心，再用原油建立束缚水饱和度，用重水配制的驱替液驱替岩心。对核磁共振 T_2 图谱信号进行分析，研究对比单模态、双模态、复模态岩心驱替后剩余油分布（图 1–9）。

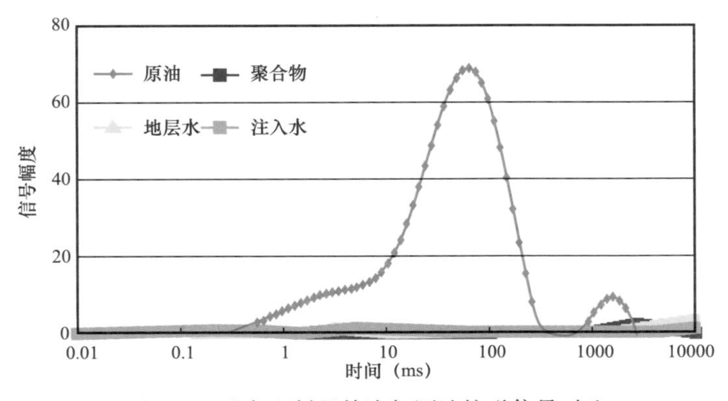

图 1–9　重水配制驱替液与原油核磁信号对比

研究结果表明岩心水驱（聚合物驱替）以后，单模态岩心剩余油主要分布在 0.57～4.59μm 的孔喉及较小的孔隙内，主峰内的原油基本被驱出。剩余油饱和度较低，为 17.05%，小于 5μm 孔隙空间内剩余油分布比例较高，超过 80%。大于 10μm 孔隙内

的剩余油比例较低，仅占3.08%。双模态岩心的剩余油主要分布在0.57～9.19μm的孔喉内，较大主峰内的原油基本被驱出。平均剩余油饱和度为22.24%，剩余油主要分布在小于1μm孔隙空间内，占总剩余油的45.61%。大于5μm的孔隙空间内，剩余油比例为19.41%，剩余油相对较高，具有较高的挖潜价值。复模态岩心剩余油主要分布在0.57～18.38μm的孔喉内，而岩心主峰内还残余相当一部分的原油，岩心原油动用程度偏低。平均剩余油饱和度为24.34%，由于复模态岩心物性较差，注入水主要波及较大孔隙，大于5μm的孔隙内的剩余油比例为16.88%，低于双模态岩心，小于1μm孔隙的剩余油比例较高，接近50%，是后续主要挖潜对象（表1–2和图1–10）。

表1–2　不同孔喉半径剩余油含量

模态	剩余油饱和度 S_{or}（%）	剩余油分布比例（%）			
		<1μm	1～5μm	5～10μm	>10μm
单模态	17.05	44.09	42.41	10.42	3.08
双模态	22.24	45.61	34.98	11.74	7.67
复模态	24.34	48.99	34.13	8.54	8.34

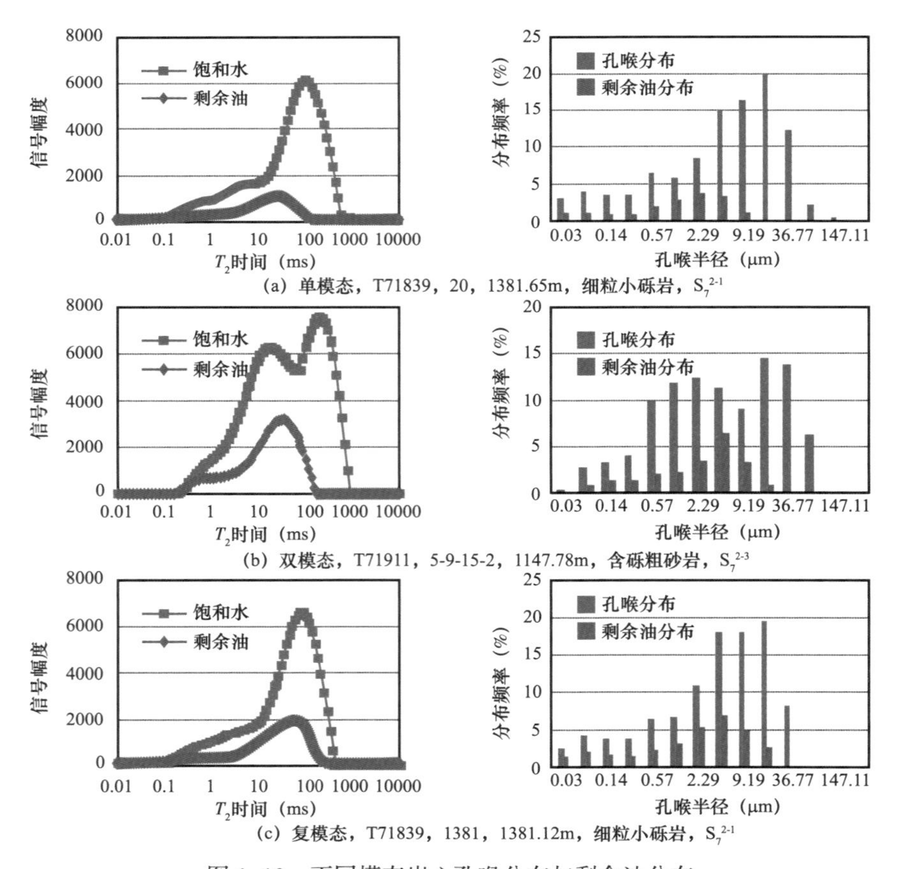

(a) 单模态，T71839，20，1381.65m，细粒小砾岩，S_7^{2-1}

(b) 双模态，T71911，5-9-15-2，1147.78m，含砾粗砂岩，S_7^{2-3}

(c) 复模态，T71839，1381，1381.12m，细粒小砾岩，S_7^{2-1}

图1–10　不同模态岩心孔喉分布与剩余油分布

从复模态岩心的水驱（聚合物驱油）不同阶段核磁共振 T_2 分布可以看出，对比饱和普通地层水的 T_2 谱与建立束缚水之后的原油分布 T_2 谱，岩心建立束缚水时原油基本充填满大孔隙，而束缚水分布范围也较大，1～100ms 弛豫时间内都有束缚水的分布，其对应的孔喉半径为 0.08～8μm 范围内（图 1–11）。

水驱的不同阶段含油饱和度从 77.08% 降至 34.44%，三维柱状图孔喉分布主要表现为：大孔喉中的原油逐渐减少，小孔喉中的原油信号基本不变，说明注入水主要波及的是渗透性和连通性极好的大孔粗喉。注聚合物阶段，大孔内原油进一步减少，小孔隙变化较小（图 1–12）。

不同阶段孔喉内原油变化，可以看出原油基本充满大孔大喉，小孔内含有束缚水，含油饱和度相对较低。在整个驱油实验过程当中，原油动用程度较大的主要为大于 2.29μm 这个孔径范围，小于 1.14μm 这个孔径范围的原油动用程度较少。水驱完成以后，对于大于 4.59μm 的孔喉，原油动用程度很高，大部分原油都被驱出；而孔径为 1.14～4.59μm 的孔喉内的原油，动用程度相对较低，驱出油量较少；小于 1.14μm 孔喉内的原油基本未被动用。后续的注聚合物与水驱结束后，聚合物进一步加大了 4.59～9.19μm 的孔喉内原油的动用程度，小于 4.59μm 孔径内原油动用程度提高较低。

为了便于分析原油动用规律，将孔喉半径范围划作小于 1μm、1～5μm、5～10μm、大于 10μm 四个区间（表 1–3），统计孔喉分布、绝对含油（剩余油）饱和度及原油动用程度。由表 1–3 可知，随孔喉半径增大，水驱对原油动用程度依次增大。水驱大于 10μm 孔径内原油动用程度最高，为 90.21%。对 5～10μm 孔径内原油动用程度为 66.86%，小于 5μm 孔径内的原油动用程度都偏低。聚合物驱进一步提高大于 5μm 孔径内原油动用程度，小于 5μm 孔径内原油动用程度偏低。水驱（聚合物驱）后，小于 5μm 孔径内的含油饱和度为 25.66%，大于 5μm 孔径内的含油饱和度为 2.82%。

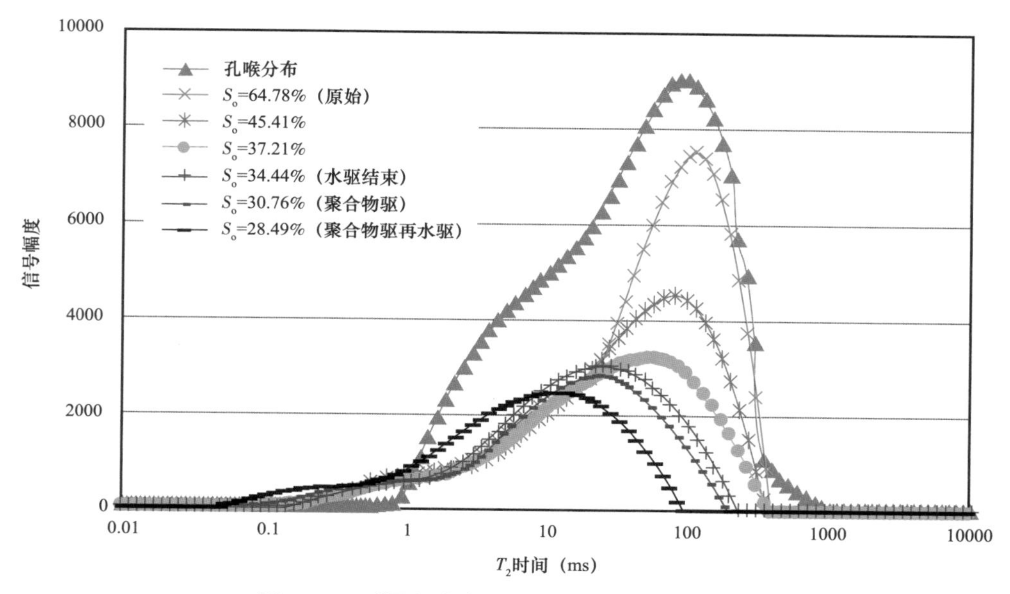

图 1–11　不同驱油阶段核磁共振 T_2 弛豫时间谱

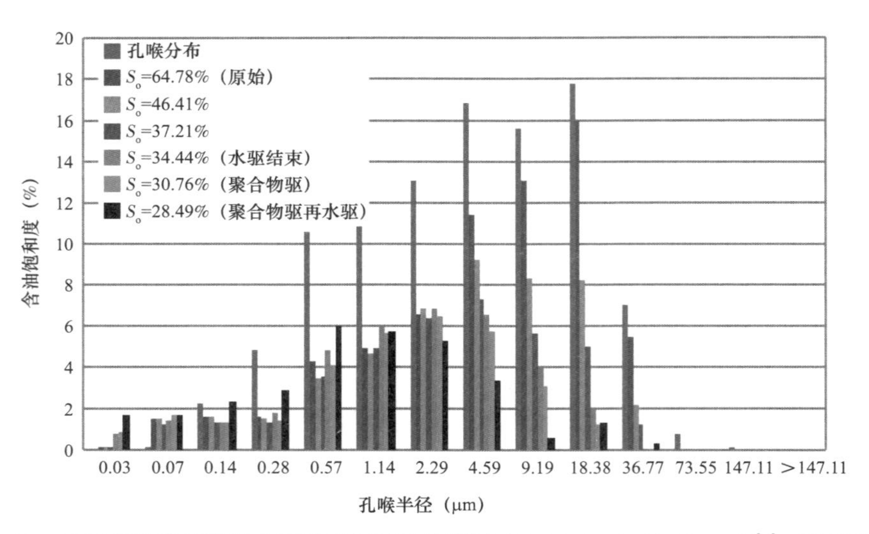

图 1-12　不同驱油阶段孔喉中原油动用三维柱形图（T71911，1161.56m，S_7^{3-2}，砂质砾岩）

表 1-3　复模态岩心孔喉分布及原油动用规律

孔喉半径（μm）		<1	1～5	5～10	>10
孔喉分布（%）		28.7	29.97	15.65	25.67
含油饱和度（%）	原始	16.76	15.52	11.67	20.82
	水驱	15.18	13.35	3.87	2.04
	聚合物驱	14.72	10.94	1.76	1.06
原油动用程度（%）	水驱	9.44	14.00	66.86	90.21
	聚合物驱	12.16	29.53	84.89	94.90

第五节　新疆砾岩油藏构造沉积特征

克拉玛依砾岩油藏构造上处于准噶尔盆地西北缘冲断带，即发育着一条克拉玛依—乌尔禾大逆掩断裂，贯穿于整个构造带，控制了上述油气田分布。克拉玛依—乌尔禾大逆掩断裂带可分成三段：红山嘴—车排子段、克拉玛依—百口泉段、乌尔禾—夏子街段。断裂为逆掩性质，断面倾向西北，倾角上陡（60°～75°）下缓（25°～45°），走向北东，长约 250km。断裂发生于海西晚期，结束于燕山早期上侏罗统沉积之前。为同一沉积断裂，控制了断裂上下盘的中生代沉积。断裂上盘沉积层位少，沉积厚度薄，一般缺失二叠系、下三叠统，中三叠统底部呈由东南向西北的超覆沉积，印支末期、燕山早期结束时，上盘地层均遭受强烈的剥蚀，加剧了下侏罗统底部、上侏罗统底部的不整合。下盘地层沉积较全，沉积厚度较大。随主断裂的长期活动，伴生了平行或斜交的分支逆断裂。因此断裂带形成了由西北向东南依次降低的断阶。形成的油气藏多为与断裂遮挡有关的单斜地层超覆油气藏、断裂遮挡的岩性油气藏、断裂切割的短轴背斜油气藏。这些油气藏埋深变化较大，从地面露头至3000m均有。高断阶一般埋深150～500m，中断阶800～1200m，低断阶1400～3000m。油气藏一般无边底水，仅在局部的断块低部位具有不活跃的地层封闭水。

储层属于三叠系—侏罗系的山麓洪积和山麓辫状河流相沉积。形成于水动力条件很强而又极不稳定的近物源环境中。岩体横向变化大，顺水流方向可延伸2000m，而垂直于水流方向则只有500～700m。厚度变化大，由洪积扇（可分为扇顶、扇中、扇缘三个亚相）扇顶的7～20m变到扇缘的2.0m以下。具有成分复杂，分选差（分选系数多在3～8之间），磨圆度不好的快速堆积特点。泥质含量10%～18%，一般为正韵律，颗粒韵律性变化不强。油层物性较差，有效孔隙度在10.4%～24.0%之间，有效渗透率在30～200mD之间。平面上沉积相带很窄，连续性差，砂砾岩体呈窝状分布，剖面上大小透镜体相互叠合或零散分布，渗透率多呈跳跃式的复合韵律，砾岩渗透率级差可达数十至数百倍以上，即使相对均质小段，渗透率也相差几十倍。渗透率与孔隙度的变化基本无固定关系。统计渗透率分布整体呈 Γ—x 型，渗透率变异系数多在0.7以上[21-25]。

第六节　砾岩储层孔隙结构模型

一、复模态孔隙结构分类图版

假设单模态、双模态、复模态取值分别为1、2、3，根据压汞数据确定不同模态岩石8个孔隙结构参数（均值 D_M，分选系数 S_p，偏态 S_{kp}，峰态 K_p，中值孔隙半径 R_{50}，最大孔隙半径 R_{max}，孔喉比 V_p/V_t，平均孔隙半径 R），并与模态假设参数进行多元回归分析，求取孔隙结构参数与模态参数 C 之间回归方程：

$$C=0.111826D_M-0.03328S_p+0.199074S_{kp}+0.032787K_p-0.02718R_{50}-0.00036R_{max}+\frac{0.033236V_p}{V_t}-0.06677R+1.778001 \quad (1\text{-}1)$$

考虑到多元回归方程的标准误差，当模态特征参数介于2.5～3.5之间，为复模态孔隙结构。

单模态：$0.5 < C < 1.5$。

双模态：$1.5 < C < 2.5$。

复模态：$2.5 < C < 3.5$。

二、储层物性模型建立

对不同模态孔隙参数与其对应的孔隙度、渗透率值进行多元线性回归，其中孔隙度与均值 D_M、分选系数 S_p、偏态 S_{kp}、峰态 K_p、中值孔隙半径 R_{50}、最大孔隙半径 R_{max}、孔喉比 V_p/V_t、平均孔隙半径 R 之间的相关性较好，而渗透率与中值孔隙半径 R_{50}、最大孔隙

半径 R_{max}、孔喉比 V_p/V_t、平均孔隙半径 R 相关性较好。不同模态物性值计算模型如下：

$$物性计算模型 =AD_M+BS_p+CS_{kp}+DK_p+ER_{50}+FR_{max}+GV_p/V_t+HR+X \quad (1-2)$$

式中　A,B,C,D,E,F,G,H,X——系数。

根据不同的方程系数可以计算出对应模态的孔隙度、渗透率参数。为验证多元回归方程准确性，将七东 $_1$ 区 T71721 井的孔隙结构参数代入多元回归方程，计算出不同样品的模态参数及模态物性值（表 1–4）。

表 1–4　不同模态物性计算系数值

系数	单模态		双模态		复模态	
	孔隙度	渗透率	孔隙度	渗透率	孔隙度	渗透率
A	−19.802	0	7.214	0	−9.321	0
B	16.186	0	−16.907	0	−1.710	0
C	−26.145	0	10.740	0	1.028	0
D	2.756	0	−14.890	0	5.330	0
E	−0.319	288.378	0.912	−104.515	−27.430	−44.613
F	−0.289	−58.009	0.115	−28.081	−2.076	−6.809
G	0.523	−287.000	−2.564	−204.623	−0.908	0.204
H	−0.356	−14.616	1.188	213.669	8.408	50.637
X	139.584	4781.296	28.261	−45.182	119.020	−2.742

三、岩石粒径分布预测储层孔喉参数

不同模态实际反映了不同的沉积环境以及对应的不同粒径的岩石颗粒的堆积比例，不同粒径岩石颗粒的含量和堆叠方式决定了岩石的物性以及孔隙结构参数。将 T71721 井、T71740 井、T71911 井三口井（N=115）的粒度资料以及其对应深度的物性、孔隙结构资料，将不同粒径的累计含量与物性参数、孔隙结构参数进行多元线性回归，其多元回归方程如下：

$$孔喉参数=A\phi_1+B\phi_2+C\phi_3+D\phi_4+E\phi_5+F\phi_6+G\phi_7+H\phi_8+I\phi_9+J\phi_{10}+X \quad (1-3)$$

式中　A、B、C、D、E、F、G、H、I、J、X——多元回归方程的系数；

ϕ_1、ϕ_2、ϕ_3、ϕ_4、ϕ_5、ϕ_6、ϕ_7、ϕ_8、ϕ_9、ϕ_{10}——分别表示大于 16mm、大于 8mm、大于 4mm、大于 2mm、大于 1mm、大于 0.5mm、大于 0.25mm、大于 0.125mm、大于 0.06mm、大于 0.03mm 的岩石颗粒的累计值。

不同物性值与孔隙结构参数计算方程的系数见表 1–5。

表 1-5 孔隙结构计算方程系数表

系数	孔隙度	孔隙度均值	分选系数	偏态	峰态
A	0.175	−0.172	0.065	0.041	−0.020
B	0.091	−0.079	0.030	−0.003	0.020
C	−0.143	0.092	−0.037	−0.011	0
D	0.181	−0.072	0.028	0.020	−0.011
E	−0.261	0.085	−0.022	−0.031	0.006
F	−0.033	0.035	−0.032	0.006	0.017
G	−0.197	0.046	0.046	−0.055	−0.057
H	0.578	−0.404	−0.132	0.290	0.161
I	0.294	0.089	0.298	−0.266	−0.162
J	−0.573	0.222	0.029	−0.092	−0.091
X	20.969	6.744	−17.358	13.138	15.299

参考文献

[1] 河海大学《水利大辞典》编辑修订委员会. 水利大辞典［M］. 上海：上海辞书出版社，2015.

[2] 朱江. 岩石与地貌［M］. 重庆：重庆大学出版社，2014.

[3] 刘顺生，胡复唐. 洪积扇砾岩储层非均质性及非均质模型［J］. 新疆石油地质，1993，14（4）：350-356.

[4] 张纪易. 克拉玛依洪积扇粗碎屑储集体［J］. 新疆石油地质，1980，1（1）：33-53.

[5] 刘顺生，孙丽霞. 用统计学方法研究克拉玛依油田储层分类［J］. 新疆石油地质，1991，12（3）：237-242.

[6] 张代燕，彭永灿，肖芳伟，等. 克拉玛依油田七中、东区克下组砾岩储层孔隙结构特征及影响因素［J］. 油气地质与采收率，2013，20（6）：29-34，112-113.

[7] 杨翼波，董瑞，方斌，等. 克拉玛依油田七中—东区克下组储层微观非均质性研究［J］. 地下水，2013，35（2）：187-190.

[8] 谈健康，张洪辉，熊钊. 砂砾岩储层研究现状［J］. 中国西部科技，2013，12（1）：10-12.

[9] 张顺存，陈丽华，周新艳，等. 准噶尔盆地克百断裂下盘二叠系砂砾岩的沉积模式［J］. 石油与天然气地质，2009，30（6）：741-753.

[10] 王佳音，郝建华，王庆文，等. 克拉玛依油田砂砾岩储层裂缝识别与评价［J］. 中国石油和化工标准与质量，2012，32（6）：175-177.

[11] 李联伍. 双河油田砂砾岩油藏［M］. 北京：石油工业出版社，1997.

[12] 郭永强，刘洛夫. 辽河西部凹陷沙三段岩性油气藏主控因素研究［J］. 岩性油气藏，2009，21（2）：19-23.

[13] 齐井顺，李广伟，孙立东，等. 徐家围子断陷白垩系营城组四段层序地层及沉积相［J］. 吉林大学学报（地球科学版），2009，39（6）：984-989.

[14] 黄辉才，刘凯. 盐家油田砂砾岩油藏注水开发现状与问题探讨［J］. 内江科技，2009，4（4）：

91-92.
[15] 杨勇，牛拴文，孟恩，等. 砂砾岩体内幕岩性识别方法初探——以东营凹陷盐家油田盐 22 断块砂砾岩体为例 [J]. 现代地质，2009，23（5）：987-992.
[16] 曹辉兰，华仁民，纪友亮，等. 扇三角洲砂砾岩储层沉积特征及与储层物性的关系——以罗家油田沙四段砂砾岩体为例 [J]. 高校地质学报，2001，7（2）：222-226.
[17] 张晶，王伟，荣启宏，等. 东营凹陷永 55 区块沙四上亚段深水浊积扇沉积与油气 [J]. 吉林大学学报（地球科学版），2007，37（3）：520-524.
[18] 鄢继华，陈世悦. 东营凹陷北部陡坡带近岸水下扇沉积特征 [J]. 石油大学学报（自然科学版），2005，29（1）：12-16.
[19] Daniel C. Hitzman，吕娟（译），李大荣（校），白振瑞（校）. 微生物和 3-D 地震测量的综合可以发现砾岩油田并追索微油气苗的减弱 [J]. 石油地质科技动态，2005，6：38-44.
[20] 姬玉婷，杨洪. 克拉玛依油田与麦克阿瑟河油田砾岩油藏钻井工艺技术对比与分析 [J]. 新疆石油科技，1994，4（2）：1-5.
[21] 徐后伟，王海明，刘荣军，等. 砾岩油藏聚合物驱储集层多参数精细评价及应用——以克拉玛依油田七东$_1$区克拉玛依组下亚组砾岩油藏为例 [J]. 新疆石油地质，2018，39（2）：169-175.
[22] 宋子齐，伊军锋，庞振宇，等. 三维储层地质建模与砂砾油层挖潜研究——以克拉玛依油田七中区、七东区克拉玛依组砾岩油藏为例 [J]. 岩性油气藏，2007，19（4）：99-105.
[23] 李映艳，李维锋，刘洁，等. 克拉玛依油田六中区三叠系克下组砾岩油藏储层分类研究 [J]. 长江大学学报（自然科学版），2011，8（4）：35-38.
[24] 宋子齐，刘青莲，赵磊，等. 克拉玛依油田八区克上组砾岩油藏参数及剩余油分布 [J]. 大庆石油地质与开发，2003，22（3）：28-31.
[25] 颉伟，林军，袁述武，等. 准噶尔盆地西北缘砾岩油藏沉积微相及单砂体精细研究——以克拉玛依油田上克拉玛依组油藏 $T_2k_2^4$ 油层组为例 [J]. 复杂油气藏，2011，4（3）：42-46.
[26] 姜瑞忠，乔杰，孙辉，等. 低渗透砂砾岩油藏储层分类方法 [J]. 油气地质与采收率，2018，25（1）：90-93.
[27] 谭锋奇，李洪奇，许长福，等. 基于聚类分析方法的砾岩油藏储层类型划分 [J]. 地球物理学进展，2012，27（1）：246-254.
[28] 韦雅，钱悦兴，赵岽，等. 克拉玛依油田不同类型油藏递减规律 [J]. 新疆石油地质，2012，33（1）：85-87.
[29] Clarke R H. Reservoir properties of conglomerates and conglomeratic sandstones：Geologic notes [J]. AAPG bulletin，1979，63（5）：799-803.
[30] 刘敬奎. 砾岩储层结构模态及储层评价探讨 [J]. 石油勘探与开发，1983，10（2）：45-56.
[31] 罗明高. 碎屑岩储层结构模态的定量模型 [J]. 石油学报，1991，12（4）：27-38.
[32] 朱水桥，钱根葆，刘顺生，等. 克拉玛依砾岩油藏二次开发 [M]. 北京：石油工业出版社，2015.
[33] 胡复唐，李联伍，刘顺生，等. 砂砾岩油藏开发模式 [M]. 北京：石油工业出版社，1997.
[34] Wang S Y, Huang Y B, Pereira V, et al. Application of computed tomography to oil recovery from porous media [J]. Applied Optics，1985，24（23）：4021-4027.
[35] Withjack E M, Devier C, Michael G. The role of X-ray computed tomography in core analysis [R]. SPE 83467，2003.
[36] Christe P, Turberg P, Labiouse P, et al. An X-ray computed tomography-based index to characterize the quality of cataclastic carbonate rock samples [J]. Engineering Geology, 2011，117（3/4）：180-188.
[37] 王家禄，高建，刘莉. 应用 CT 技术研究岩石孔隙变化特征 [J]. 石油学报，2009，30（6）：887-893.

[38] 熊健，唐勇，刘向君，等. 应用微 CT 技术研究砂砾岩孔隙结构特征——以玛湖凹陷百口泉组储集层为例［J］. 新疆石油地质，2018，39（2）：236-243.

[39] 钱根葆，许长福，陈玉琨，等. 砂砾岩储集层聚合物驱油微观机理——以克拉玛依油田七东 1 区克拉玛依组下亚组为例［J］. 新疆石油地质，2016，37（1）：56-61.

[40] 邓世冠，吕伟峰，刘庆杰，等. 利用 CT 技术研究砾岩驱油机理［J］. 石油勘探与开发，2014，41（3）：330-335.

[41] 许长福，刘红现，钱根宝，等. 克拉玛依砾岩储集层微观水驱油机理［J］. 石油勘探与开发，2011，38（6）：725-731.

[42] 王为民，郭和坤，叶朝辉. 利用核磁共振可动流体评价低渗透油田开发潜力［J］. 石油学报，2001，22（6）：40-44.

[43] 鲁国甫，杨永利，冯毅，等. 应用核磁共振成像技术研究特高含水期剩余油分布［J］. 长江大学学报. 2001（S1）：98-99.

[44] 张晋言，刘海河，刘伟. 核磁共振测井在深层砂砾岩孔隙结构及有效性评价中的应用［J］. 测井技术，2012，36（3）：256-260.

[45] 李治硕，杨正明，刘学伟，等. 特低渗透砂砾岩储层核磁共振可动流体参数分析［J］. 科技导报，2010，28（7）：88-90.

[46] 王新峰. 砂砾岩油藏中流体的核磁共振响应特征［J］. 科技信息，2011（6）：321-322.

[47] 刘红现，许长福，胡志明. 用核磁共振技术研究剩余油微观分布［J］. 特种油气藏，2011，18（1）：96-97，125，140.

[48] 周波，侯平，王为民，等. 核磁共振成像技术分析油运移过程中含油饱和度［J］. 石油勘探与开发，2005，32（6）：78-81.

[49] Amirmoshiri M, Zeng Y, Chen Z, et al. Probing the effect of oil type and saturation on foam flow in porous media: core-flooding and nuclear magnetic resonance（NMR）imaging［J］. Energy & fuels, 2018，32（11）：11177-11189.

[50] Blackband S, Mansfield P, Barnes J R, et al. Discrimination of crude oil and water in sand and in bore cores with NMR imaging［J］. SPE Formation Evaluation, 1986，1（1）：31-34.

第二章　砾岩油藏开发渗流特征

第一节　砾岩油藏水驱开发特征

克拉玛依砾岩油藏以山麓洪积相沉积为主，储层具有多级支撑结构和极强的宏观、微观非均质性。相比常规砂岩油藏，砾岩从相渗曲线上表现出截然不同的流动差异。

中国石油勘探开发研究院高建等研究了克拉玛依三 $_4$ 区油藏的油水相对渗透率曲线，提出砾岩储层四类渗流通道和流动形态 [1]。

细砾岩相储层相对渗透率曲线以快速突进为主，注入水迅速窜进，无水采油期短，见水后油相相对渗透率下降很快，水相相对渗透率快速上升；杂基颗粒支持—中粗砾岩相以孔隙流态为主，可动油饱和度在 40% 左右，最终驱油效率较高，能达到 50%~60%，此类砾岩相非均质性和水敏性相对较轻，残余油时水相相对渗透率值中等，一般为 0.2~0.4。含砾块状粗砂岩相为正常的“凹”型，可动油饱和度小于 30%，驱油效率小于 50%。杂基支撑无序—泥质砾岩相属于水动力学滞留型渗流系统，注水困难，动用差，形成具有一定数量的低品位的剩余油（图 2–1）。

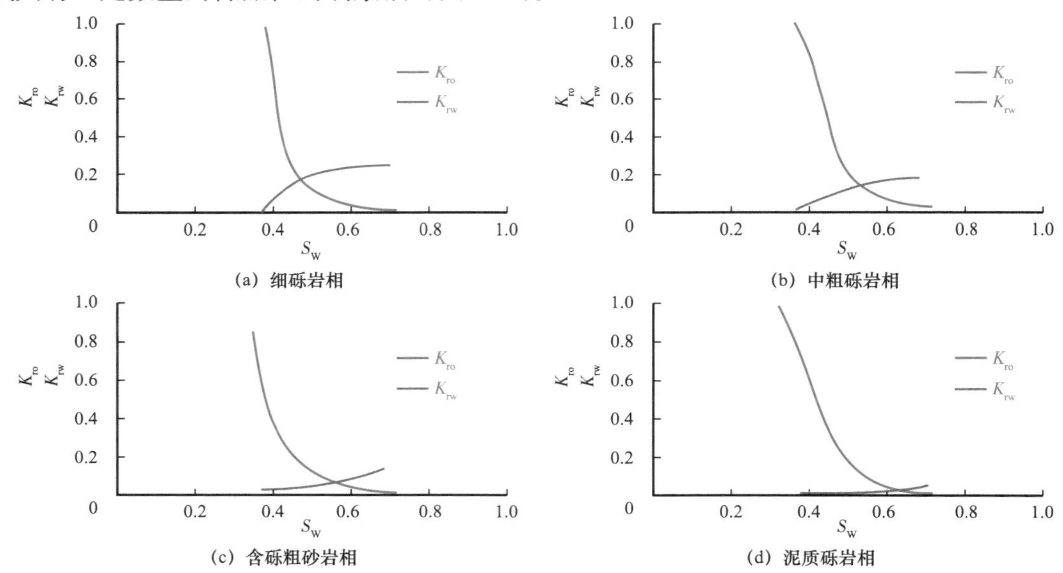

图 2–1　砂砾岩储层岩石相典型相对渗透率曲线

砾岩油藏由于胶结疏松，颗粒之间填充物由于冲刷，导致孔喉结构不断变化，具有显著的时变特征。新疆油田测试了砾岩岩心在水驱前后的 T_2 谱，提出砾岩岩心水驱后的孔隙发生明显变化，表现为大孔喉增多、小孔喉减小的特征（表 2–1）。

表 2-1　岩心水驱油前后有效喉道分布（T_2 谱）

孔喉半径（μm）	水驱前有效喉道分布（%）	水驱后有效喉道分布（%）
<0.1	4.73	-4.14
0.1~0.5	19.88	-0.98
0.5~1.0	14.20	12.80
1.0~10.0	40.77	10.92
10.0~50.0	16.65	14.14
>50.0	3.55	16.86

采用毛细管流动孔隙结构仪研究水驱前后有效喉道的变化，对比岩心水驱油前后的有效喉道直径分布，结果同样显示大喉道分布频率明显增加，小喉道分布频率明显减少。证明在水驱油过程中，有效喉道大、连通良好的渗流区域波及程度高，遭受长期冲刷后，岩心中喉道直径增大，储层孔喉分布的微观非均质性增强的特点（表 2-2）。

表 2-2　岩心水驱油前后有效喉道分布（毛细管流动孔隙结构仪）

有效喉道直径（μm）	水驱前有效喉道分布（%）	水驱后有效喉道分布（%）
<0.4	10.26	0.92
0.4~0.8	64.78	36.12
0.8~1.2	12.59	34.86
1.2~1.6	4.80	12.23
1.6~2.6	5.19	8.48
2.6~3.6	0.76	1.70
>3.6	1.62	5.69

大小尺寸的砂岩和砾岩岩心实验、野外露头试验以及现场开发规律表明，砂岩和砾岩的渗流特征有比较明显的差异，尤其在水驱开发中后期。砂岩储层主要表现了多孔介质渗流，而砾岩由于其复模态结构，非均质性强，水驱开发中后期，除了多孔介质渗流外，主要窜流位于高渗透条带、岩性界面和层理界面等优势通道相对发育的部位。砾岩储层的渗流为拟双重介质渗流，即多孔介质渗流和通道类型渗流，并且以通道类型渗流为主。

砾岩储层砂体规模小，隔夹层连续性差，具有极强的宏观、微观非均质性及典型的复模态孔隙结构，水驱过程中极易水淹水窜。相对砂岩油藏，砾岩油藏开发初期含水率上升快，无水采油期明显低于砂岩油藏，中后期含水率上升缓慢，中高含水期注水效率低，存在无水采油期短、产量递减快的特点，油藏绝大多数可采储量在中高含水期采出（图 2-2 至图 2-5）。周国隆通过分析砾岩油藏开发生产资料，提出砾岩油藏开发过程具有六大特征[2]。

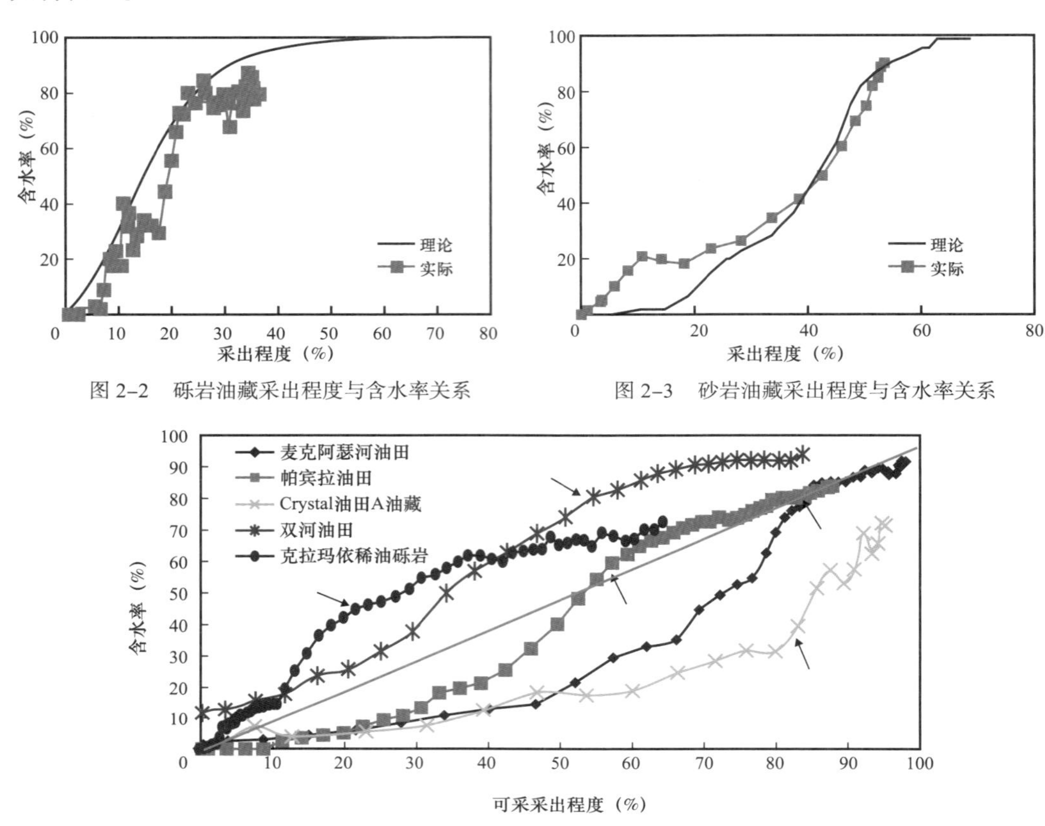

图 2–2　砾岩油藏采出程度与含水率关系　　图 2–3　砂岩油藏采出程度与含水率关系

图 2–4　世界主要砾岩油田含水率与采出程度关系曲线

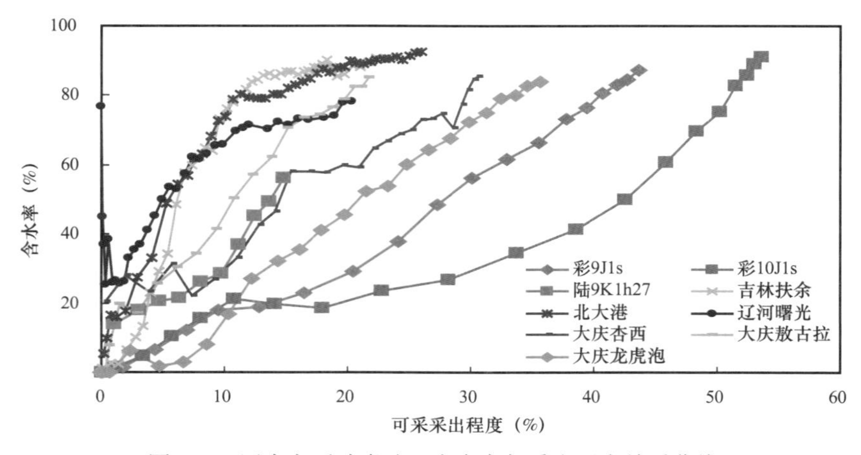

图 2–5　国内主要砂岩油田含水率与采出程度关系曲线

（1）注水开发过程随含水率上升采液指数趋于稳定或下降 。

通过研究正常自喷井无量纲采液指数和含水率的关系，砾岩油藏采液指数随含水率的变化分为三种类型（表 2–3）。

表 2-3 克拉玛依油田不同含水率阶段采液指数

分区	不同含水率的无量纲采液指数			
	见水前	含水率 20%	含水率 50%	含水率 90%
七东$_1$区 T_2^1	1.000	1.100	1.240	1.400
五$_1$区 T_2^1	1.000	1.050	1.120	1.100
三$_3$区 T_2^1	1.000	1.028	1.030	1.100
七区 J_1^1	1.000	0.859	0.860	0.850
八$_1$区 T_2^1	1.000	0.760	0.760	0.750
五$_2$西 T_2^1	1.000	0.638	0.502	0.700
七西区 T_2^2	1.000	0.788	0.780	0.790

第一类：随着含水率上升，采液指数上升。这类区块很少，典型区块为七东$_1$区克下组，在含水率 20%～90% 阶段内，采液指数上升 10%～40%。

第二类：随着含水率上升，采液指数趋于稳定。

第三类：随着含水率上升，采液指数下降，在高含水以后略有回升。为砾岩油藏主要的采液指数变化特征。与见水前对比，含水率 20% 时，采液指数下降幅度 14.1%～42%，含水率 90% 时下降为 13%～30%。

采液指数下降与储层渗透率低、黏土含量高、油层含钙等因素有关，由于采液指数具有上述规律，注水开发过程中提高排液速度较难，极大影响油田的稳产开发效果。

（2）注采压差大，吸水启动压力高。

砾岩油藏由于注采连通差，油水井间注采压差较大，井距 300m 左右的条件下，一般注采压差为 6～13MPa。

注水开发过程中，注水井与油井的地层压力关系密切，注入压力随油井的压力不断变化。

注水井启动压力研究表明，启动压力不仅与油藏渗透率关系密切，而且随着注水井压力保持的高低而变化。

油藏压力恢复测试中，在相同的注入条件下，经常出现注入量越来越小的情况，这并不一定是储层注水能力变差的表现。

（3）随含水率上升吸水指数趋于上升。

现场实际资料分析结果表明，随着含水率上升，吸水指数趋于上升。这是由于注水井附近存在储层黏土膨胀、黏土运移，导致水井近井地带渗透性变好，吸水指数提高。油井端由于黏土运移和钙析出，使近井地带发生堵塞，从而导致吸水指数、采液指数随含水率变化不一致。

（4）油井见效程度低、差异大。

砾岩油藏大多数油井为单层单方向，见效程度不充分，油井产量上升幅度小。五$_1$区克下组注水见效后仅表现为油气比下降，地层压力或者流动压力稳定，见效 3～4 个月即见水，无水采收率只有 2% 左右。

（5）储量动用难度大。

砾岩油藏宏观非均质性十分严重，注水开发过程中储量动用难度较大。平面上见效状况主要受沉积相制约，注水开发过程中出现长时间不见效或见效不充分的低压区。剖面上呈多段式水洗，厚度动用越来越小。13 口密闭取心井资料表明不少井水洗段达 10 个以上，但水洗厚度不大。七东$_1$区克下组 7172 井，注水开发 20 余年，射开 6 个小层，下部 4 个小层已部分水洗，但总水洗厚度只占射开厚度 54.3%，强水洗厚度只占 18.8%。

（6）注水采收率低。

砾岩油藏提高注水波及体积十分困难，室内水驱实验资料表明，Ⅰ类、Ⅱ类、Ⅲ类砾岩油藏水驱效率分别为 49%～58%，40%～45% 和 30% 左右。目前的水驱开发条件下，采收率分别只有 38.6%、27.5%、22.6%。Ⅱ类砾岩采收率比Ⅰ类砾岩低 11%。

克拉玛依砾岩油藏开发自 1956 年试采，1958 年投入开发，先后有 100 多个开发单元投入开发，水驱动用地质储量 5.02×10^8t。开采区域从克拉玛依油田的一区、二区、七区开始，逐步扩展到三区、四区、五区、六区、八区、九区及百口泉、红山嘴、夏子街、乌尔禾、玛北、小拐等油田；开采层系从三叠系开始，逐步扩展到侏罗系和二叠系。经过近 60 年的注水开发，已全面进入中高含水期开发阶段，油藏开发调整的工作量越来越大。油田开发先后经历了初期开发与井网调整（1956—1965 年）、调整和缓慢上产（1966—1976 年）、全面开发（1977—1992 年）、产量递减阶段（1993—2006 年）、二次开发综合调整（2007—2014 年）五个阶段[3, 4]。不同阶段的开发特征如下。

（1）初期开发与井网调整阶段（1956—1965 年）。

油田开发以行列井网为主，阶段末期动用地质储量 4409×10^4t，总井数达到 924 口，油井以自喷生产为主，年产油量 164.2×10^4t，采油速度 3.72%，采出程度 6.9%，综合含水率 1.3%。

（2）调整和缓慢上产阶段（1966—1976 年）。

油田开发规模进一步扩大，将原行列井网逐步调整为 250～500m 不规则反七点井网、反九点井网。阶段末期动用地质储量 1.54×10^8t，总井数达到 2584 口，投转注井数达到 517 口，日注水 6647m^3，以自喷生产为主，年产油量 155.4×10^4t，采油速度 1.01%，采出程度 11.96%，综合含水率 15.4%。

（3）全面开发阶段（1977—1992 年）。

油田开发规模继续扩大，以 250～400m 反七点、反九点及不规则面积井网为主，总井数增加到 4913 口，采油速度 0.96%，采出程度 13.4%，综合含水率 50.2%。随着地层能量减弱，油井大面积转抽。

（4）产量递减阶段（1993—2006 年）。

由于老区块油水井井点损失严重，致使井网不完善，老井递减加大。虽然局部的加密和滚动弥补了一些产量，但总体上产量仍呈快速下降趋势。造成这种情况的主要原因有两个方面，一是老区更新井投入不足，到 2006 年年底，井点损失 4049 口，占总井数的 53.5%；二是从 1988 年以来，西北缘稀油新建产能品质差，没有对产量增长形成有效支撑，特别是1994年后，每年新建的产能弥补不了新井本身的递减量。

克拉玛依砾岩油藏主要面临以下三方面的问题：① 井点损失严重（53.5%），现井网对地质储量的控制程度低，损失可采储量1453.63×10^4t；② 井网井距不适应，注采矛盾突出；③ 开发层系跨度大，储量动用程度低。由此造成油藏目前压力保持程度低（75.1%）、采油速度低（0.40%）、采出程度低（20.77%），以及标定采收率低（28.88%）等开发特征（表2-4）。

表2-4 克拉玛依油田一区至九区砾岩油藏开发现状（截至2006年）

开发单元	开发储量（10^4t）	采收率（%）	年产油（10^4t）	剩余可采储量（10^4t）	核实采油速度（%）	核实采出程度（%）	综合含水率（%）	压力保持程度（%）	报废井数（口）	损失可采储量（10^4t）
一区	3703.5	31.69	7.75	190.17	0.21	26.55	67.37	73.8	585	131.89
二区	4671.6	29.78	12.13	62.96	0.26	28.43	81.28	66.1	440	73.88
三区	4050.7	22.01	6.86	166.53	0.17	17.90	63.17	90.4	958	107.43
四区	1125.3	15.71	1.89	56.14	0.17	10.72	50.95	78.9	168	12.01
五区	6436.4	21.35	13.63	636.72	0.21	11.45	77.50	77.1	177	290.52
六区	2330.6	32.60	9.95	138.63	0.43	26.65	68.61	63.4	418	129.58
七区	8153.2	40.39	30.28	766.63	0.37	30.98	76.37	76.3	175	239.73
八区	1918.3	27.56	116.50	1929.00	0.61	17.51	60.51	74.6	223	461.38
九区	562.7	27.83	2.67	124.73	0.47	5.66	48.92	53.6	16	7.21
合计	5021.7	28.88	201.68	4071.50	0.40	20.77	68.10	75.1	3160	1453.63

（5）二次开发阶段（2007至今）。

经过四个主要阶段的综合开发，油田已全面进入“双高”（高含水，高采出程度）开发阶段，老油田井点损失大，产量递减快，要想弥补老区产量递减，提高油田采收率，必须对老油田进行系统调整。截至2013年12月底，砾岩油藏共实施二次开发区块26个，涉及含油面积288.62km^2，地质储量3.35×10^8t。水驱调整完钻新井2429口，建产能193.03×10^4t。二次开发工程在砾岩油藏全面实施和推广后，产量递减减缓，含水率保持稳定，水驱控制程度由61.7%提高到81.1%，平均单井产油由2.1t/d提高到3.8t/d，最终采收率由26.6%提高到34.6%，新增可采储量1278.2×10^4t，水驱增产原油342.65×10^4t，深部调驱累计增油5.2×10^4t。

目前国内外针对砂岩油藏水驱开发效果评价，通过多年发展，取得了不少研究成果，但针对砾岩油藏水驱开发效果评价研究还很少，并且用行业标准评价不同类别砾岩油藏开发效果已显得不适应，需要国内外学者针对砾岩油藏特征，开展相关领域的研究。

第二节　新疆砾岩油藏渗流规律

克拉玛依砾岩储层孔隙的类型复杂、几何形态多变、孔喉分布非均质性强，表现比较明显的复模态结构特征。长期水驱导致胶结松散的微小颗粒、泥质等发生移动，使储层孔隙空间增大，有效喉道半径增大，物性变好，储层微观非均质性增强。通过室内岩心实验[5]、野外现场露头试验[6]以及现场开发特征等方法，研究新疆砾岩油藏渗流规律。

一、室内物模实验及反演

本次实验目的是为了研究砾岩油藏水驱过程中压力敏感性和渗流机理，其次观察砾岩非均质特征及水窜机制。

实验用岩心包括两类。（1）一维方岩心（图 2-6）：截面为正方形、边长为 4.5cm，岩心长度 30cm 的一维方岩心。其中砾岩方岩心 2 组，1 组砂岩方岩心作为对比实验。（2）三维圆饼状岩心（图 2-7）：直径为 40cm，厚度 4.3～4.5cm 的圆饼状三维立体岩心。其中三维砾岩岩心 3 组，三维砂岩岩心 2 组作为对比实验。

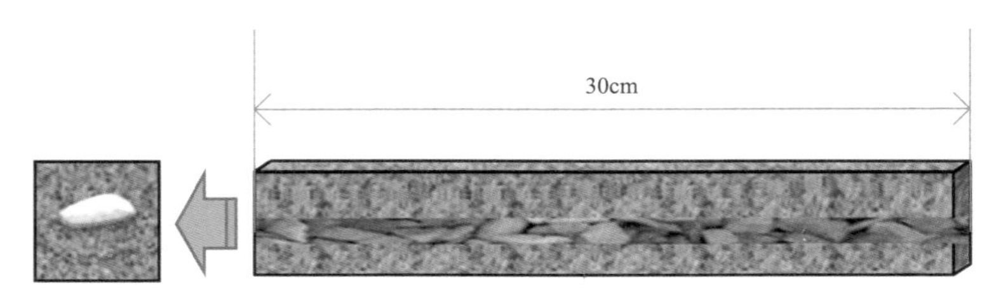

图 2-6　小尺寸一维砾岩方岩心（4.5cm×4.5cm×30cm）

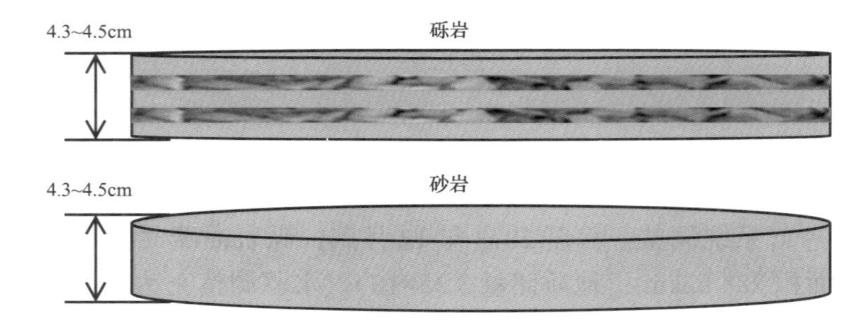

图 2-7　大尺寸三维砾岩及砂岩岩心

（一）小尺寸砾岩岩心物理模拟实验

1. 一维大砾岩方岩心

（1）将岩心放入岩心夹持器中，抽真空饱和水，测得岩心孔隙度 22.08%。岩心参数见表 2-5。

表 2-5　一维大砾岩方岩心参数

参数	取值
岩心截面边长（cm）	4.3
岩心长度（cm）	30
体积（cm^3）	554.7
饱和水（mL）	122.5
孔隙度（%）	22.08

（2）水驱实验前，设置 3mL/min、5mL/min 两个流速进行注水压力观察测试，注入端注水，采出端连接大气压生产，两个流速对应测试时间均为 1h，记录压力数据。恒定流速下压力保持平稳，流速由 3mL/min 调整为 5mL/min 时，注入压力由 11.17kPa 升至 19.25kPa。

（3）考虑一注一采，注入端设置注水速度为 0.5mL/min、1mL/min、1.5mL/min、2mL/min、2.5mL/min、4mL/min、6mL/min、8mL/min、10mL/min 等 9 个流速，生产井连接大气压，继续开展水驱测试，流速调整时间间隔为 10min，观察注入压力随流速上升的变化情况，压力测试结果如图 2-8 所示。

测试结果显示，调整流速后，10min 内注入压力平稳，随着流速的增加，注入压力上升，压力与流速呈线性关系（图 2-9）。

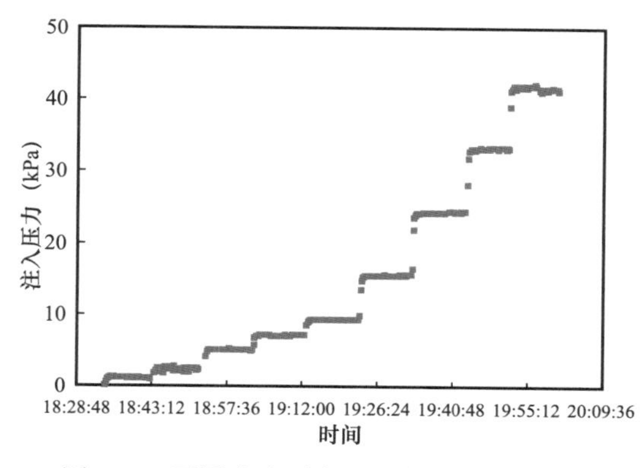

图 2-8　不同流速下注入压力随时间变化曲线（一维大砾岩方岩心）

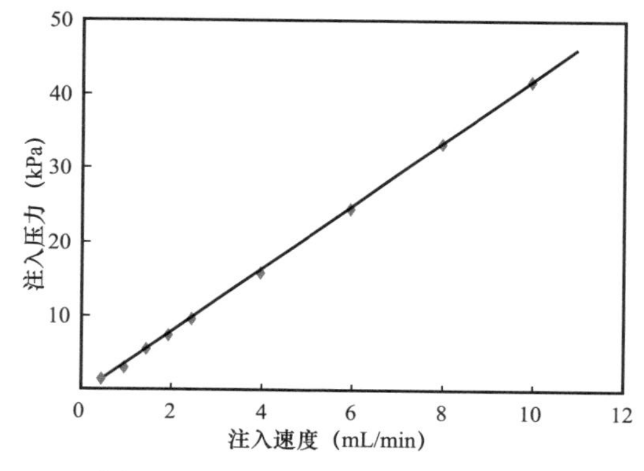

图 2-9　注入压力与不同流速关系曲线（一维大砾岩方岩心）

（4）油驱水阶段。

实验方案：

① 室温条件下，用液体石蜡进行油驱水实验；

② 液体石蜡性质为室温下（32℃）呈无色透明状液体，黏度 16.1mPa·s；

③ 驱替流速为 8mL/min；

④ 产出端产纯油时，调整流速至 3mL/min，驱替 10min，观察压力变化。

开始注入纯油时，压力快速上升，上升至 2200kPa 左右，压力稳定，当流速下降时，注入压力开始下降（图 2-10）。

驱替结束时，累计产水 84mL，折算含油饱和度 0.69；束缚水饱和度 0.31；残余油饱和度 0.42（图 2-11）。

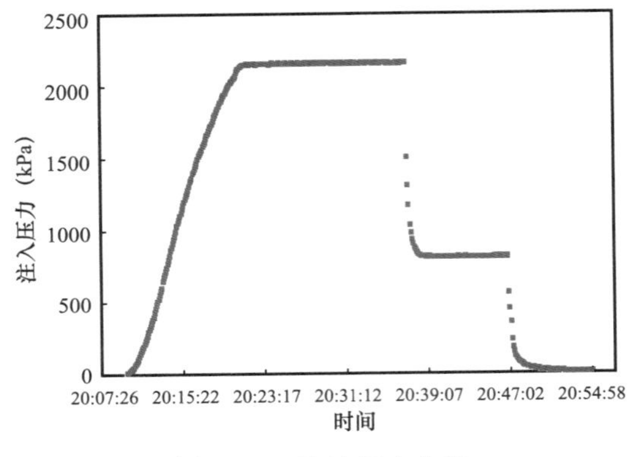

图 2-10　注油压力曲线
（一维大砾岩方岩心）

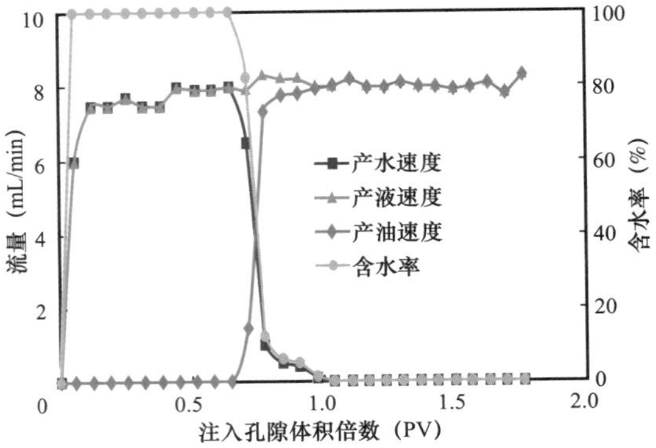

图 2-11　油驱水阶段产油、产水、产液速度曲线
（一维大砾岩方岩心）

一维条件下，砾岩注入压力上升特征、油驱水过程中产油及产水的特征与砂岩接近，没有表现出明显的区别，主要原因是受压力边界的影响，砾缘缝没有张开。

（5）水驱油阶段。

实验方案：

① 室温条件下，用清水开展水驱油实验；

② 驱替流速为 8mL/min；

③ 产出端含水率至 98% 时，停止驱替。

注入压力随时间的变化如图 2-12 所示。开始注入压力快速上升，水突破后，注入压力有所下降。在产出端含水率 98% 时停止驱替，压力快速下降。

一维砾岩岩心水驱阶段注水压力、产油产水特征与砂岩驱替特征接近，含水率升至 98% 时，岩心整体采出程度 38.8%（图 2-13）。

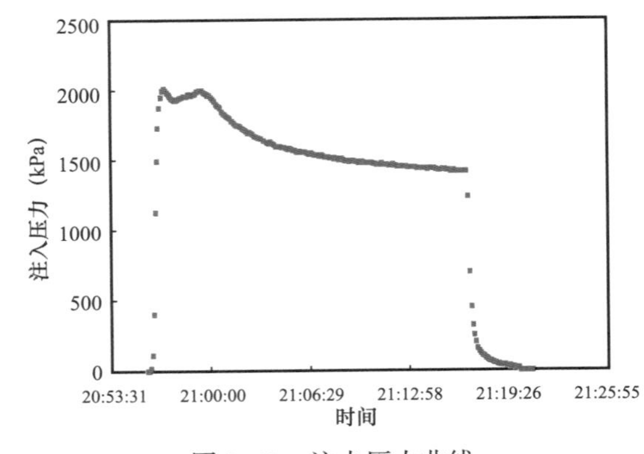

图 2-12　注水压力曲线
（一维大砾岩方岩心）

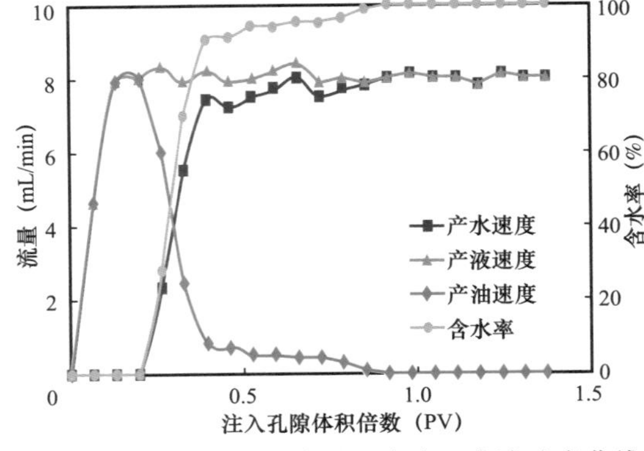

图 2-13　水驱油阶段产油、产水、产液速度曲线
（一维大砾岩方岩心）

2. 一维小砾岩方岩心

（1）将岩心放入岩心夹持器中，抽真空饱和水，测得岩心孔隙度 20.82%，岩心基本参数见表 2-6。

表 2-6 一维小砾岩方岩心参数

参数	取值
岩心截面边长（cm）	4.3
岩心长度（cm）	30
体积（cm^3）	554.7
饱和水（mL）	115.5
孔隙度（%）	20.82

（2）水驱实验前，设置 3mL/min、5mL/min 两个流速进行注水压力观察测试，注入端注水，采出端连接大气压生产，两个流速对应测试时间均为 1h，记录压力数据。恒定流速下压力保持平稳，流速由 3mL/min 调整为 5mL/min 时，注入压力由 14.7kPa 升至 25.7kPa。

（3）考虑一注一采，注入端设置注水速度为 0.5mL/min、1mL/min、1.5mL/min、2mL/min、2.5mL/min、4mL/min、6mL/min、8mL/min、10mL/min 等 9 个流速，生产井连接大气压，继续开展水驱测试，流速调整时间间隔为 10min，观察注入压力随流速上升的变化情况（图 2-14）。

测试结果显示，调整流速后，10min 内注入压力平稳，随着流速的增加，注入压力上升，压力与流速呈线性关系（图 2-15）。

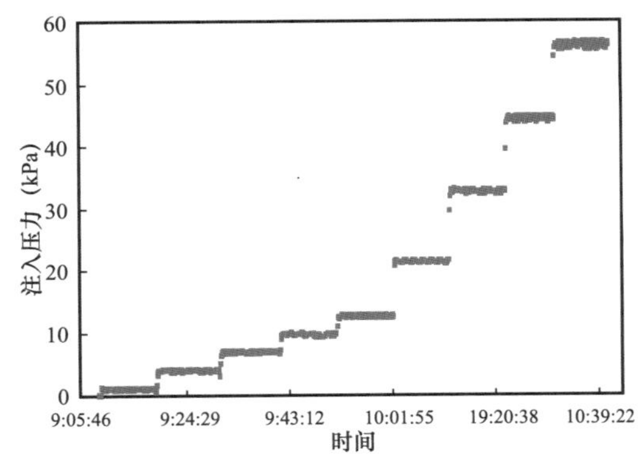

图 2-14 不同流速下注入压力随时间变化曲线（一维小砾岩方岩心）

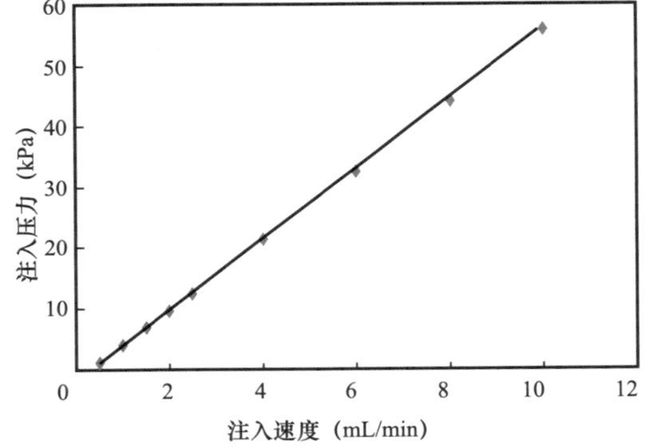

图 2-15 注入压力与不同流速关系曲线（一维小砾岩方岩心）

（4）油驱水阶段。

实验方案：

① 室温条件下，用液体石蜡进行油驱水实验；

② 液体石蜡性质为室温下（32℃）呈无色透明状液体，黏度 16.1mPa·s；

③ 驱替流速为 8mL/min；

④ 产出端产纯油时，调整流速至 3mL/min，驱替 10min，观察压力变化。

注油压力初期上升较慢，后面快速上升（图 2–16）。

驱替结束时，累计产水 78mL，折算含油饱和度 0.68；束缚水饱和度 0.32；残余油饱和度 0.45（图 2–17）。

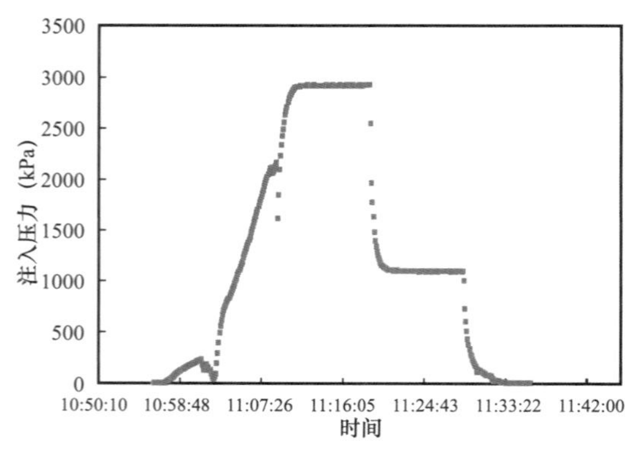

图 2–16 注油压力曲线（一维小砾岩方岩心）

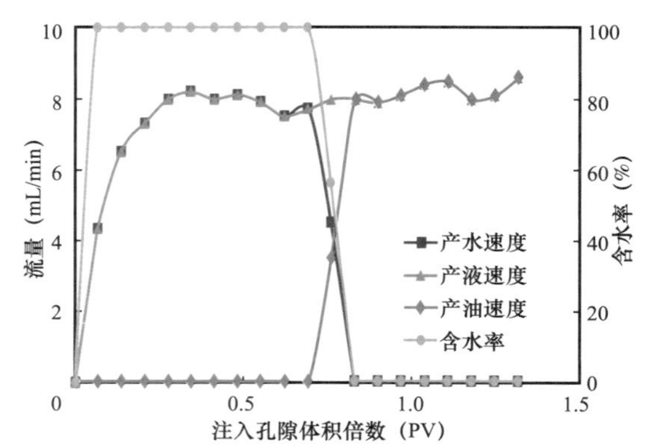

图 2–17 油驱水阶段产油、产水、产液速度曲线（一维小砾岩方岩心）

一维条件下，砾岩注入压力上升特征、油驱水过程中产油及产水的特征与砂岩接近，没有表现出明显的区别，主要原因是受压力边界的影响，砾缘缝没有张开。

（5）水驱油阶段。

实验方案：

① 室温条件下，用清水开展水驱油实验；

② 驱替流速为 8mL/min。

③ 产出端含水率至 98% 时，停止驱替。

注水压力随时间变化曲线趋势与一维大砾岩变化趋势相同（图 2–18）。

一维砾岩岩心水驱阶段注水压力、产油产水特征与砂岩驱替特征接近，含水率升至 98% 时，岩心整体采出程度 33.7%（图 2–19）。

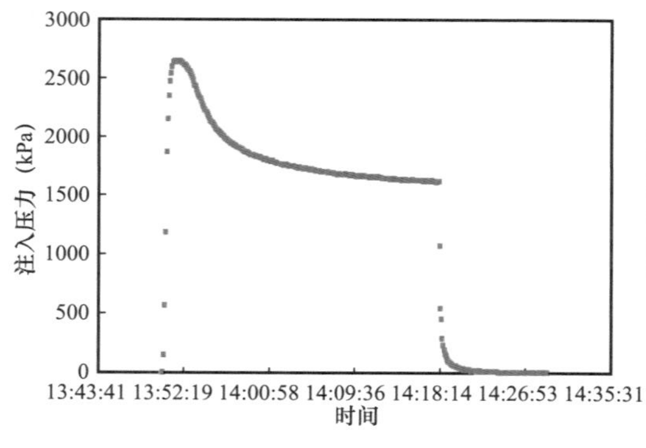

图 2–18 注水压力曲线（一维小砾岩方岩心）

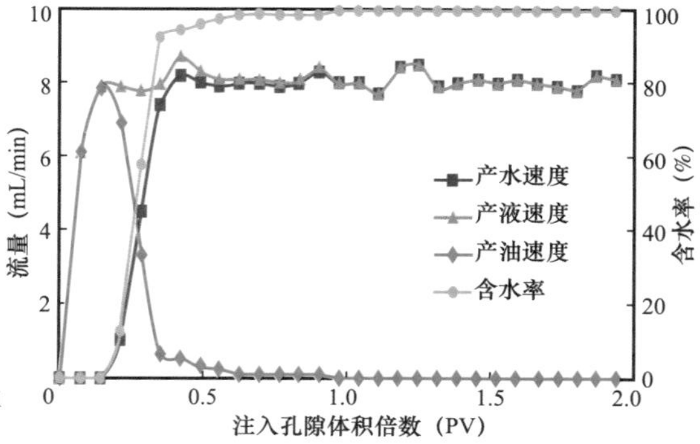

图 2–19 水驱油阶段产油、产水、产液速度曲线（一维小砾岩方岩心）

3. 一维砂岩方岩心

（1）将岩心放入岩心夹持器中，抽真空饱和水，测得岩心孔隙度21.99%，具体岩心参数见表2-7。

表2-7 一维砂岩方岩心参数

参数	取值
岩心截面边长（cm）	4.3
岩心长度（cm）	30
体积（cm^3）	554.7
饱和水（mL）	122
孔隙度（%）	21.99

（2）水驱实验前，设置3mL/min、5mL/min两个流速进行注水压力观察测试，注入端注入，采出端连接大气压生产，两个流速对应测试时间均为1h，记录压力数据。恒定流速下压力保持平稳，流速由3mL/min调整为5mL/min时，注入压力由11.2kPa升至20.3kPa。

（3）考虑一注一采，设置注入端注水速度为0.5mL/min、1mL/min、1.5mL/min、2mL/min、2.5mL/min、4mL/min、6mL/min、8mL/min、10mL/min等9个流速，生产井连接大气压，继续开展水驱测试，流速调整时间间隔为10min，观察注入压力随流速上升的变化情况（图2-20）。

测试结果显示，调整流速后，10min内注入压力平稳，随着流速的增加，注入压力上升，压力与流速呈线性关系（图2-21）。

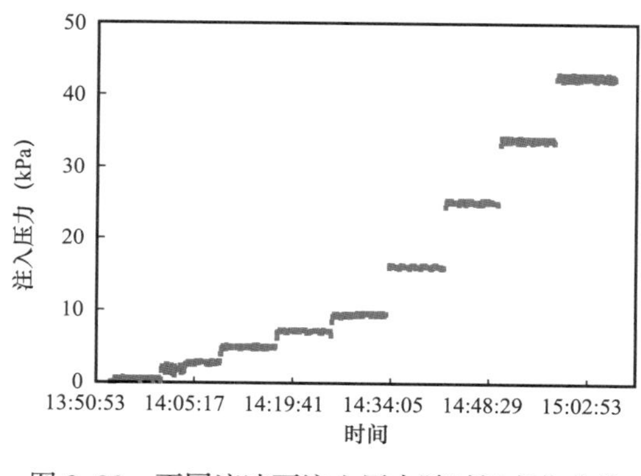

图2-20 不同流速下注入压力随时间变化曲线（一维砂岩方岩心）

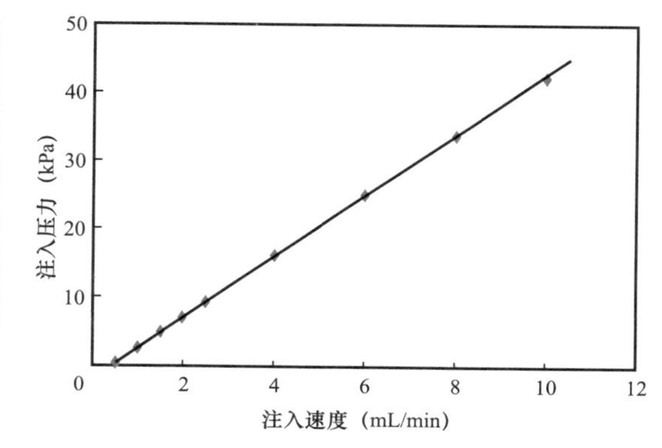

图2-21 注入压力与不同流速关系曲线（一维砂岩方岩心）

（4）油驱水阶段。

实验方案：

① 室温条件下，用液体石蜡进行油驱水实验；

② 液体石蜡性质为室温下（32℃）呈无色透明状液体，黏度 16.1mPa·s；

③ 驱替流速为 8mL/min；

④ 产出端产纯油时，调整流速至 3mL/min，驱替 10min，观察压力变化（图 2–22）。

驱替结束时，累计产水 81mL，折算含油饱和度 0.66；束缚水饱和度 0.34；残余油饱和度 0.42（图 2–23）。

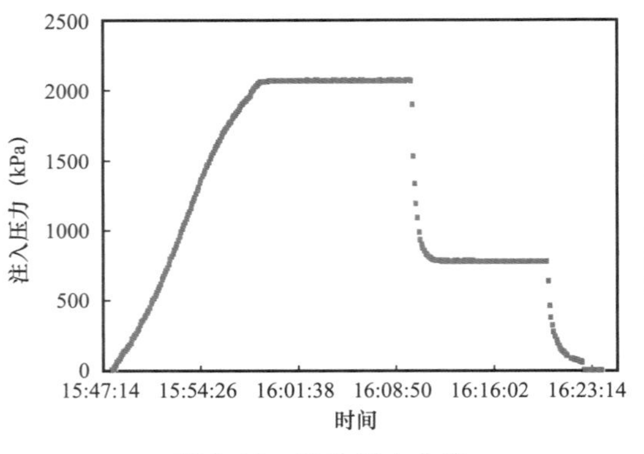

图 2–22　注油压力曲线（一维砂岩方岩心）

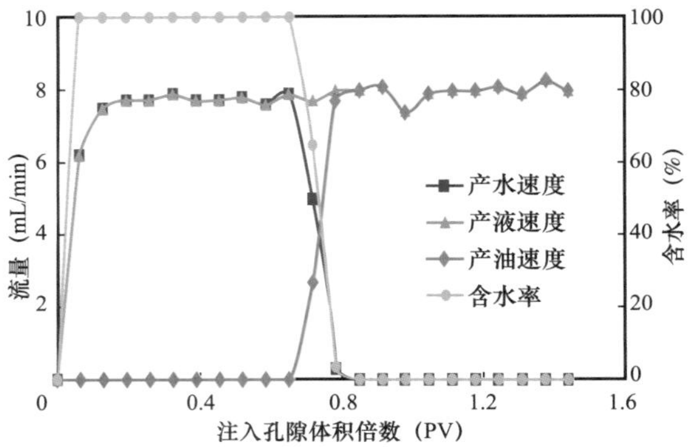

图 2–23　油驱水阶段产油、产水、产液速度曲线（一维砂岩方岩心）

（5）水驱油阶段。

实验方案：

① 室温条件下，用清水开展水驱油实验；

② 驱替流速为 8mL/min。

③ 产出端含水率至 98% 时，停止驱替。

注入水压力前期快速上升，完整曲线如图 2–24 所示。

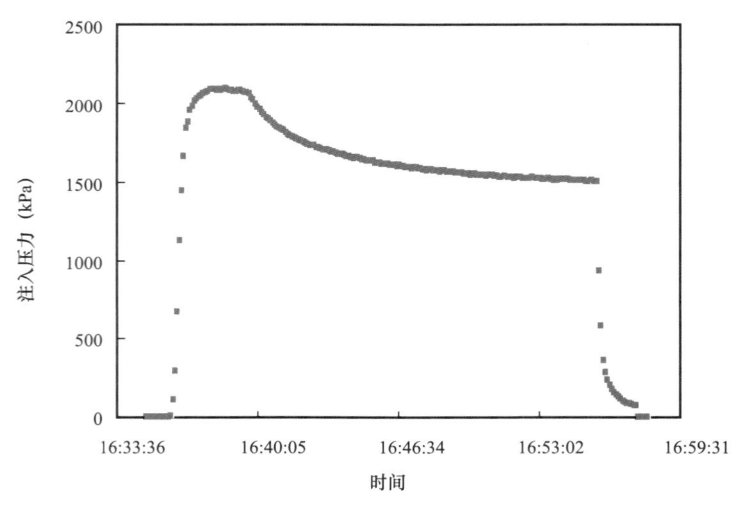

图 2–24　注水压力曲线（一维砂岩方岩心）

含水率升至 98% 时，岩心整体采出程度 37.16%（图 2–25 和图 2–26）。

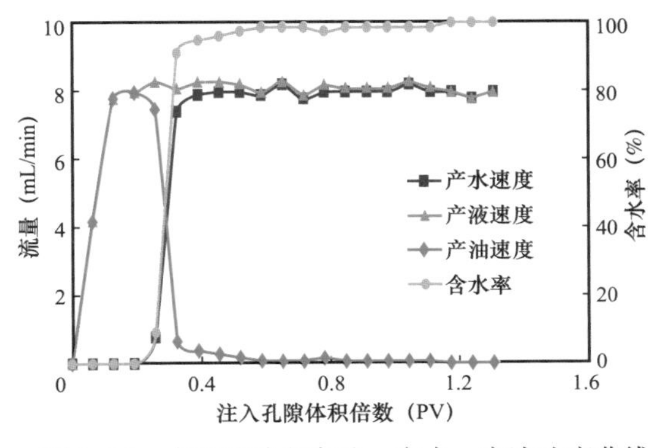

图 2-25　水驱油阶段产油、产水、产液速度曲线（一维砂岩方岩心）

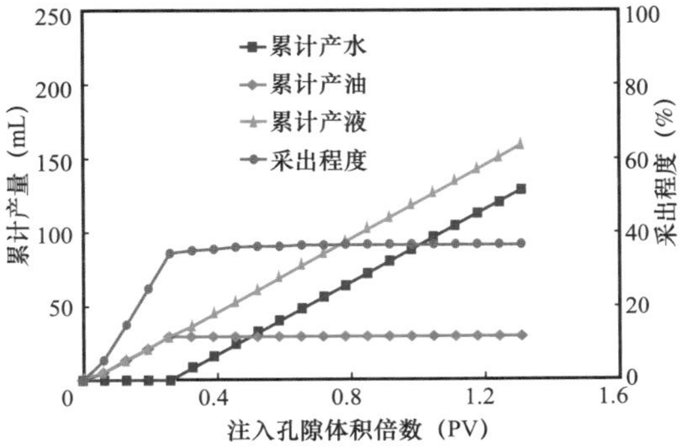

图 2-26　累计产油、累计产水、累计产液曲线

通过一维岩心室内实验测试的压力及流量数据，利用达西公式得到了每块岩心水测渗透率。从渗透率结果分析来看，一维砂岩岩心中加入砾石以后，受渗流面积减小的影响，储层渗流能力降低，渗透率降低，表现特征为注水压力升高；从室内纯水驱实验结果来看，由于一维条件下，砾岩岩心受四个方向压力边界的影响，砾岩岩心砾缘缝没有张开，因此无论是一维砾岩岩心还是一维砂岩岩心，其注水压力均随着流速的上升呈线性上升，即随着压力的增加，注水量均匀地增加，而且在一维条件下，砂岩及砾岩岩心在注水驱替过程中，砾岩油水同出时间长于砂岩。

（二）大尺寸砾岩岩心物理模拟实验

三维砾岩岩心直径 40cm，厚度 4.2cm，孔隙度 18.39%，见表 2-8。

（1）抽真空饱和水。

将岩心放置三维径向模型以后进行抽真空及饱和水。中心井首先进行注水，其后 1 号、2 号、3 号、4 号井依次注水，累计注入水量 970mL。

表 2-8　岩心参数

参数	取值
直径（cm）	40.0
厚度（cm）	4.2
体积（cm^3）	5275.2
饱和水（mL）	970.0
孔隙度（%）	18.39

（2）水驱前测试阶段。

水驱实验前，中心井注入速度设置 3mL/min、5mL/min 两个流速进行注水压力观察测试，1 号井采，两个流速对应注水时长均为 2h，记录压力数据（图 2-27）。

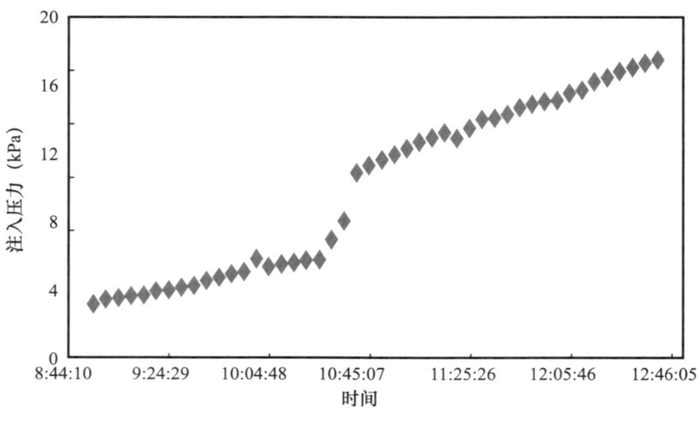

图 2-27　水驱测试数据

通过测试发现，在恒定流速下注入压力逐步上升，流速由 3mL/min 调整为 5mL/min 时，表现为颗粒堆积后压力上升，突破后压力短暂下降后上升。分析产生原因：① 润湿性改变，建立水膜；② 颗粒运移、堵塞影响深部运移的特征明显。因此后续进行一注一采水驱测试时，流速调整时间间隔控制在 10min，以消除润湿性及颗粒运移对注入压力的影响。

（3）纯水驱阶段。

考虑一注一采，采用不同注入流速对砾岩岩心开展压力测试，注采顺序及流速设置见表 2-9，流速调整时间间隔为 10min，观察注入压力随流量上升的变化情况。

表 2-9　注采顺序及参数设计

实验先后顺序	注采设置
中心井注与 1 号井采	中心井注水速度：0.5mL/min、1mL/min、1.5mL/min、2mL/min、2.5mL/min、4mL/min、6mL/min、8mL/min、10mL/min（9 个流速）；生产井连接大气压

对于中心井注与 1 号井采，不同注入速度下，注入压力的变化如图 2-28 和图 2-29 所示。

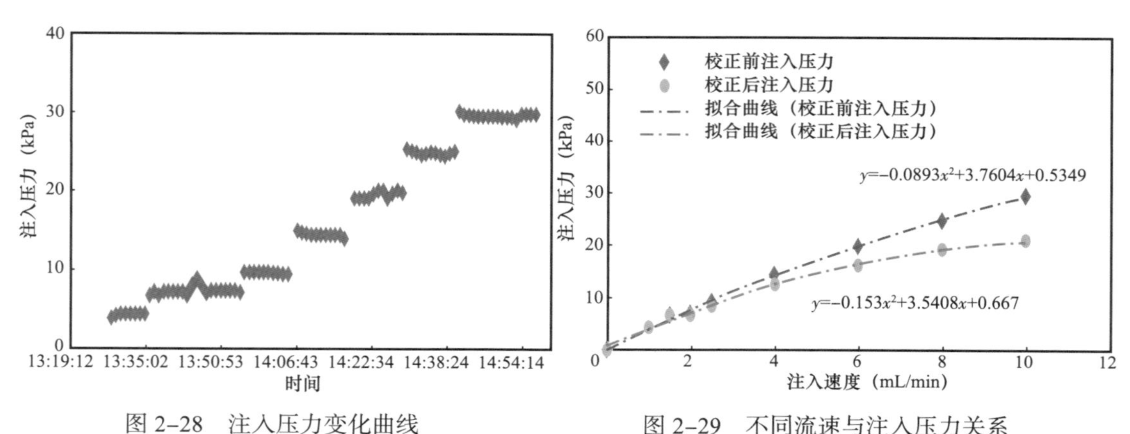

图 2-28　注入压力变化曲线　　　　图 2-29　不同流速与注入压力关系

随着流速的增加，注入压力呈非线性上升，流量超过 5mL/min 时，受砾缘缝张开的影响，压力上升幅度趋缓；引入压力增量系数校正后，降低了颗粒运移、润湿性对压力的影响，砾岩压敏特征更为明显。

（4）油驱水阶段。

实验方案：

① 室温条件下，用液体石蜡进行油驱水实验；

② 液体石蜡性质为室温下（32℃）呈无色透明状液体，黏度 16.1mPa·s；

③ 驱替流速为 8mL/min；

④ 产出端产纯油时，调整流速至 3mL/min，驱替 10min，观察压力变化。

中心井注油驱替，边部 1 号至 4 号井分别开井生产，驱替结束时，累计产水 559.45mL，折算含油饱和度 0.577，束缚水饱和度 0.423，残余油 0.306。

对于中心井注和 1 号井采，实测注入油压曲线变化如图 2-30 所示。

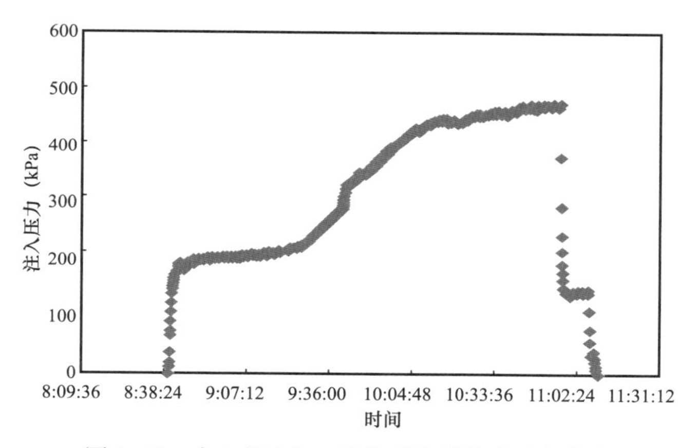

图 2-30　中心井注与 1 号井采实测注油压力曲线

对于 1 号采油井，在注入大约 0.45PV 以后，产油速度上升，含水率下降（图 2-31 和图 2-32）。

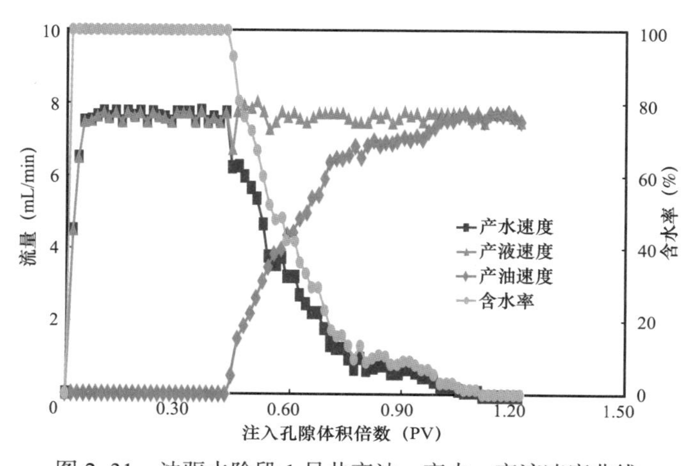

图 2-31　油驱水阶段 1 号井产油、产水、产液速度曲线

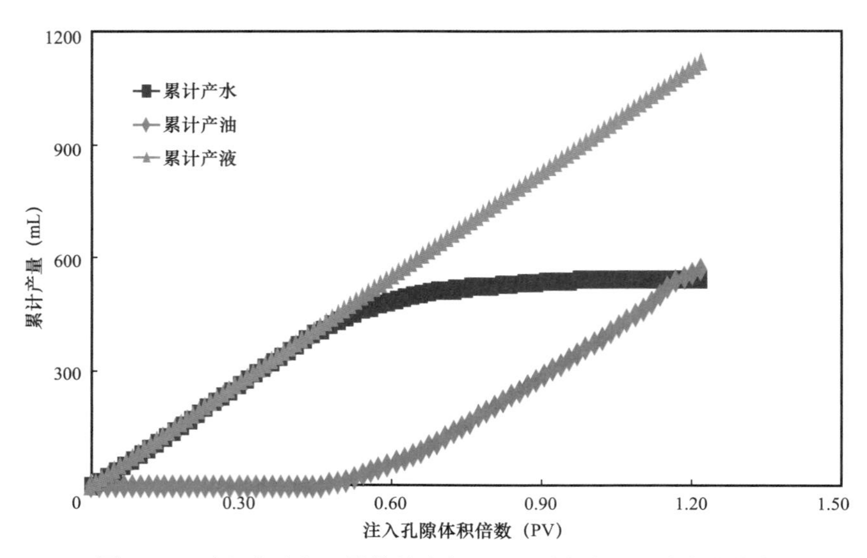

图 2-32　油驱水阶段 1 号井累计产油、累计产水、累计产液曲线

（5）水驱油阶段。

实验方案：

① 室温条件下，用清水开展水驱油实验，其中注入水用亚甲基蓝染色，见注入水后，观察到产出水由无色变蓝色；

② 驱替流速为 8mL/min；

③ 产出端含水率至 98% 时，停止驱替。

对于中心井注、1 号井采的情况，注入压力变化如图 2-33 所示，水驱油过程中，产液和产油速度更快，含水率下降时间更早（图 2-34 和图 2-35）。

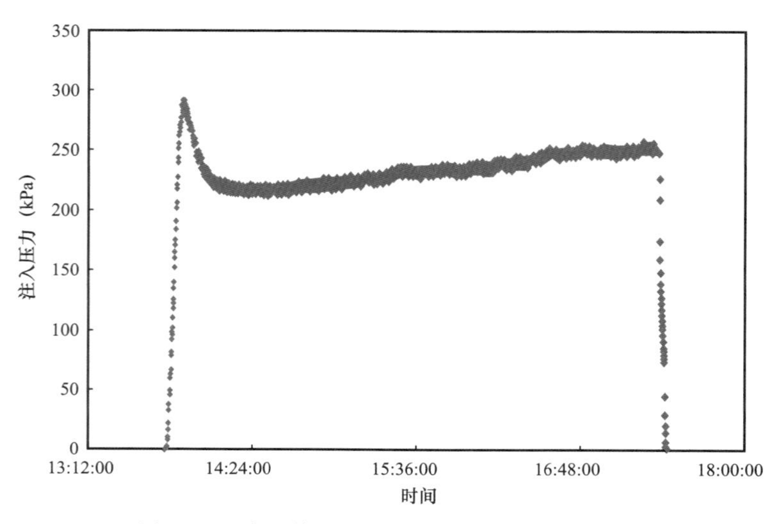

图 2-33　中心井注、1 号井采实测注水压力曲线

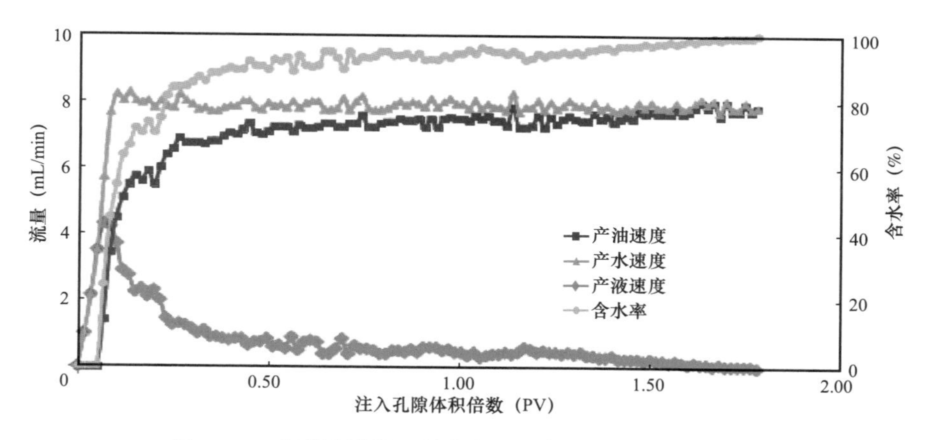

图 2–34　水驱油阶段 1 号井产油、产水、产液速度曲线

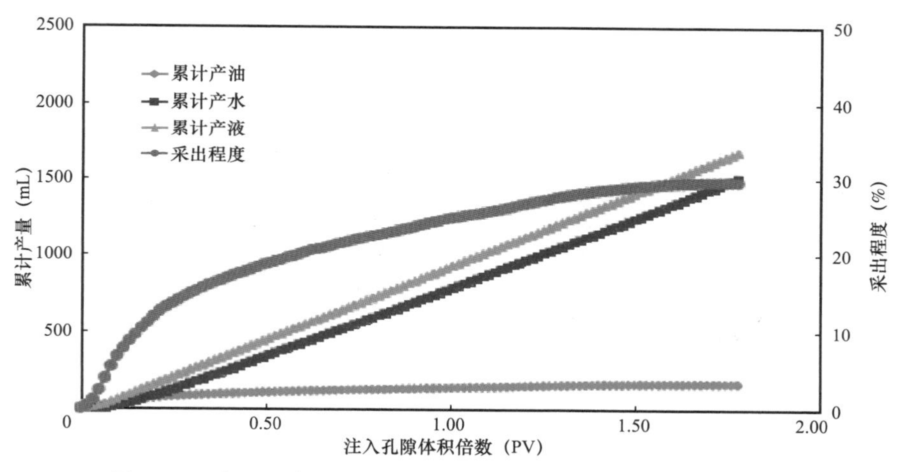

图 2–35　水驱油阶段 1 号井累计产油、累计产水、累计产液曲线

大尺寸砾岩岩心实验表明，相比砂岩，砾岩储层胶结相对疏松，受注入流体的影响，流体饱和度、润湿性、骨架结构等持续、有规律地变化，造成渗透率变化，岩心内部存在颗粒运移。与一维岩心实验相同，砂岩中加入砾石以后，受渗流面积减小的影响，储层渗流能力降低，初期注水压力快速升高，后期注水压力上升速度变缓。从室内水驱实验结果来看，砾岩应力敏感性高：低注入流速时，压力呈近线性上升，表示岩心吸水量与注水压力成正比，即随着压力的增加，注水量均匀地增加；当流速大于 4～5mL/min 时，压力上升趋缓，主要是砾缘缝的张开导致岩心渗流能力增大。

（三）三维砾岩岩心驱替实验拟合

以三维砾岩岩心为例，开展数值模拟反演研究，量化岩心物性参数，观察水驱油阶段生产特征。

1. 数值模型建立

利用 Eclipse 数值模拟软件建立双孔双渗模型（图 2–36 至图 2–39），平面网格大小为

1cm×1cm；纵向共划分 15 个模拟层，模拟层厚度 0.2805cm，岩心参数见表 2-10。

表 2-10　三维砾岩岩心参数

参数	取值
岩心直径（cm）	40
厚度（cm）	4.2
岩心外表体积（cm^3）	5275.2
流动孔隙体积（cm^3）	954
基质渗透率（mD）	550
基质孔隙度（%）	21.4
裂缝孔隙度（%）	0.5

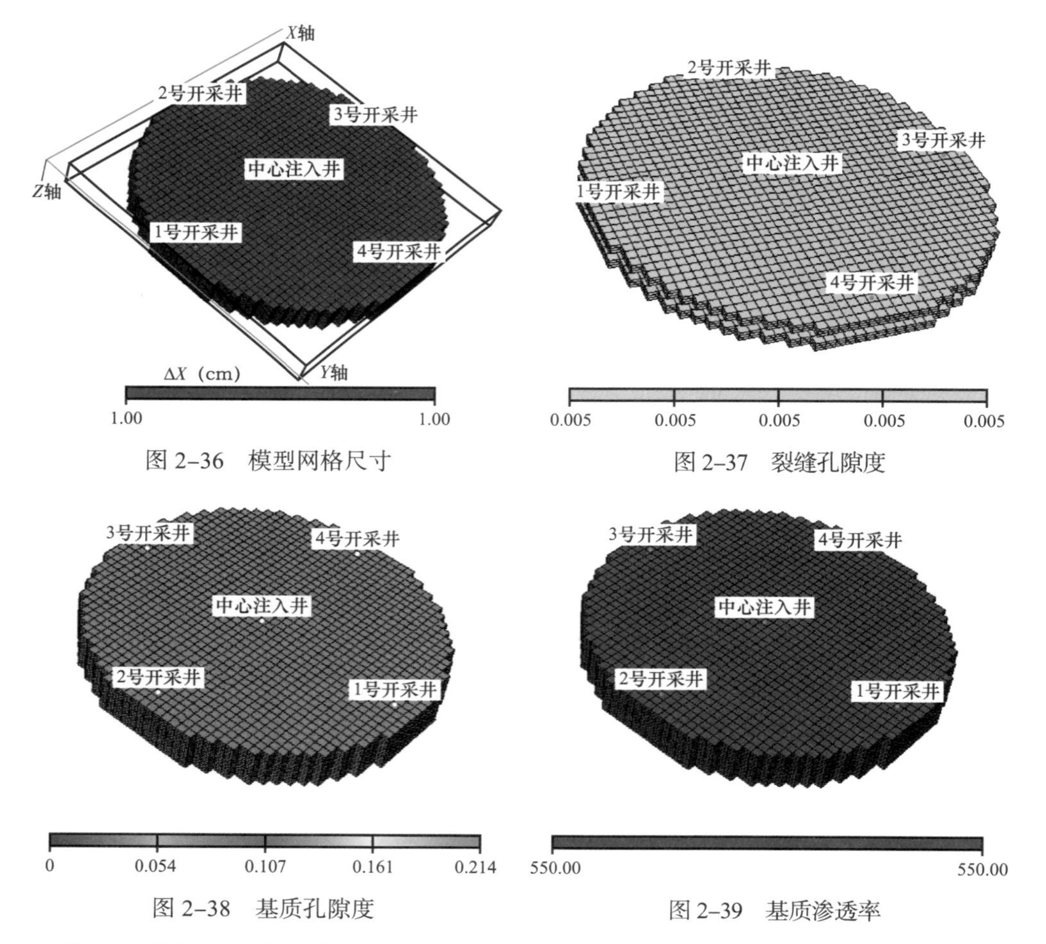

图 2-36　模型网格尺寸

图 2-37　裂缝孔隙度

图 2-38　基质孔隙度

图 2-39　基质渗透率

2. 储层及井间物性参数量化

结合前期纯水驱阶段注入速度、注入压力，完成了中心井注、边部井依次生产数模反演研究，量化了储层及井间的渗透率。

从压力拟合情况来看，整体拟合效果较好，注水初期压力低，砾缘缝尚未张开，砾缘缝流动能力较弱，注入水的流动主要在基质中进行；注入速度上升至3～4mL/min时，压力上升，砾缘缝逐步张开（表2-11至表2-14，图2-40至图2-43）。

表2-11 中心井注1号井采测试数据

流速(mL/min)	注入压力(kPa)	数模拟合注入压力(kPa)	基质渗透率(mD)	裂缝渗透率(mD)
0.5	—	1.98	550.0	13.0
1.0	4.84	3.96	550.0	13.0
1.5	7.42	5.95	550.0	13.0
2.0	7.80	7.93	550.0	13.0
2.5	9.75	9.91	550.0	13.0
4.0	14.73	14.67	550.0	60.0
6.0	19.98	19.72	550.0	140.0
8.0	25.07	25.05	550.0	180.0
10.0	29.78	29.30	550.0	240.0

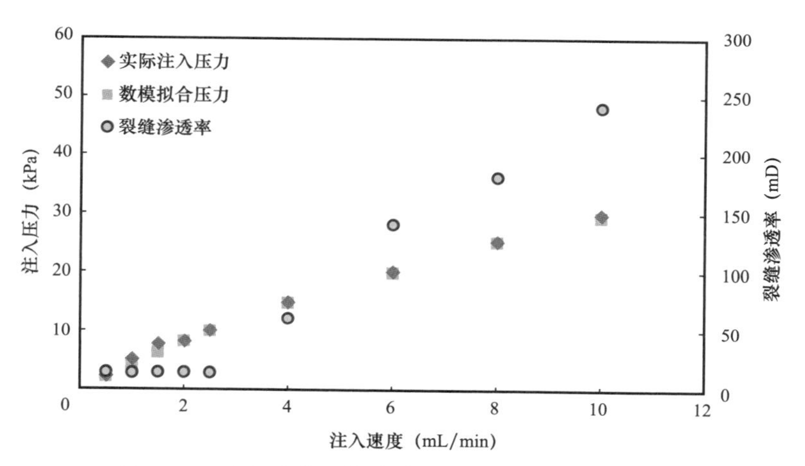

图2-40 中心井注1号井采压力拟合及裂缝张开情况

表2-12 中心井注2号井采测试数据

流速(mL/min)	注入压力(kPa)	数模拟合注入压力(kPa)	基质渗透率(mD)	裂缝渗透率(mD)
0.5	0.47	2.03	550.0	13.0
1.0	2.45	4.07	550.0	13.0

续表

流速 (mL/min)	注入压力 (kPa)	数模拟合注入压力 (kPa)	基质渗透率 (mD)	裂缝渗透率 (mD)
1.5	4.96	6.10	550.0	13.0
2.0	7.09	8.14	550.0	13.0
2.5	10.10	10.17	550.0	13.0
4.0	16.68	16.27	550.0	13.0
6.0	23.91	23.88	550.0	25.0
8.0	29.77	29.40	550.0	75.0
10.0	34.32	34.28	550.0	125.0

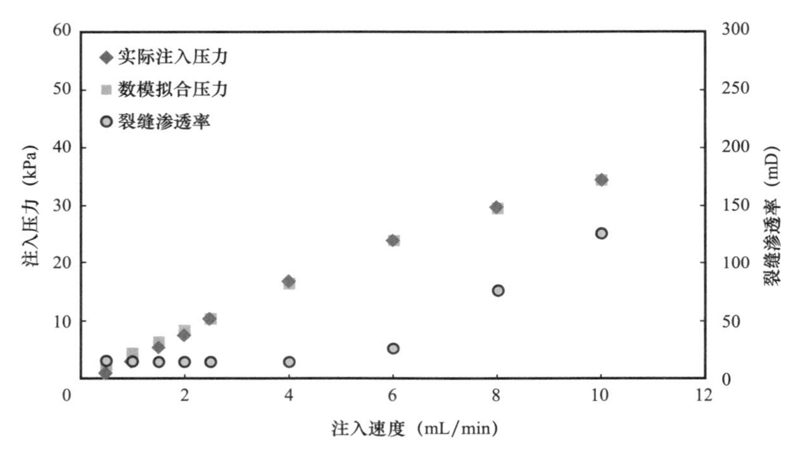

图 2–41　中心井注 2 号井采压力拟合及裂缝张开情况

表 2–13　中心井注 3 号井采测试数据

流速 (mL/min)	注入压力 (kPa)	数模拟合注入压力 (kPa)	基质渗透率 (mD)	裂缝渗透率 (mD)
0.5	1.32	2.69	550.0	13.0
1.0	4.19	5.37	550.0	13.0
1.5	7.26	8.06	550.0	13.0
2.0	10.19	10.75	550.0	13.0
2.5	13.42	13.44	550.0	13.0
4.0	20.88	20.84	550.0	25.0
6.0	28.66	28.57	550.0	65.0
8.0	35.00	34.91	550.0	110.0
10.0	40.72	40.74	550.0	155.0

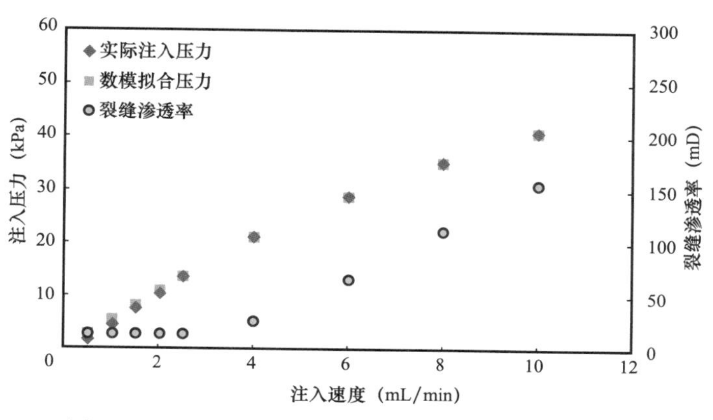

图 2-42 中心井注 3 号井采压力拟合及裂缝张开情况

表 2-14 中心井注 4 号井采测试数据

流速 (mL/min)	注入压力 (kPa)	数模拟合注入压力 (kPa)	基质渗透率 (mD)	裂缝渗透率 (mD)
0.5	1.46	3.56	550.0	13.0
1.0	5.16	7.13	550.0	13.0
1.5	9.04	10.70	550.0	13.0
2.0	13.58	14.28	550.0	13.0
2.5	17.70	17.84	550.0	13.0
4.0	28.18	28.06	550.0	17.0
6.0	39.48	39.16	550.0	40.0
8.0	47.72	47.96	550.0	70.0
10.0	55.94	55.61	550.0	100.0

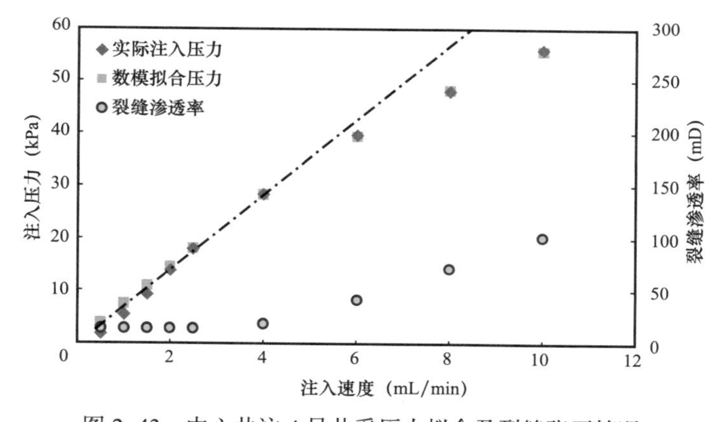

图 2-43 中心井注 4 号井采压力拟合及裂缝张开情况

3. 砾岩水驱特征拟合

利用岩心静态数据、流体数据、注采数据建立双孔双渗数模模型，开展砾岩水驱特征反演研究。从反演结果来看，数模拟合结果较为准确地反映实验特征，砾岩水驱开发非均质程度较砂岩强，水窜严重，采出程度低于砂岩。

对于中心井注 1 号井采，1 号井含水率升至 98% 时，单井累计采出程度 27.69%，与实验数据（26.47%）相比误差较小，拟合结果较好（图 2–44 和图 2–45）。

从剩余油平面图来看，生产结束后，由于砾岩砾缘缝张开的影响，砾岩部分水驱采出程度高，水淹严重，剩余油主要集中在动用程度低的砾岩部分。从剩余油剖面图来看，砾岩储层非均质强，注入水沿砾缘缝水窜较为严重，剩余油分布与砂岩有明显的差别（图 2–46 至图 2–52）。

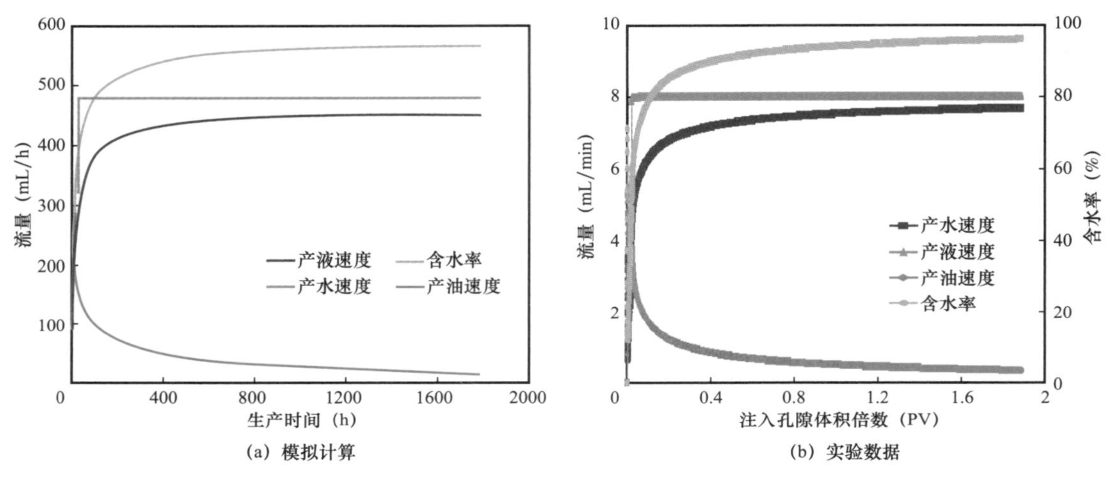

图 2–44　生产曲线拟合图

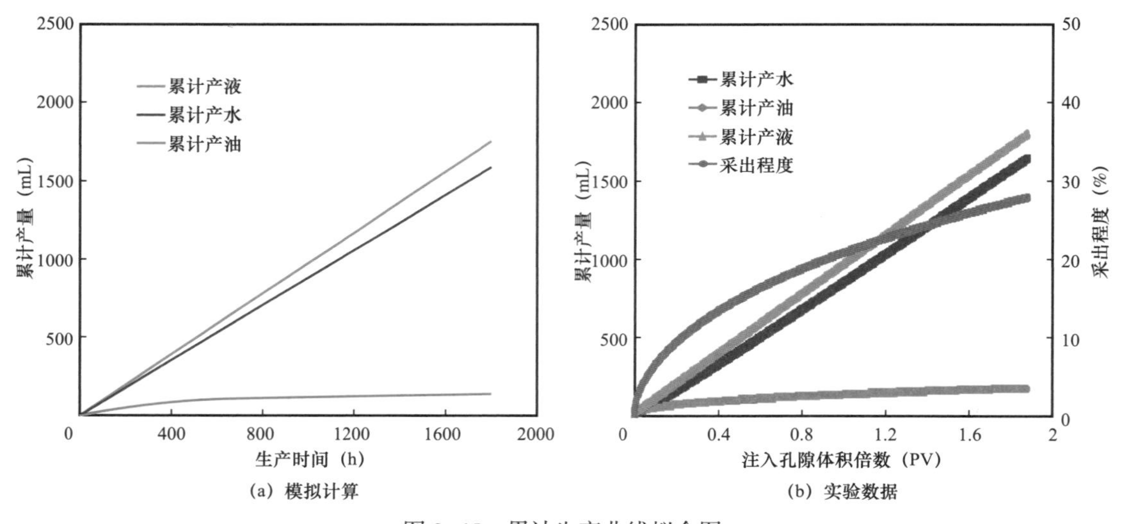

图 2–45　累计生产曲线拟合图

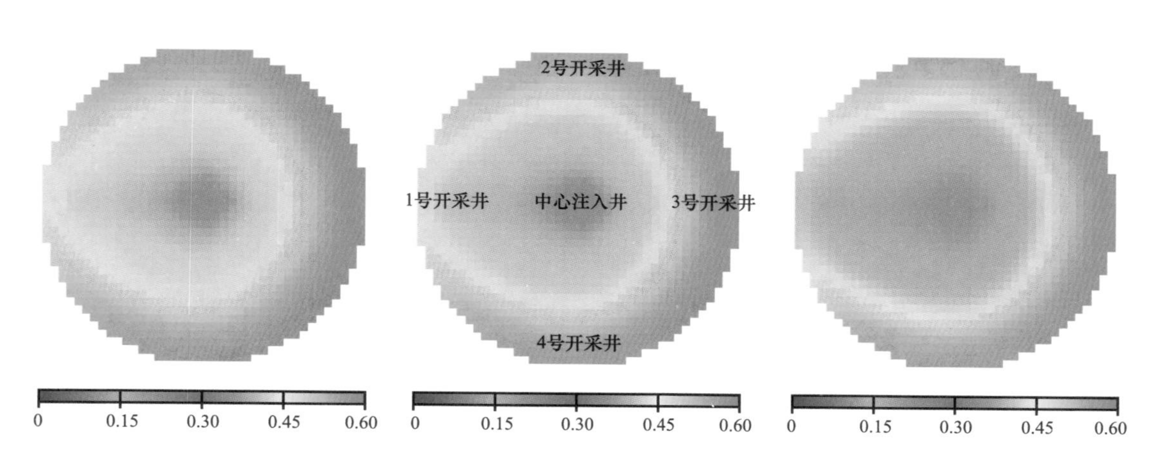

图 2-46 砂岩层剩余油分布（1～3 模拟层）

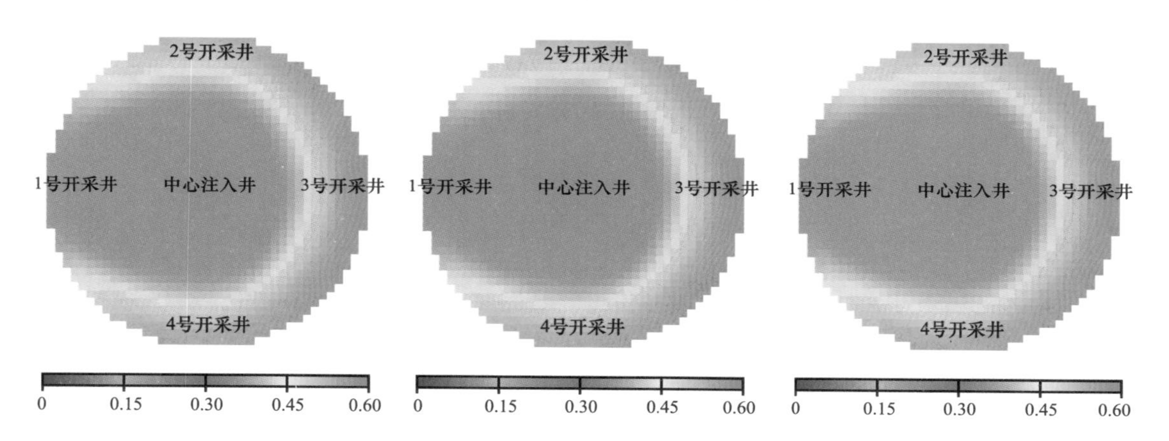

图 2-47 砾岩层剩余油分布（4～6 模拟层）

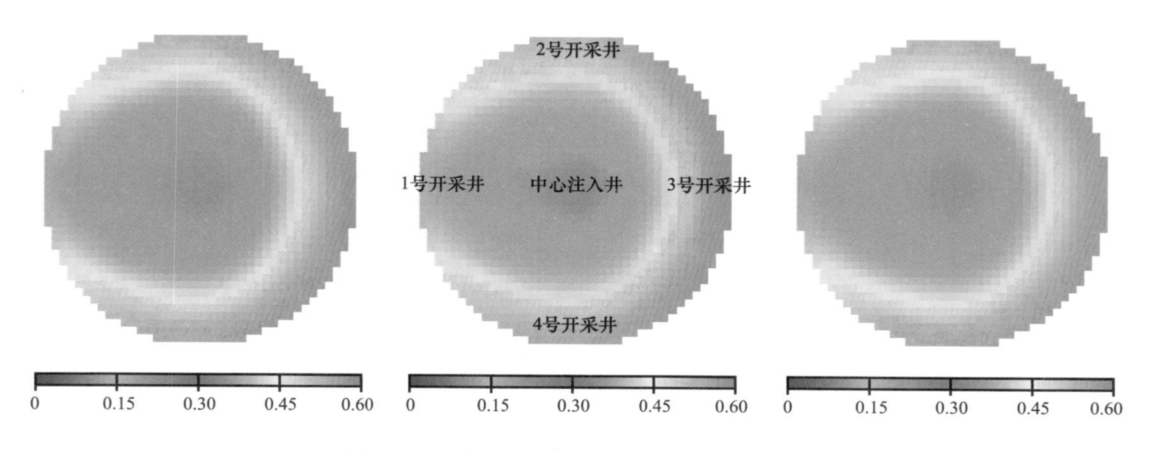

图 2-48 砂岩层剩余油分布（7～9 模拟层）

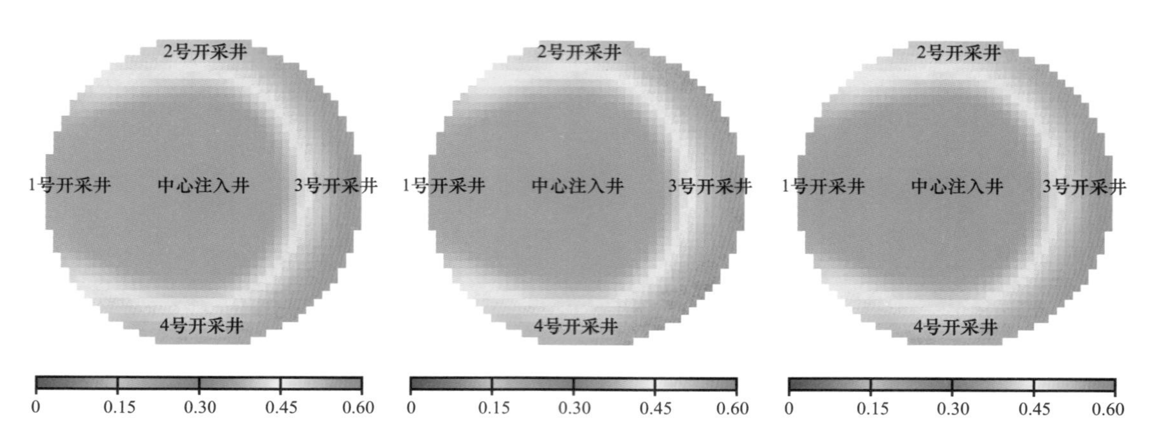

图 2-49　砾岩层剩余油分布（10～12 模拟层）

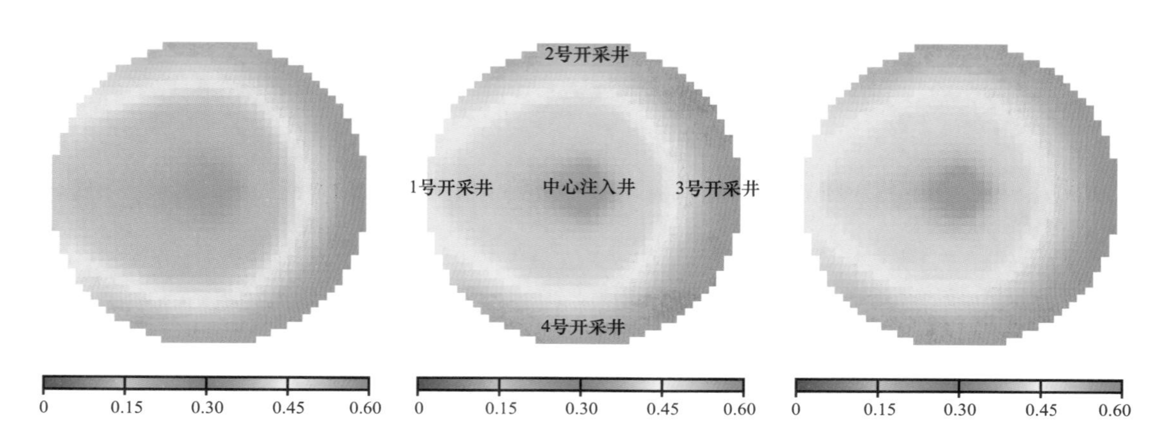

图 2-50　砂岩层剩余油分布（13～15 模拟层）

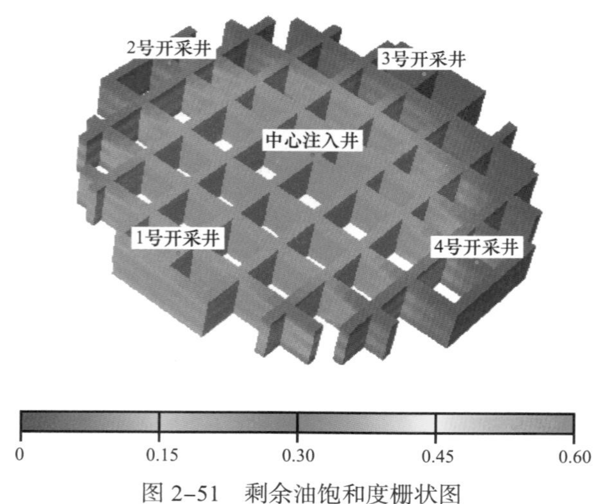

图 2-51　剩余油饱和度栅状图

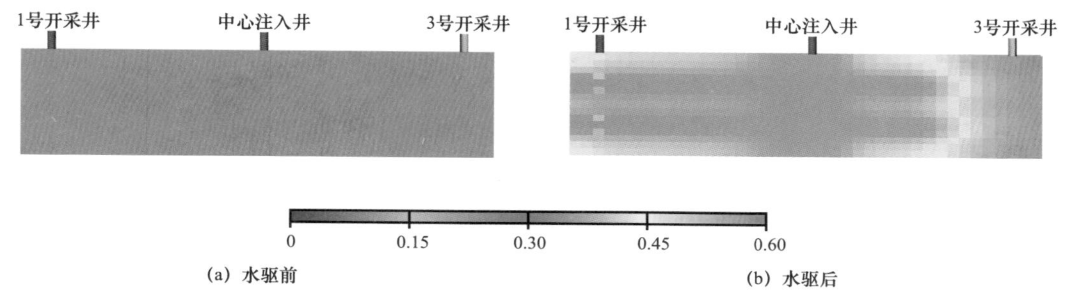

图 2-52　剩余油饱和度剖面图

通过开展岩心驱替数值模拟反演研究，对物模驱替实验进行了对比、分析及特征参数量化，进一步明确砾岩产生压敏特征的机理及双重介质渗流机制。

二、双重介质渗流能力关系研究

（一）模型建立

对于存在水平裂缝微元等效渗透率计算，考虑存在一条开度为 b 的水平裂缝微元（图 2-53），通过达西公式可以得到等效平均渗透率为：

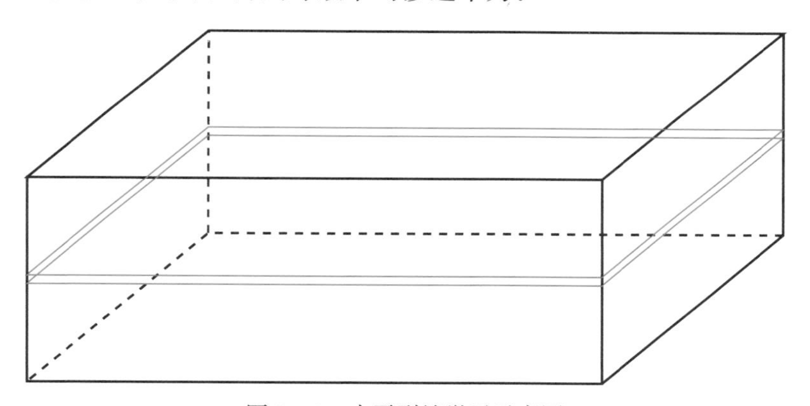

图 2-53　水平裂缝微元示意图

$$\overline{K}=-\frac{\mu v}{(p_2-p_1)/x} \tag{2-1}$$

其中

$$v=\frac{Q}{A}=\frac{Q_f+Q_m}{A_f+A_m} \tag{2-2}$$

$$Q_f=v_f \cdot A_f \tag{2-3}$$

$$v_f=-\frac{K_f}{\mu}\frac{(p_2-p_1)}{x} \tag{2-4}$$

$$K_f=\frac{b^2}{12}\times 10^8 \tag{2-5}$$

$$
\begin{aligned}
Q_{\mathrm{f}}&=v_{\mathrm{f}}\cdot A_{\mathrm{f}}=-\frac{K_{\mathrm{f}}}{\mu}A_{\mathrm{f}}\frac{p_2-p_1}{x}\\
&=-\frac{10^8b^2}{12\mu}\cdot by\cdot\frac{p_2-p_1}{x}\\
&=-\frac{b^3y\times10^8}{12\mu}\frac{p_2-p_1}{x}
\end{aligned}
\tag{2-6}
$$

$$
\begin{aligned}
Q_{\mathrm{m}}&=v_{\mathrm{m}}\cdot A_{\mathrm{m}}\\
&=-\frac{K_{\mathrm{m}}}{\mu}y(z-b)\frac{p_2-p_1}{x}
\end{aligned}
\tag{2-7}
$$

故

$$
\begin{aligned}
v&=\frac{Q}{A}=\frac{Q_{\mathrm{f}}+Q_{\mathrm{m}}}{A_{\mathrm{f}}+A_{\mathrm{m}}}\\
&=-\frac{\dfrac{b^3y\times10^8}{12\mu}\dfrac{p_2-p_1}{x}+\dfrac{K_{\mathrm{m}}}{\mu}y(z-b)\dfrac{p_2-p_1}{x}}{yz}\\
&=-\frac{\dfrac{b^3\times10^8}{12\mu}\dfrac{p_2-p_1}{x}+\dfrac{K_{\mathrm{m}}}{\mu}(z-b)\dfrac{p_2-p_1}{x}}{z}
\end{aligned}
\tag{2-8}
$$

将公式（2-8）代入公式（2-1）得到动态渗透率公式：

$$
\begin{aligned}
\overline{K}&=-\frac{\mu v}{\dfrac{p_2-p_1}{x}}\\
&=-\frac{\mu\left[-\dfrac{\dfrac{b^3\times10^8}{12\mu}\dfrac{p_2-p_1}{x}+\dfrac{K_{\mathrm{m}}}{\mu}(z-b)\dfrac{p_2-p_1}{x}}{z}\right]}{\dfrac{p_2-p_1}{x}}\\
&=\frac{b^3\times10^8}{12z}+\frac{K_{\mathrm{m}}(z-b)}{z}
\end{aligned}
\tag{2-9}
$$

式中 x——拟双重介质微元长度，cm；

y——拟双重介质微元宽度，cm；

z——拟双重介质微元高度，cm；

K——拟双重介质渗透率，D；

μ——流体黏度，mPa·s；

b——裂缝开度，cm；

p_2——入口端压力，atm；

p_1——出口端压力，atm；

$\overline{K}$——动态渗透率，D；

v——渗流速度，cm/s；

Q——流量，cm^3/s；

A——过流面积，cm^2；

下标 m——基质；

下标 f——裂缝。

在此基础上对模型进行扩展，考虑微元中存在 $n=zp_1$ 条开度为 b_i 的水平裂缝，并为与水平面夹角为 α 的二维裂缝（图 2-54），建立动态渗透率公式见表 2-15。

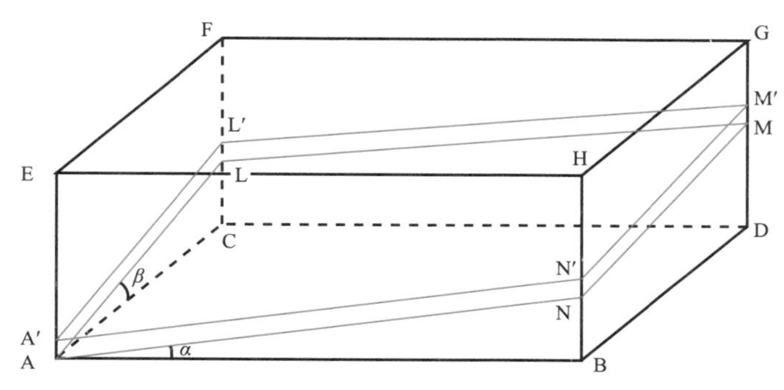

图 2-54　三维裂缝微元示意图

α 是 AN 与 AB 夹角，β 是 AL 与 AC 夹角

表 2-15　*n* 条裂缝不同夹角渗透率公式

裂缝与水平面夹角	水平渗透率公式	垂向渗透率公式
$0<\alpha<\arctan\frac{z}{x}$	$\bar{K}_x=-\frac{\mu v_x}{(p_2-p_1)/x}=-\frac{\mu\left\{-\frac{\left[\sum_{i=0}^{(z\cos\alpha-x\sin\alpha)\rho_1}\frac{b_i^3\cos^2\alpha\times10^8}{12}+K_m\left(z-\sum_{i=0}^{(z\cos\alpha-x\sin\alpha)\rho_1}b_i\right)\right]\frac{(p_2-p_1)}{\mu x}}{z}\right\}}{(p_2-p_1)/x}=\sum_{i=0}^{(z\cos\alpha-x\sin\alpha)\rho_1}\frac{b_i^3\cos^2\alpha\times10^8}{12z}+\frac{K_m\left(z-\sum_{i=0}^{(z\cos\alpha-x\sin\alpha)\rho_1}b_i\right)}{z}$	$\bar{K}_z=-\frac{\mu v_z}{(p_2-p_1)/z}=-\frac{\mu\left\{-\frac{\left[\sum_{i=0}^{(z\cos\alpha-x\sin\alpha)\rho_1}\frac{b_i^3\sin\alpha\cos\alpha\times10^8}{12x}+\frac{K_m}{z}\left(x-\sum_{i=0}^{(z\cos\alpha-x\sin\alpha)\rho_1}b_i\right)\right]\frac{(p_2-p_1)}{\mu}}{x}\right\}}{(p_2-p_1)/z}=\sum_{i=0}^{(z\cos\alpha-x\sin\alpha)\rho_1}\frac{b_i^3z\sin\alpha\cos\alpha\times10^8}{12x^2}+\frac{K_m\left(z-\sum_{i=0}^{(z\cos\alpha-x\sin\alpha)\rho_1}b_i\right)}{x}$
$\arctan\frac{z}{x}<\alpha<\infty$	$\bar{K}_x=-\frac{\mu v_x}{(p_2-p_1)/x}=-\frac{\mu\left\{-\frac{\left[\sum_{i=0}^{(x\cos\alpha-z\sin\alpha)\rho_1}\frac{b_i^3\sin\alpha\cos\alpha\times10^8}{12z}+K_m\left(z-\sum_{i=0}^{(x\sin\alpha-z\cos\alpha)\rho_1}b_i\right)\right]\frac{(p_2-p_1)}{\mu x}}{z}\right\}}{(p_2-p_1)/x}=\sum_{i=0}^{(x\sin\alpha-z\cos\alpha)\rho_1}\frac{b_i^3\sin\alpha\cos\alpha\times10^8}{12z^2}+\frac{K_m\left(z-\sum_{i=0}^{(x\sin\alpha-z\cos\alpha)\rho_1}b_i\right)}{z}$	$\bar{K}_z=-\frac{\mu v_z}{(p_2-p_1)/z}=-\frac{\mu\left\{-\frac{\left[\sum_{i=0}^{(x\sin\alpha-z\cos\alpha)\rho_1}\frac{b_i^3\sin^2\alpha\times10^8}{12}+K_m\left(x-\sum_{i=0}^{(x\sin\alpha-z\cos\alpha)\rho_1}b_i\right)\right]\frac{(p_2-p_1)}{\mu z}}{x}\right\}}{(p_2-p_1)/z}=\sum_{i=0}^{(x\sin\alpha-z\cos\alpha)\rho_1}\frac{b_i^3\sin^2\alpha\times10^8}{12x}+\frac{K_m\left(z-\sum_{i=0}^{(x\sin\alpha-z\cos\alpha)\rho_1}b_i\right)}{x}$

（二）动态渗流能力变化规律

1. 三维裂缝

考虑长宽高为 x、y、z 拟双重介质微元中若存在一条开度为 b 的三维裂缝。其中裂缝

开度、夹角 α 及夹角 β 均对微元水平渗透率存在较大影响。随着裂缝开度增加，微元水平渗透率增加（图 2–55）；随着夹角 α 增大，微元水平渗透率降低（图 2–56）；随着夹角 β 增大，微元水平渗透率降低（图 2–57）；而基质渗透率对微元水平渗透率影响较小（图 2–58）。其中裂缝开度、夹角 α 及夹角 β 均对微元垂向渗透率存在较大影响。随着裂缝开度增加，微元垂向渗透率增加（图 2–59）；随着夹角 α 增大，微元垂向渗透率降低（图 2–60）；随着夹角 β 增大，微元垂向渗透率增大（图 2–61）；而基质渗透率对微元垂向渗透率影响较小（图 2–62）。

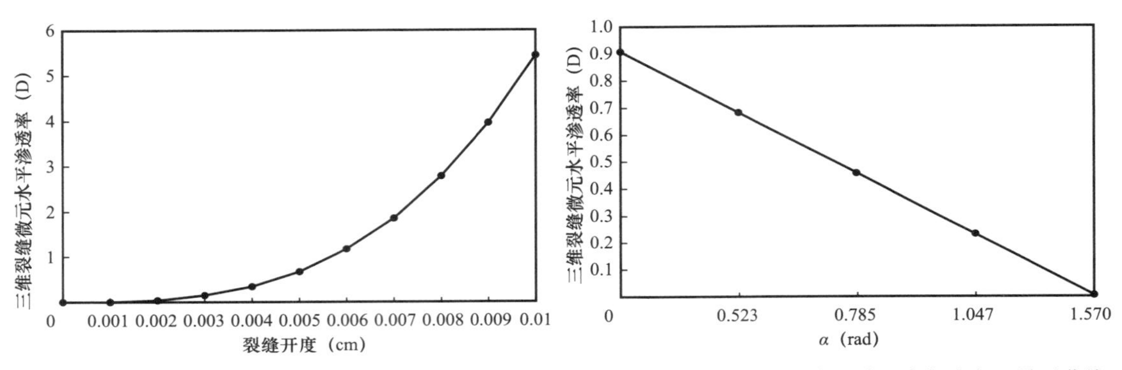

图 2–55　三维裂缝微元水平渗透率与裂缝开度关系曲线　图 2–56　三维裂缝微元水平渗透率与夹角 α 关系曲线

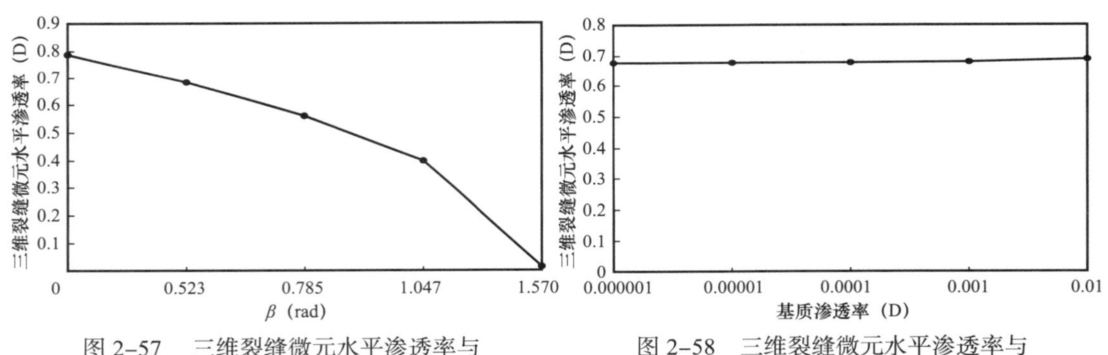

图 2–57　三维裂缝微元水平渗透率与夹角 β 关系曲线

图 2–58　三维裂缝微元水平渗透率与基质渗透率关系曲线

图 2–59　三维裂缝微元垂向渗透率与裂缝开度关系曲线

图 2–60　三维裂缝微元垂向渗透率与夹角 α 关系曲线

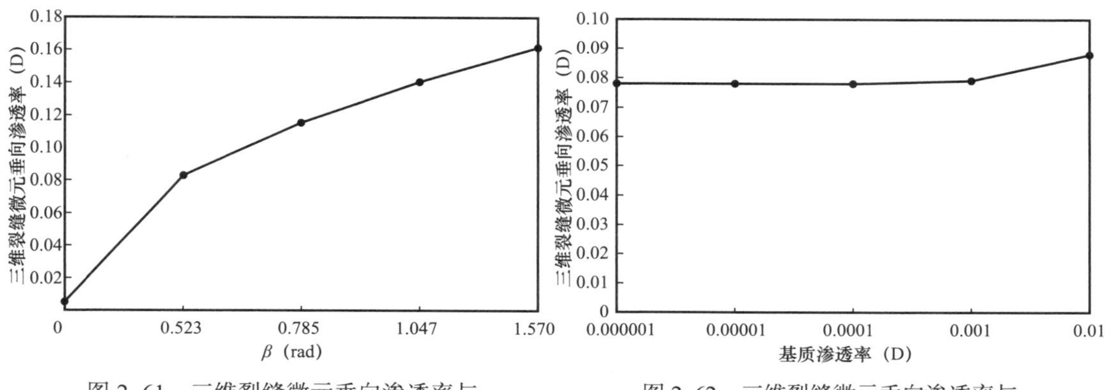

图 2-61　三维裂缝微元垂向渗透率与夹角 β 关系曲线

图 2-62　三维裂缝微元垂向渗透率与基质渗透率关系曲线

2. 拟双重介质

考虑一长、宽、高分别为 x、y、z 的拟双重介质，其中存在 $n=zp_1$ 条开度为 b_i 的水平裂缝。其中裂缝线密度、裂缝开度均对平均渗透率存在较大影响。随着裂缝线密度增大，拟双重介质渗透率增大（图 2-63）；随着裂缝开度增大，拟双重介质渗透率增大（图 2-64）；而拟双重介质高度与基质渗透率对拟双重介质平均渗透率影响不大（图 2-65 和图 2-66）。

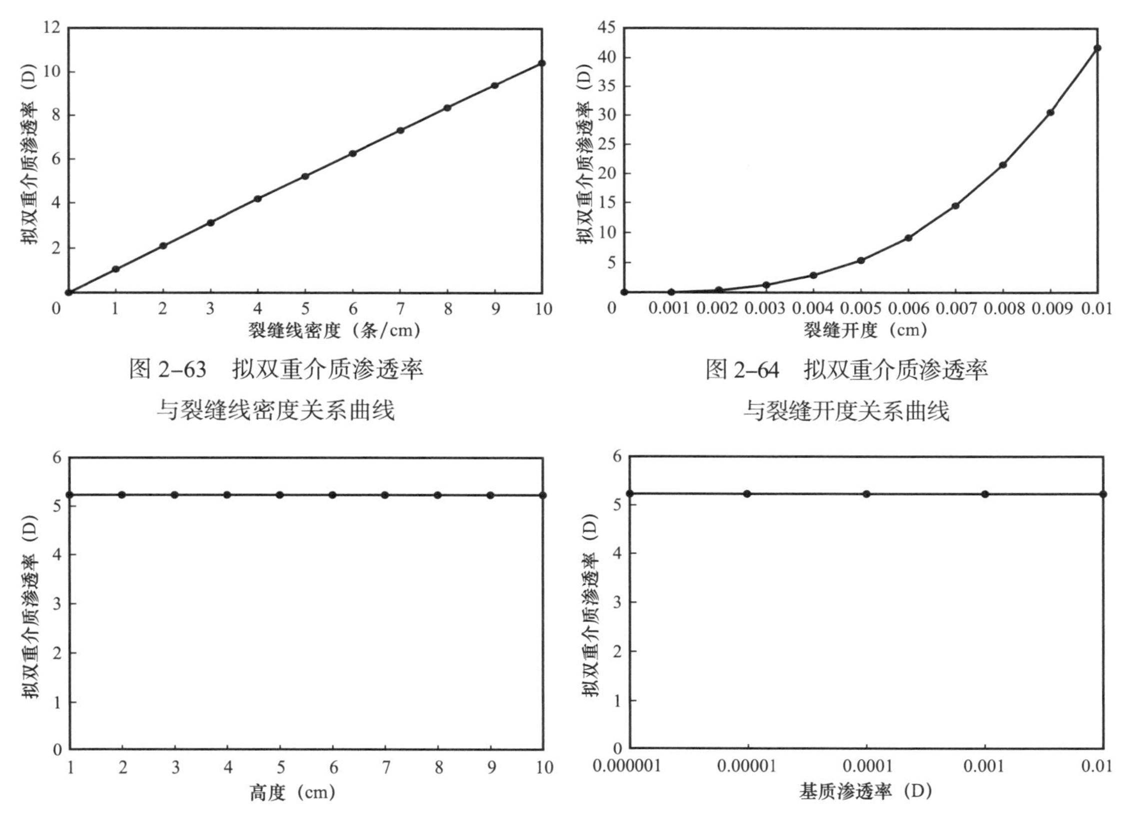

图 2-63　拟双重介质渗透率与裂缝线密度关系曲线

图 2-64　拟双重介质渗透率与裂缝开度关系曲线

图 2-65　拟双重介质渗透率与其高度关系

图 2-66　拟双重介质渗透率与基质渗透率关系

（三）裂缝动态渗流能力图版

1. 拟双重介质中存在 n 条水平裂缝时渗流能力图版

假设拟双重介质中存在 n 条开度均为 b 的水平裂缝，在同一开度值 b 下，取不同裂缝密度值，可得到同一裂缝开度不同裂缝密度时的裂缝渗透率图版（图 2–67）。

如图 2–67 所示，裂缝动态渗透率与裂缝开度、裂缝孔隙度成正比。随着裂缝开度的增加，在裂缝孔隙度 1.0% 时裂缝动态渗流能力即可由 0mD 升至 84mD。

在实际应用中，假设井间裂缝网络是流体渗流的主要通道，则动态分析或试井解释得到的井间渗透率可以近似为裂缝渗透率。参考岩心分析得到的裂缝孔隙度，即可查询图版得到裂缝平均开度。结合裂缝平均开度与裂缝密度的关系曲线，即可得到井间裂缝密度。

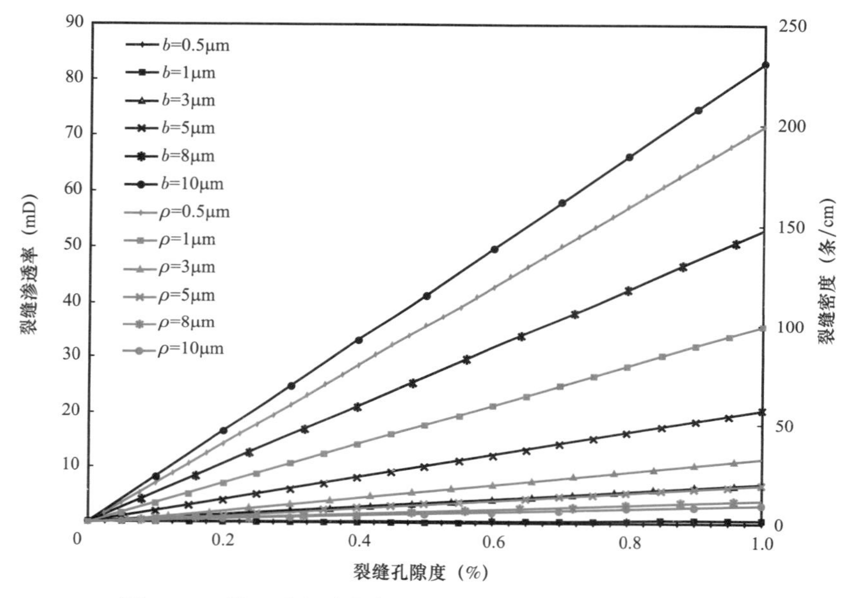

图 2–67 拟双重介质中存在 n 条水平裂缝时渗流能力图版

2. 基于双重介质的多裂缝多倾角渗流能力图版

假设拟双重介质中存在 n 条开度均为 b 且与水平方向夹角为 α 的裂缝，根据表 2–12 的公式，在同一开度值 b 及同一夹角 α 下，取不同裂缝密度值，可得到同一裂缝开度及同一夹角 α 下不同裂缝密度时的裂缝渗透率。

通过建立图版，可以看出裂缝动态渗透率与裂缝开度、裂缝孔隙度成正比。随着裂缝开度的增加，在裂缝孔隙度 1.0% 时裂缝水平渗流能力即可由 0mD 升至 82mD。同时，由于裂缝倾角的存在，拟双重介质表现出一定的垂向渗流能力（图 2–68 和图 2–69）。

在实际应用中，假设井间裂缝网络是流体渗流的主要通道，通过动态分析或试井解释得到的井间渗透率可以近似为裂缝渗透率。参考岩心分析得到的裂缝孔隙度，即可查询图版得到裂缝平均开度。结合裂缝平均开度与裂缝密度的关系曲线，即可得到井间裂缝密度。

（1）n 条与水平方向夹角为 5° 裂缝图版。

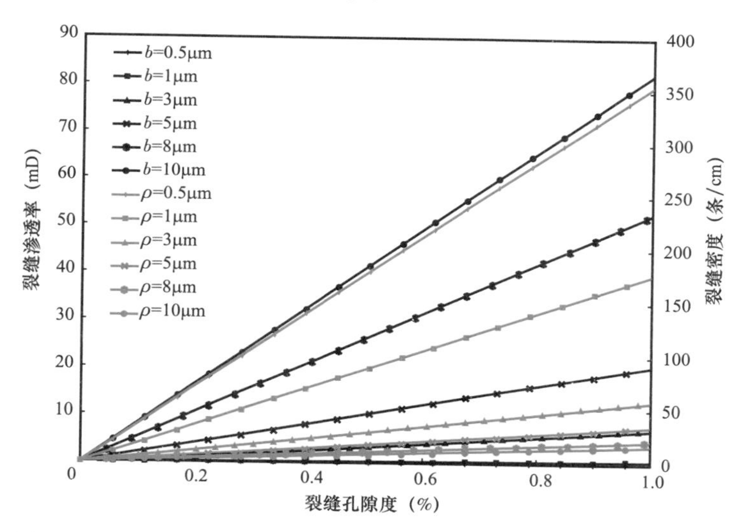

图 2–68　拟双重介质中存在 n 条倾角为 5° 裂缝时水平渗流能力图版

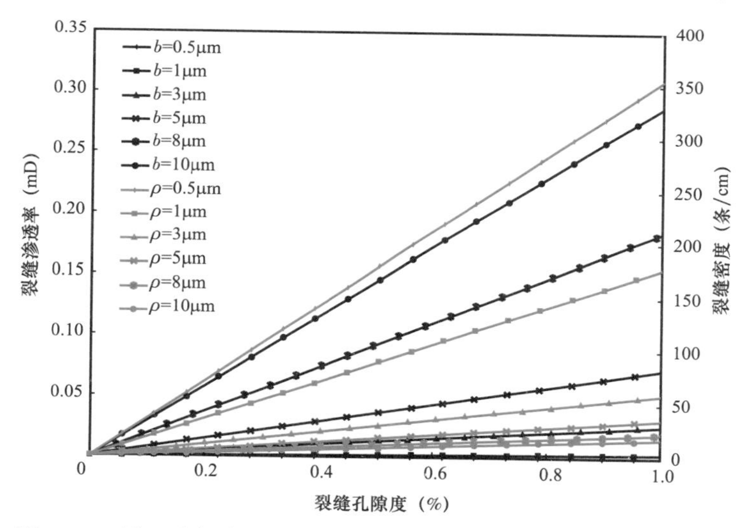

图 2–69　拟双重介质中存在 n 条倾角为 5° 裂缝时垂向渗流能力图版

（2）n 条与水平方向夹角为 10° 裂缝图版。

裂缝动态渗透率与裂缝开度、裂缝孔隙度成正比。随着裂缝开度的增加，在裂缝孔隙度 1.0% 时裂缝水平渗流能力即可由 0mD 升至 78mD。同时，由于裂缝倾角的存在，拟双重介质表现出一定的垂向渗流能力（图 2–70）。

在实际应用中，假设井间裂缝网络是流体渗流的主要通道，通过动态分析或试井解释得到的井间渗透率可以近似为裂缝渗透率。参考岩心分析得到的裂缝孔隙度，即可查询图版（图 2–71）得到裂缝平均开度。结合裂缝平均开度与裂缝密度的关系曲线，即可得到井间裂缝密度。

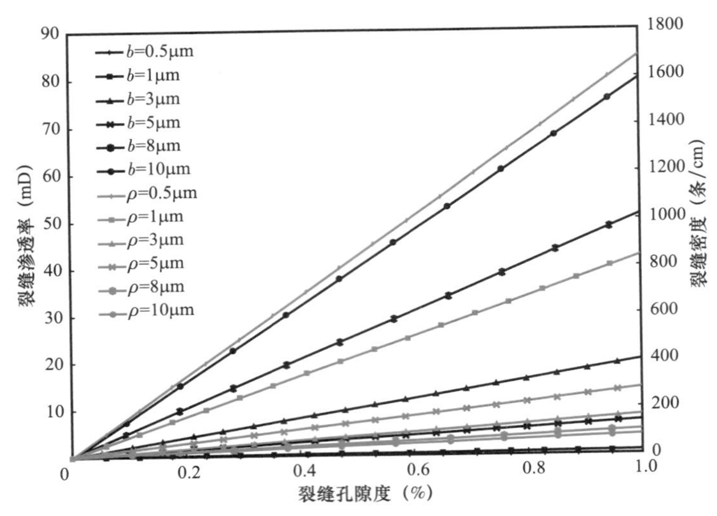

图 2-70 拟双重介质中存在 n 条倾角为 10° 裂缝时水平渗流能力图版

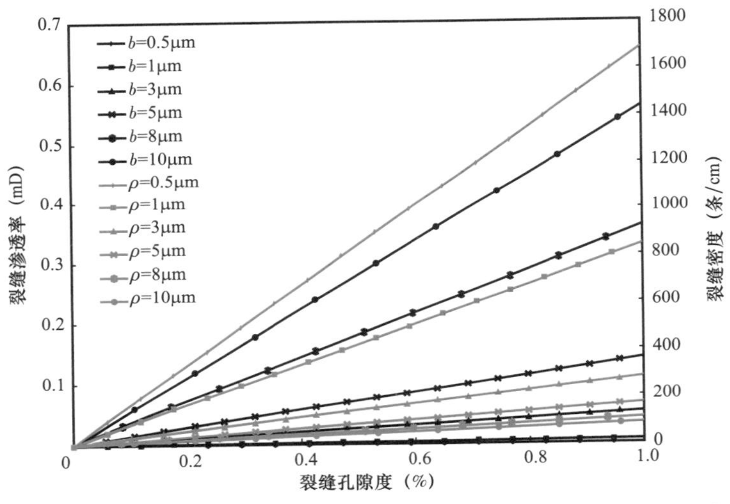

图 2-71 拟双重介质中存在 n 条倾角为 10° 裂缝时垂向渗流能力图版

三、野外露头试验

为了提高油田注水效率，新疆石油管理局以克拉玛依砾岩油田注水过程中部分地区出现的水淹、水窜、注水不见效和含水率上升快等问题为出发点，1965 年 7 月开始利用油田边缘油层裸露地表的有利条件，开展了野外露头注水试验。

试验区位于克拉玛依油田构造西北缘，距克拉玛依市西北 5km 的扎伊尔山南坡。露头顶面积 270m^2 左右，为一地层突出地面的梯形高地。露头上部地层出露地表，下部古生代，三叠系经人工挖掘在北、东、南三面均可直观。露头区地层为一西北向东南倾斜的单斜层，第四纪地层不整合沉积在三叠系上克拉玛依组第五砂层组之上，第五砂层组超覆沉积在古生界风化壳上，总体断层多，裂缝、节理及水平层理发育，风化破碎比较严重（图 2-72）。沉积总厚度 4～14m，为一套以巨粗砂、细小砾岩为主的砂砾岩，泥岩不规则互层及透镜体组成的边缘山麓洪积相沉积。

图 2-72　注水露头地层解释剖面

露头上有以 4 号井为中心井，井距为 8.4m 的 5 口井，西南区有 4 口观察井（图 2-73）。1965—1966 年间对 2 号井Ⅲ砂组注清水，在 70m 左右长、7m 左右宽的剖面中，对出水点类型进行了统计，共观察到 5 大类、14 小类出水点，出水点类型可指导分析水流优势通道类型（表 2-16）。

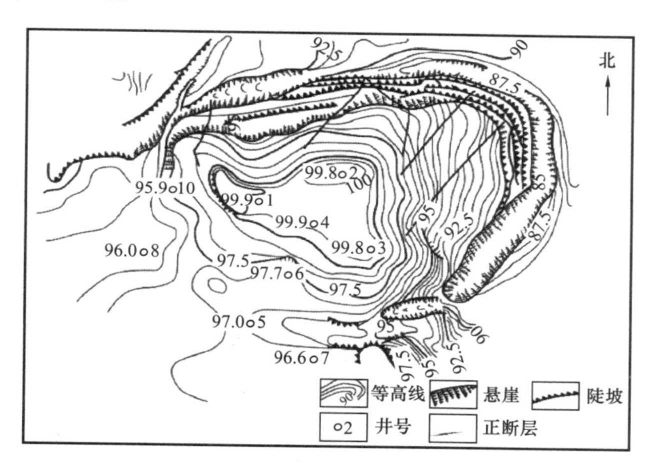

图 2-73　露头实验区井位图

表 2-16　剖面出水点类型总结表

<table>
<tr><th colspan="2">剖面出水点类型</th><th rowspan="2">空间类型</th><th colspan="2" rowspan="2">成因</th></tr>
<tr><th>大类</th><th>小类</th></tr>
<tr><td rowspan="2">孔隙出水</td><td>由层面渗入砂砾岩层孔隙出水点</td><td rowspan="2">点</td><td rowspan="2">高渗透带—岩性界面</td><td rowspan="7">沉积成因</td></tr>
<tr><td>泥质条带出水渗入砂砾岩层孔隙出水点</td></tr>
<tr><td rowspan="5">层理出水</td><td>泥岩（上）与细砾岩（下）界面</td><td rowspan="5">面</td><td rowspan="5">岩性界面</td></tr>
<tr><td>细砾岩（上）与泥岩（下）界面</td></tr>
<tr><td>细砾岩中泥质条带界面</td></tr>
<tr><td>粗砂岩与中粗砂岩界面</td></tr>
<tr><td>泥岩中砂岩透镜体界面</td></tr>
</table>

续表

<table>
<tr><th colspan="2">剖面出水点类型</th><th rowspan="2">空间类型</th><th colspan="2" rowspan="2">成因</th></tr>
<tr><th>大类</th><th>小类</th></tr>
<tr><td>层理出水</td><td>细砾岩与角砾岩界面</td><td rowspan="5">面</td><td rowspan="4">岩性界面</td><td rowspan="4">沉积成因</td></tr>
<tr><td>层间出水</td><td>II 层与 III 层界面</td></tr>
<tr><td rowspan="2">不整合面出水</td><td>不整合面出水点</td></tr>
<tr><td>古生代节理出水点</td></tr>
<tr><td rowspan="3">断层裂隙出水</td><td>断面出水点</td><td colspan="2" rowspan="3">构造成因</td></tr>
<tr><td>裂缝出水点</td><td>面</td></tr>
<tr><td>断层破裂带出水点</td><td>体</td></tr>
</table>

（一）断层裂隙出水点

水主要由断层面或断层附近的破裂带内流出（图 2–74）。其特点是：水淹面积最小；流出方式以管道式流水为主，所有出水点类型中流量最大，平均流量 9～23L/h；每当注入量稍有改变，其产水量也随之迅速变化，水推速度最快，为 0.687～1.16m/h；水湿面积最小；示踪剂的浓度波动范围大，吸附量最小。在已识别的出水点中，断层裂隙出水点共 18 个，占总出水点数的 13%。

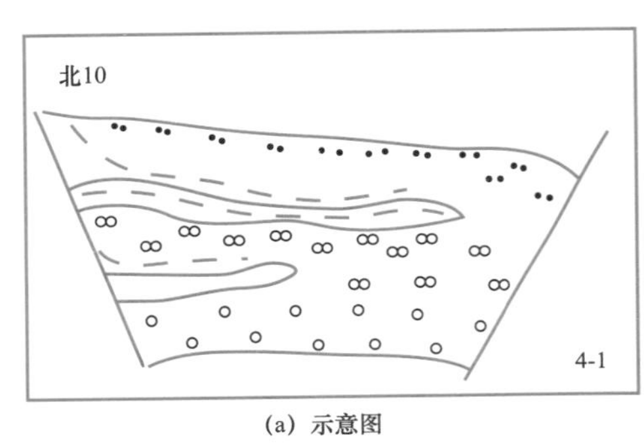

(a) 示意图

(b) 实测图

图 2–74　断层出水点

这些特点表明，断层出水点的通道最直、最大、最简单。在近断层区注水，会产生水淹、水窜、见水快、见效期短、无水采收率低的情况。

（二）不整合面出水点

水从不整合面或古生界变质岩的节理内流出（图 2–75），很快就能大面积连片。根据出露的 55m 古生界剖面统计，就有 50m 出水，占 91.8%。流出方式初期为渗水，很快就变为流水，流量上升快，总流量很大，根据北剖面测算，可占北剖面总流量的 47.9%。示踪剂的浓度波动范围大，吸附量较小，为 65.5%～78.4%，水推速度大，约为 0.477m/h。识别出该类出水点 19 个，占总出水点数的 13.1%。

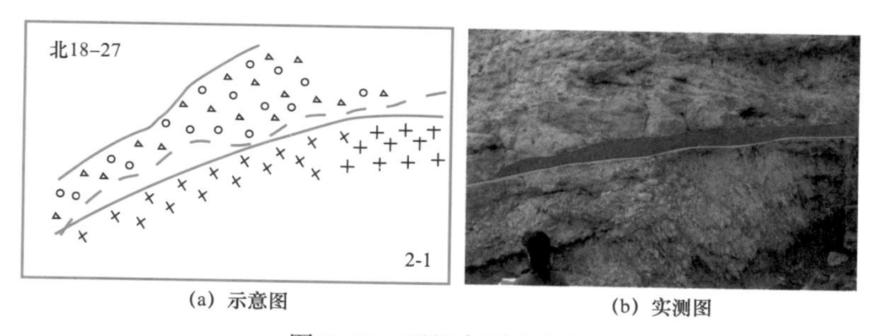

(a) 示意图　(b) 实测图

图 2-75　不整合面出水点

（三）层间出水点

主要分布在南剖面的Ⅱ层、Ⅲ层砂、泥岩交界面上，水顺层间呈条带状流出（图 2-76），以渗水、流水为主。流量中等，初期流量 4.5L/h，后期 6.5L/h，水推速度中等，约为 0.44m/h，剖面中出水面积较大，约为 $1.07m^2$。对示踪剂的吸附量最大。层间出水点为所有类型中最多，共识别出 55 个，占总出水点数的 37.9%。

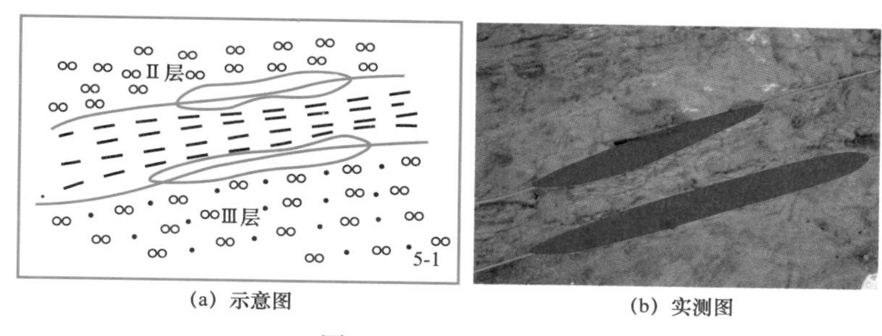

(a) 示意图　(b) 实测图

图 2-76　层间出水点

注入水不仅在砂砾岩层中流动，它还缓慢地向邻隔层渗透，致使泥岩松软，消耗水量。吸水厚度大于有效厚度，这在确定射孔方案或在制订配产配注方案时，需要加以考虑。

（四）层理出水点

这类出水点数较多，分布较广。主要分布在南剖面的Ⅱ层、Ⅲ层砂、泥岩交界面上（图 2-77），顺层呈线状流出，流出方式以滴水、流水为主。流量中等，平均流量 2.2～6.5L/h，流量平稳上升，水推速度最快，为 0.221～0.341m/h。剖面上共识别出该类出水点 15 个，占总出水点数的 9.6%。

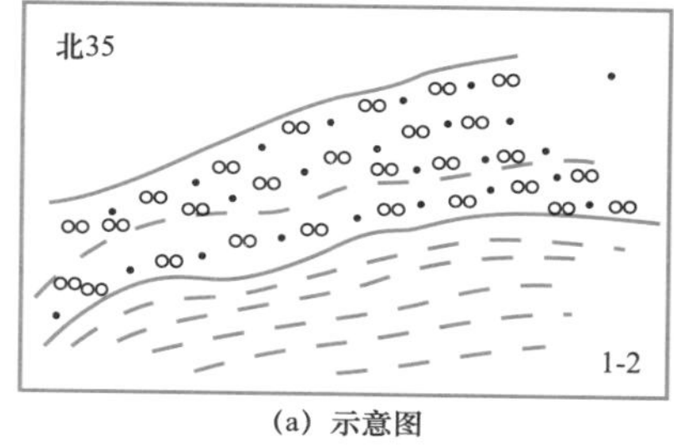

(a) 示意图

(b) 实测图

图 2-77　层理出水点

（五）孔隙出水点

主要分布在细小砾岩和粗砂岩中（图 2–78），水从砂砾岩孔隙中呈球状滚动，以渗水为主，水湿面积中等。孔隙出水点为所有类型中流量最小，为 0.7～3.5mL/h，停注后下降缓慢，水推速度最慢，约为 0.261m/h。对示踪剂的吸附最严重，示踪剂浓度波动范围小。水淹面积系数最大，剖面中水湿面积约 0.84m^2。剖面上共识别孔隙出水点 38 个，占总出水点数的 26.2%。

这些特点表明：孔隙出水点的通道细而弯曲复杂，水便于向四周孔隙渗透，水线易于均匀推进，可得到好的驱油效果。

综合分析比较各类出水点流量和水推速度，发现断层裂隙出水点和不整合面出水点流量与水推速度最大，注水后易形成水窜；层理出水点和层间出水点流量、水推速度中等，在露头区最常见；孔隙类出水点具有流量小、水推速度小的特点，不易形成窜流（表 2–17）。

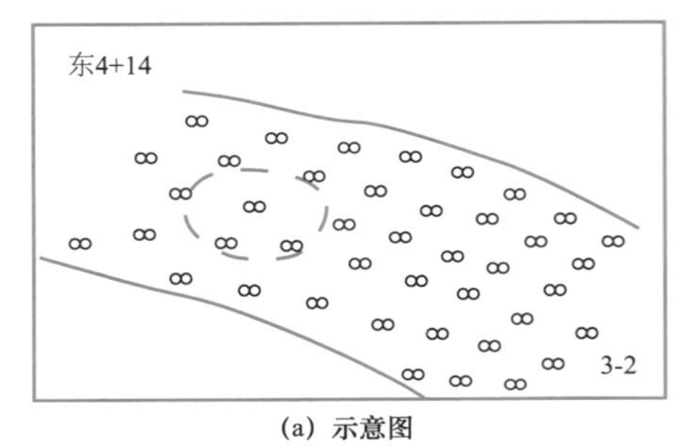

(a) 示意图

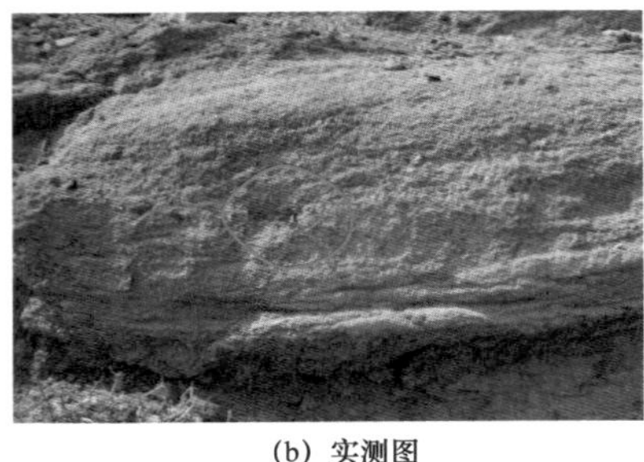

(b) 实测图

图 2–78　孔隙出水点

表 2–17　野外露头水流优势通道类型

孔隙类型	出水点数量比例（%）	出水方式	相对水推速度	相对示踪剂产出率	出水量		
					常速注水（L/h）	高速注水（L/h）	增长倍数
粒间孔隙	26.2	小量滴水或渗水	1.00	1.00	11.7	13.8	0.18
岩性界面	50.8	中量滴水或流水	1.08～1.69	1.26～2.55	7.1	22.6	2.18
裂缝	9.9	大量流水	3.54	3.53	8.7	27.4	2.15
不整合面	13.1	大量流水或渗水	1.85	1.94	5.5	9.5	0.73

露头注水试验所揭示的五类水流类型是和岩性、物性、构造等条件紧密相关的，并定性直观地反映了油田上见效规律和水淹规律。这对认识油田注水现状具有实际意义。根据以上分析，在正常注水开发条件下，最容易形成窜流的水流优势通道类型有断层裂缝、层理界面和岩性界面。砾岩储层经过长期水驱，窜流通道更加发育，渗流出现通道类型和多孔介质双介质渗流特征。工区目的层断层裂缝不发育，引起窜流的类型主要是高渗透条带、岩性界面和层理界面。但是由于露头区和潜伏区存在着不承压、无原油等差异，这就不能全面地反映油田的客观实际情况，因此上述分析对本次研究有一定的指导意义，但不能完全套用。

以七区八道湾组油藏 7800 取心井为例，可观察到 4 大类水流优势通道，分别是高渗透条带、冲刷面、岩性界面以及支撑砾岩，其中以高渗透条带为主（图 2–79），符合砾岩油藏露头注水试验结果。其次结合 7800 井生产特征可以看出（图 2–80），1999 年 4 月下部射孔段含水率 91%，对下部射孔段进行封堵后，含水率下降，但到 2002 年 3 月含水率急剧上升至 80%，表明窜流通道已再次形成。

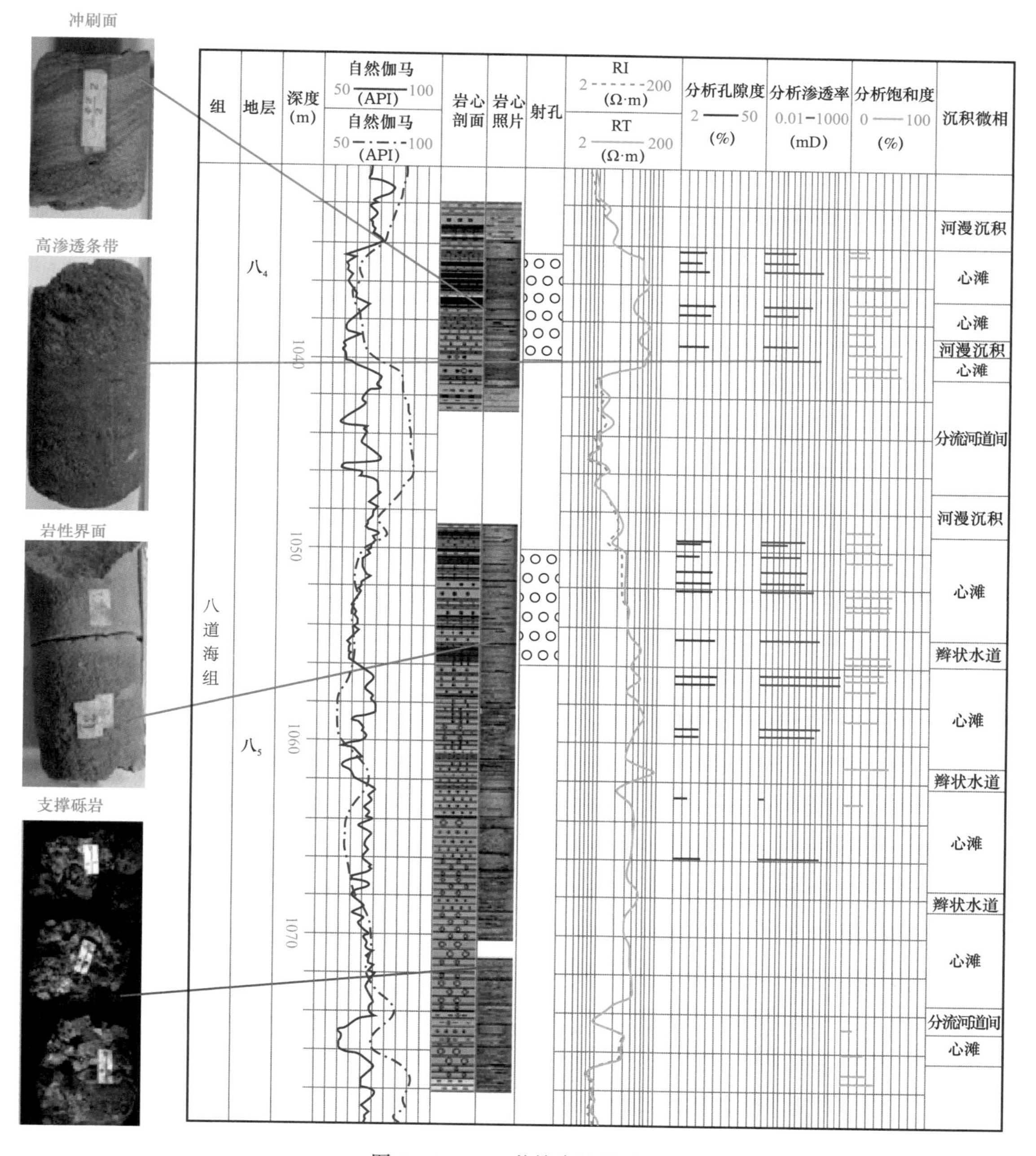

图 2–79　7800 井综合柱状图

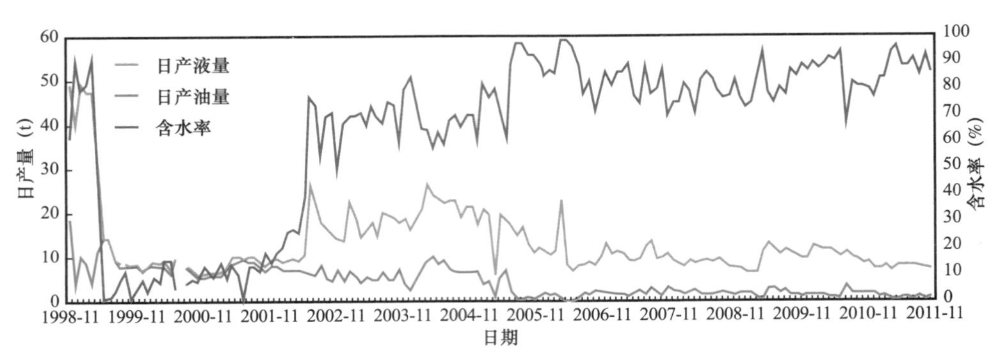

图 2–80　7800 井生产曲线

第三节　新疆砾岩油藏优势通道表征

针对油田特高含水期开采阶段出现的注入水严重的“无效、低效注水循环”问题，很多专家学者提出了优势通道的概念[7–10]。目前研究形成的识别方法一般仅局限于单项技术的独立应用，识别技术的系统性和可操作性以及定量化程度研究不够，特别是多项技术优势互补性研究工作较少，还没有形成水流优势通道识别配套技术。由于新疆砾岩油藏储层非均质性强，开发过程中形成了大量的水流优势通道，水驱控制程度下降，剩余油分布规律认识不清，注采调控难度大，而综合含水率上升较快，严重影响了油田注水开发的效果。充分利用研究区的动静态资料，动静结合分析，形成动态特征识别、压力降落指数识别、试井识别、生产测井识别、井间示踪剂监测识别、综合参数法识别一套各种优势互补的水流优势通道识别配套技术。

一、动态特征识别

优势通道形成后，注水井的注入和生产井的生产动态均会发生明显的变化，主要表现在如下几个方面。

（一）注水井流压低，视吸水指数高

视吸水指数是单井注水量与井口注水压力的比值。注水井吸水指数在优势通道形成以前变化平稳，优势通道形成以后，吸水指数突然上升（图 2–81）。

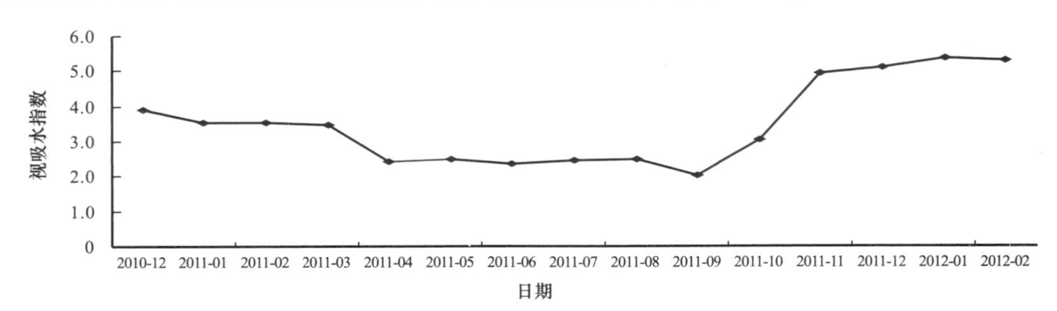

图 2–81　视吸水指数突变井

（二）注水井注入压力低且长期处于较低水平

由于注采井间形成优势通道，导致注入水沿优势通道快速渗流到采油井采出，因此，在注入井注水初期往往表现为注水压力低，且注水压力长期处于较低水平（图 2–82）。

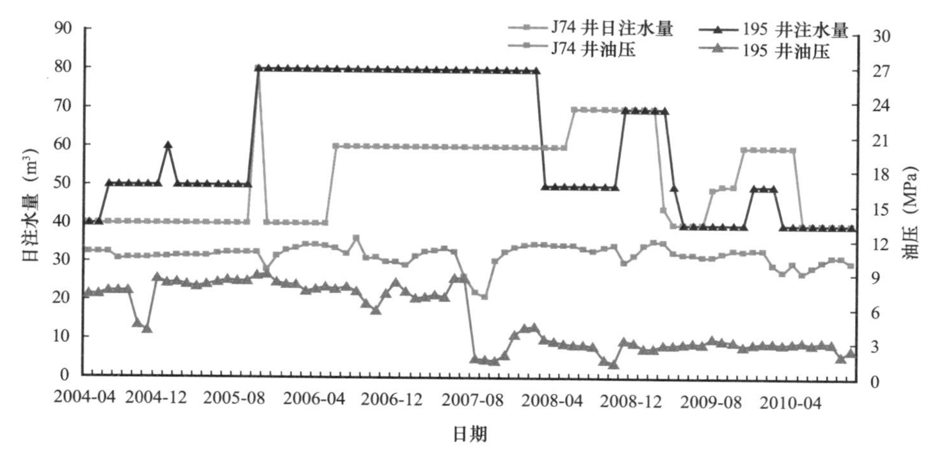

图 2–82　J74 井与 195 井注水压力对比

（三）油井含水率高，短期含水率上升速度快

油井含水率高、含水上升率高，而累计产油量低，井区采出程度低，剩余油富集，主要原因就是注采井间局部形成了优势通道（图 2–83）。

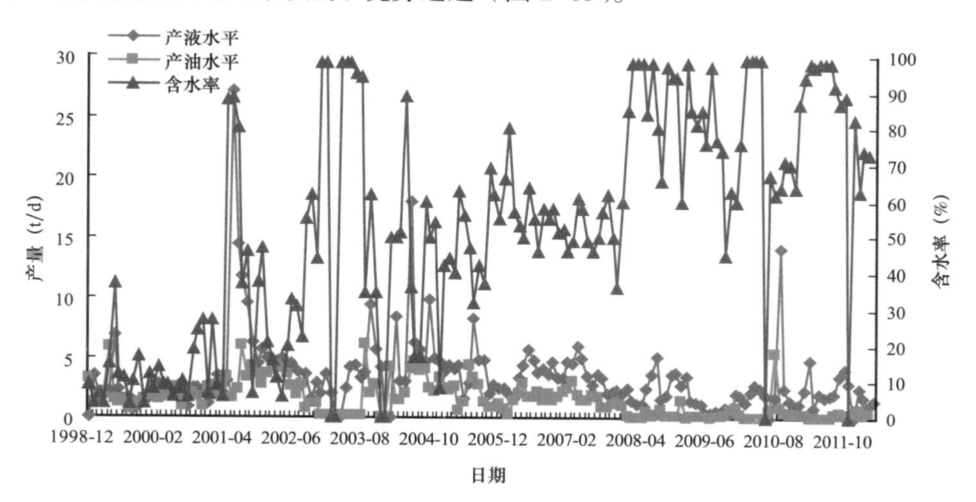

图 2–83　78001 井生产曲线

（四）采液指数大幅增加

采液指数是单井产液量与生产压差的比值。采液指数在优势通道出现以前变化平稳，优势通道形成以后大幅度上升，油井产液量和含水率都出现了明显的变化（图 2–84）。

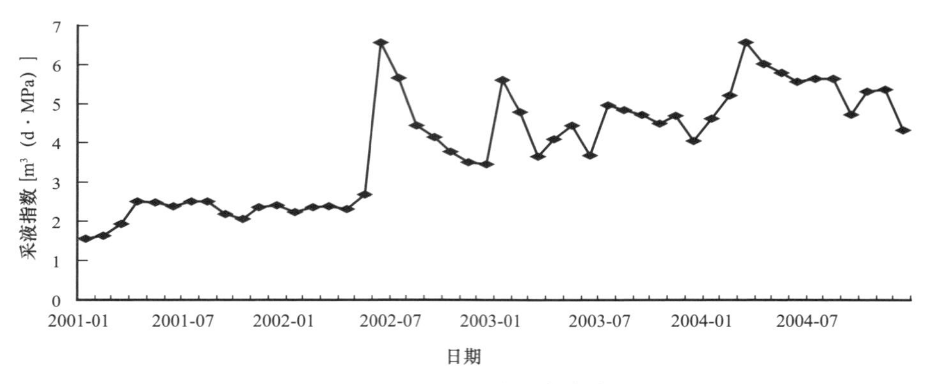

图 2-84　78000 井生产曲线

二、压力降落指数识别

压力降落指数（PI 指数）定义为注水井关井时间 t 内注水井井底压力平均下降速度[11-15]。

在注水开发油藏中，当测试注水井的压力传播规律符合均质无限大地层平面径向渗流条件时，水井关井井底压力 $p(t)$ 的变化满足如下规律：

$$p(t)=p_i-\frac{q\mu}{4\pi Kh}\ln\left(\frac{2.25\eta t}{r_w^2}\right) \tag{2-10}$$

式中　$p(t)$——关井 t 时间的压力，MPa；

p_i——原始地层压力，MPa；

q——产量，m^3/s；

μ——流体黏度，mPa · s；，

K——渗透率，mD；

h——有效厚度，m；

r_w——井眼半径，m；

t——时间，s；

η——导压系数，m^2/s。

定义压降指数 PI，其表达式为：

$$PI=\frac{1}{t}\int_0^t p(t)dt \tag{2-11}$$

则

$$PI=\frac{1}{t}\int_0^t\left[p_i-\frac{q\mu}{4\pi Kh}\ln\left(\frac{2.25\eta t}{r_w^2}\right)\right]dt \tag{2-12}$$

注水井关井后，地层流压逐渐降低，也就是说随着关井时间的延长，井底压力逐渐减小，即 Δp 也逐渐减小，那么在关井过程中，随着关井时间的延长，地层实际吸水指数在逐渐降低，吸水强度也在逐渐降低。定义注水井压力降落指数 PI（其几何意义如图 2-85 所示）来表征注水井吸水能力。对于统一开发区块的注水井，在相同时间内压降指数值与地层渗透率或流动系数反相关，对于注水开发油藏，其注水压力指数值是对压力降落

速度和变化幅度的量化，地层渗透性越好，吸水能力就越强，解释数据中流动系数就越大，PI 值就越小，反之 PI 值就越大。

具体做法为：先计算注水井关井一定时间后的 PI 值，而后确定区块平均 PI 压差，低于区块平均压差的井存在水流优势通道。由公式（2–11）可知，利用试井资料判断水流优势通道，主要考虑两个参数，一是 PI 值的大小，二是正常注水时的井底压力，即关井时的初始压力 p（0）。发生窜流的井正常注水时，井底压力较低，关井后压降较快，表现在 PI 指数上为 p（0）较小，PI 值较小。通过设定 p（0）和 PI 值标准即可判断水流优势通道的井。从 7870 井和 7831 井关井相同时间后的压降曲线可以看出，7870 井和 7831 井具有近似相等的初始压力，7870 井 p（0）为 8.2MPa，7831 井 p（0）为 8.9MPa（图 2–86）。但 7831 井具有更快的压降速率，表现为 PI 值更小，依据公式（2–11）计算 7870 井 PI 值为 7.2，7831 井 PI 值为 2.9，因此判断 7831 井存在水流优势通道。从二者的吸水剖面（图 2–87 和图 2–88）可以明显看出，7831 井在 $J_1b_5^{1-1}$ 单层底部射孔层段相对吸水量远大于其他射孔层位，形成了明显的窜流，而 7870 井表现为全井段均匀吸水，未形成窜流，说明 PI 指数法能准确判断注水井是否存在水流优势通道。

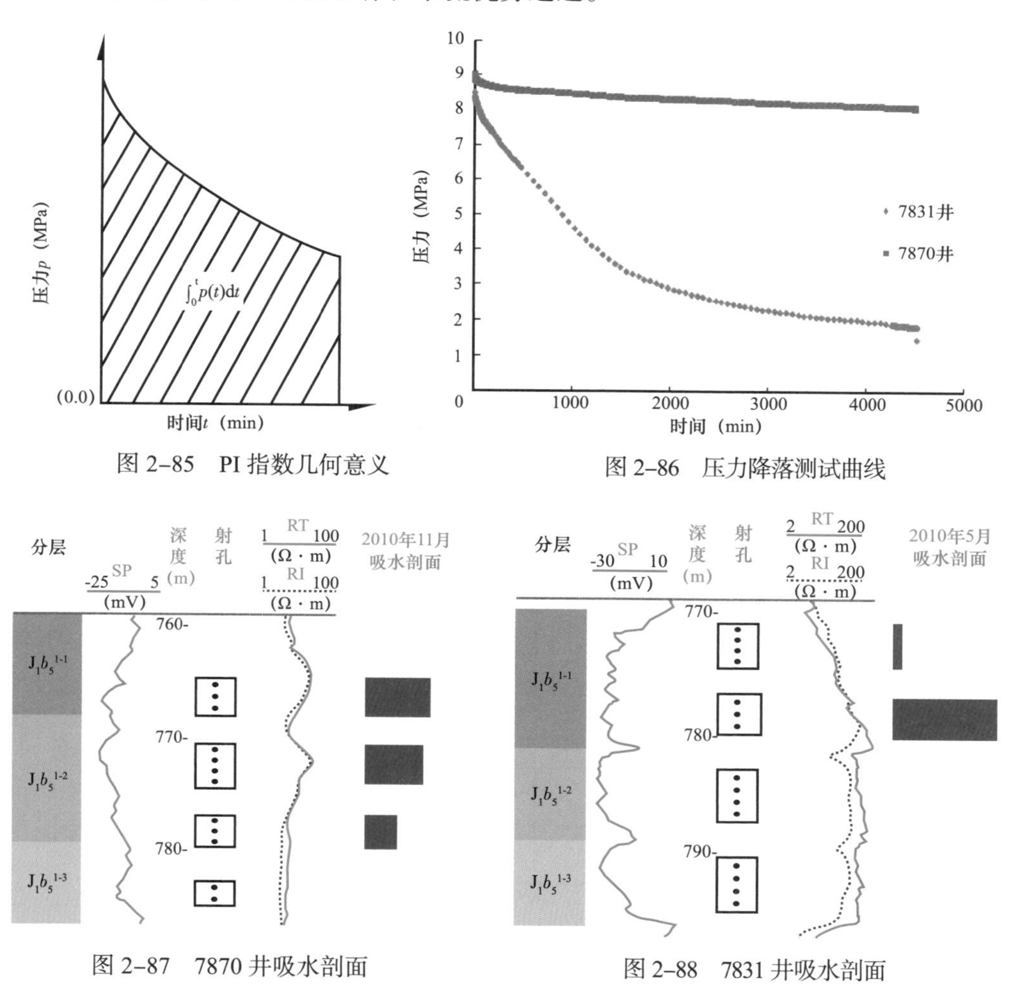

图 2–85　PI 指数几何意义

图 2–86　压力降落测试曲线

图 2–87　7870 井吸水剖面

图 2–88　7831 井吸水剖面

依据以上分析，对其他注水井的 PI 指数进行求取，依据吸水剖面验证的窜流井，确定该区水流优势通道的判别标准为 PI 小于 6，小于该标准的井为存在水流优势通道的井。

三、试井识别技术

存在大孔道的注水井压力降落试井数据反映了特殊的流动现象。实际生产中，存在大孔道的注水井在较低的注入压力下具有较高的注水量，井口瞬间关井测压，在井底常常会存在较强的井筒与地层间的反复吸水和吐水现象，试井曲线表现出极为复杂的特殊性。因此判断注入井是否存在水流通道是可以通过注水井试井曲线特征来判断[16-20]。

从注水井压降曲线常见类型示意图（图 2–89）可以看出，在相同关井时间内，Ⅰ型曲线压力降落速度最快，Ⅱ型次之，Ⅲ型最慢。也就是说，Ⅰ型曲线反映的地层渗流特性最好，在关井很短时间内压力突降，并且关井末期压力又比较低，反映井组中油水井压力差比较小，说明井筒周围乃至探测范围内储层渗流特性非常好。再结合邻井油井产液及含水率状况，综合分析判断其是否为存在高渗透条带的井。

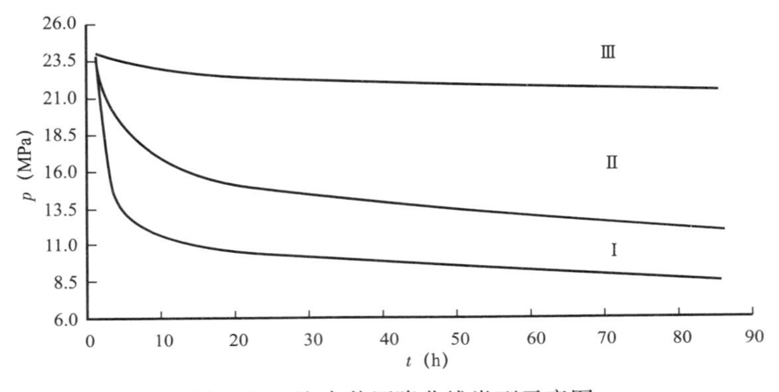

图 2–89　注水井压降曲线类型示意图

存在水流优势通道注水井试井曲线特征如下。

（1）在试井曲线压力图上，关井最初很短时间内，压力降落特别快，即压力突降，压力降落的速度及幅度反映了地层的渗流特性，即压力降落越快、幅度越大，说明地层流动特性越好（图 2–90）。

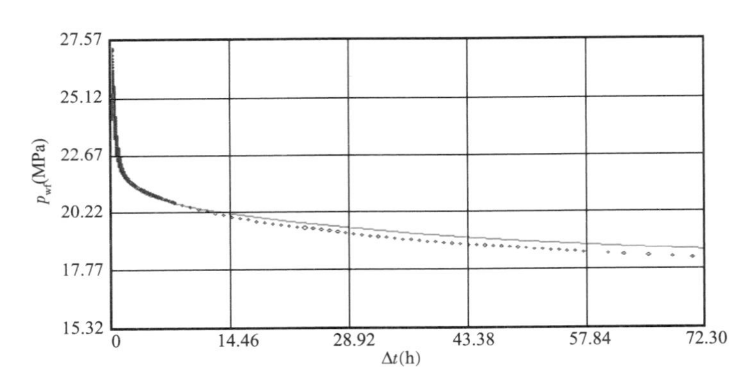

图 2–90　压力曲线突降试井曲线特征

（2）存在水流优势通道的注水井初期压力降落过快，目前所用压力计监测时难以准确记录最初几分钟压力降落过程，因此在试井曲线的早期段，其双对数压力和压力导数曲线分离（图 2–91）。

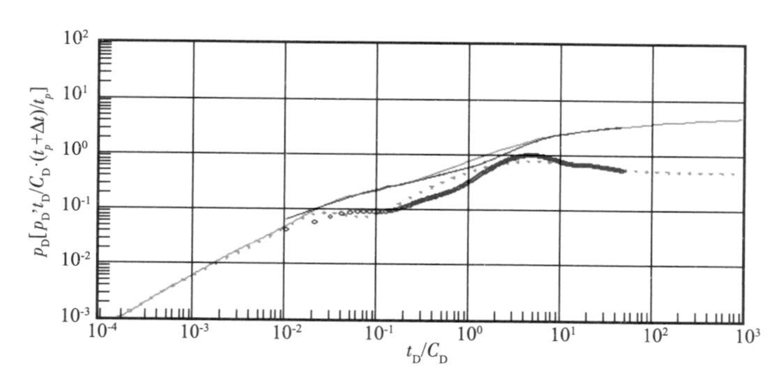

图 2–91 双对数压力和压力导数曲线分离试井曲线特征

（3）由于表现出严重变井储的影响，测试达到径向流时间较长（图 2–92）。

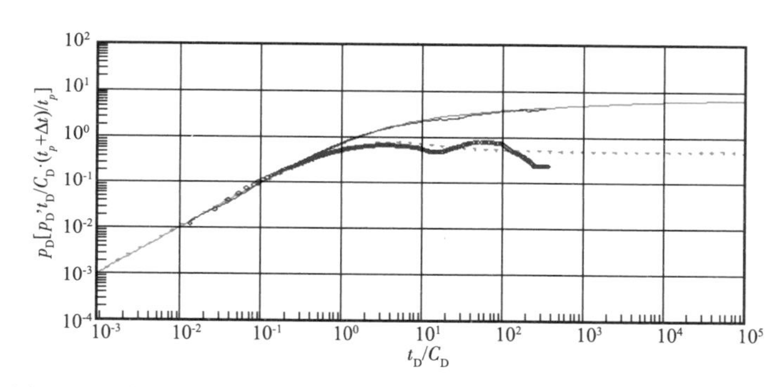

图 2–92 变井储影响严重，测试达到径向流时间较长试井曲线特征

（4）存在水流优势通道的注水井地层流动系数比较大，在预计关井时间内（与区块内其他井相比，相同的测试时间内）较多的井静压力传播半径已经大于 1/2 井距，甚至到达油井井底附近，因而在双对数图上显示出井间干扰影响，在压力数值上显示出水井关井末点压力低于油井静压（图 2–93）。

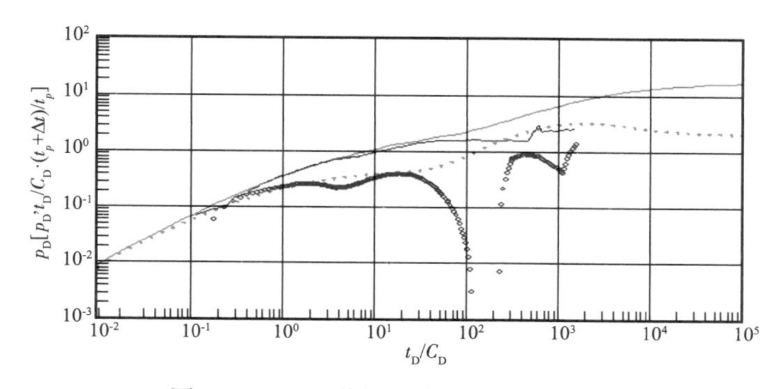

图 2–93 呈现井间干扰的试井曲线特征

（5）存在水流优势通道，注水井试井曲线呈现平面复合介质渗流特征，由于地层长期受注入水冲刷，使近井地层流动特性远好于远处地层，但是并不表现出双重介质渗流特征，却表现为复合油藏特性（图 2–94）。

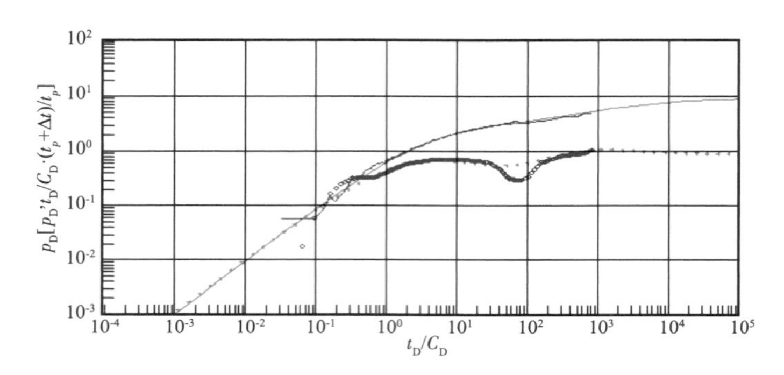

图 2–94 呈现平面复合介质渗流特征试井曲线特征

（6）自然吸水条件下，若存在大孔道注水试井曲线会呈现压裂井曲线特征（图 2–95）。这是因为存在大孔道地层的注水井，由于长期的注水冲刷对纵向均质程度较高的地层，形成近井地带渗透率高于远处类似压裂效果物理模型，从而使试井曲线呈现出无限导流垂直裂缝曲线特征。另一方面，全部注入水可能全部或部分进入大孔道地层，因此表现出均质且具有压裂效果的地层特性。

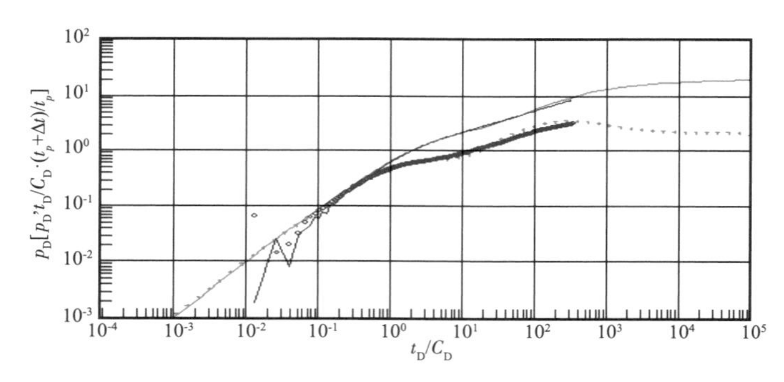

图 2–95 呈现压裂井曲线特征试井曲线

四、生产测井识别

（一）吸水剖面测井识别

目前，油田现场上常用的吸水剖面测井方法主要有：井温法[21–23]、同位素示踪法[24–26]等。

1. 井温法

在正常注水条件下测量注水流动井温和在不同关井时间条件下测量多条关井恢复井温曲线。通过测量上述两种条件下井下温度场的变化来解释注水井的吸水剖面。根据注水井温曲线的梯度变化可判定井下的主要吸水层段和最下一个吸水层位。注水井停注后，吸水多的地层温度低，且向地层原始温度恢复得慢；吸水少的地层，地层温度高，向地层原始温度恢复得快。故可以根据关井恢复井温曲线上低温异常的大小和层位上的温度恢复速度来定性解释各小层的吸水情况。从理论上讲，井温法是一种工艺简单可靠、适应性强的测井方法。一般情况下，它可在各种类型的注水井中进行吸水剖面测试，但它只是一种定性的测井方法，主要用于检查其他测井方法测量结果的可靠性。

2. 同位素示踪载体法

在注水井正常注水条件下，将携带有放射性同位素离子的示踪载体注入（或释放）到井内，随着注入水的流入，示踪载体按照各吸水层吸水能力的大小，分配给各吸水层，并被滤积在吸水层的表面（或炮眼内），然后用伽马仪器测取示踪伽马曲线。各吸水层注水量的多少，在测井曲线上将显示出放射性强度的高低差异。通过对比解释注入示踪载体前后测得的自然伽马曲线，间接求取各吸水层的吸水量。该方法具有方法简单、适用范围广的特点，但在老油田注水井中应用时，受井筒污染的影响较大。

7870 井在 1982 年完井后，开发生产至 1990 年转为注水井。7870 井八$_5$小层的 3 个单层内部均有射孔，从 7870 井 2010 年 11 月的吸水剖面（图 2–96）可以看出，$J_1b_5^{1-1}$ 单层底部射孔层段吸水量远大于其他射孔层段吸水量，该层位吸水强度也远大于其他层位，说明注入水主要沿该射孔层位进入地层，而其他层位的注水效果较差，故判断该强吸水层段为水流优势通道。

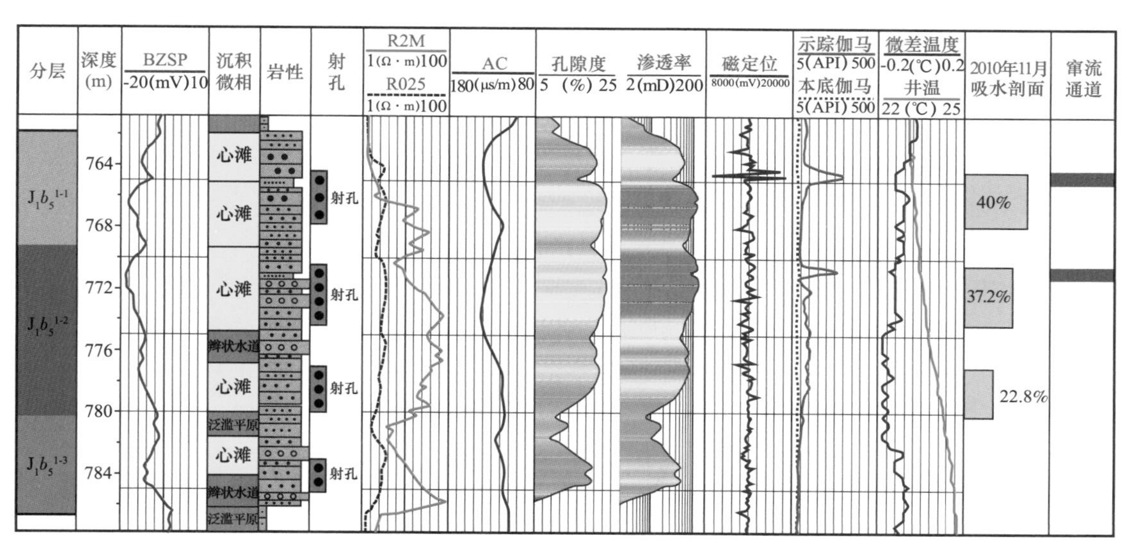

图 2–96 7870 井吸水剖面

J76A 井为 2010 年高含水时期综合治理所钻的一口水井，初期井内下有封隔器，计划分层注水，注水一段时间后，发现井内吸水不均匀，2011 年 7 月吸水剖面（图 2–97）显示，$J_1b_5^{1-3}$ 单层底部射孔层段吸水比例达到 64%，吸水强度达 $18.94m^3/(d \cdot m)$，远高于其他层，注入水沿该层位形成窜流。

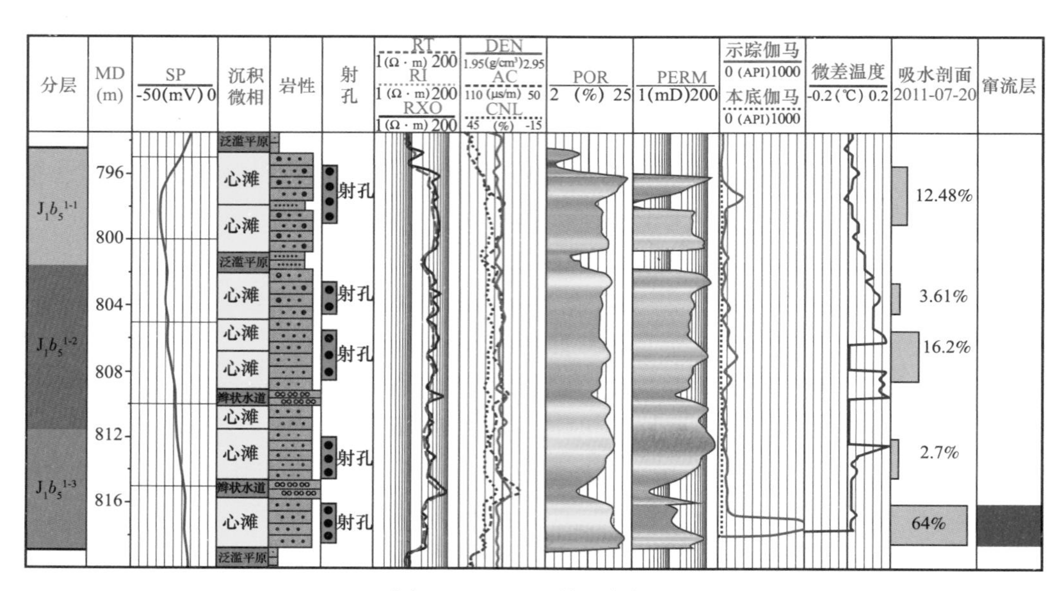

图 2–97　J76A 井吸水剖面

（二）产液剖面测井识别

存在大孔道的地层，平面上沿大孔道方向与注水井连通的采油井产液量较高、含水率较高，纵向上与大孔道对应的产出层为特高含水层。大孔道形成后，注入水沿大孔道在注水井和采油井之间做无效循环，导致其他射孔层位水驱效果差。对采油井而言，大孔道形成后，水流优势通道为主要的产液层和产水层，因此，大孔道的采油井表现为高产液和高含水。利用产液剖面可以直观地看出大孔道，大孔道层位相对产液量远高于其他层位，为主要产液层，含水率也很高，通常大于 90%。

J89 井 1962 年投产，初期不含水，经过多年生产开发，主力产层在纵向上生产能力逐渐增大，含水率逐渐上升，2011 年 8 月日产油 3.3t，日产水 0.4t，含水率为 90%。2004 年 4 月对其进行产液剖面测试，测试结果显示 $J_1b_5^{1-1}$ 单层产液量远高于其他生产层位，占全井段产液量的 82%，同时含水率也很高，高达 95.47%，说明其形成窜流（图 2–98）。

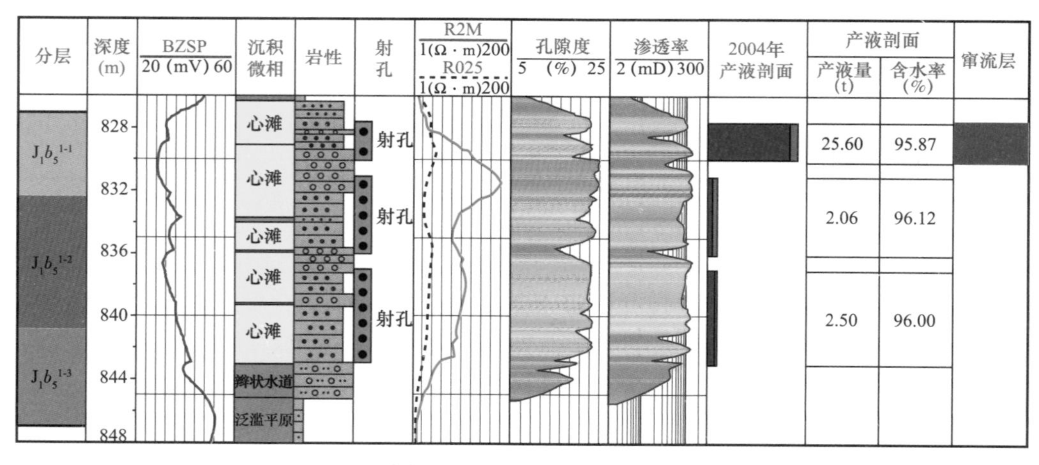

图 2–98　J89 井产液剖面

五、井间示踪剂识别

示踪剂测试是从注水井注入示踪剂段塞（图 2–99），从采油井取样分析，绘制采出曲线，通过示踪剂产出曲线的分析判断地层参数（平面上包括流体驱替方向与速度，流体比例），定量求出高渗透条带的有关地层参数（纵向包括等效厚度、等效渗透率、孔道类型、波及大小）；结合油藏地质、油藏数值模拟和测试技术等手段研究注入水的分布状况和油藏非均质特征，评价井间开发效果，描述井间剩余油分布，并由此提出相应的调整措施的一门综合技术[27–29]。

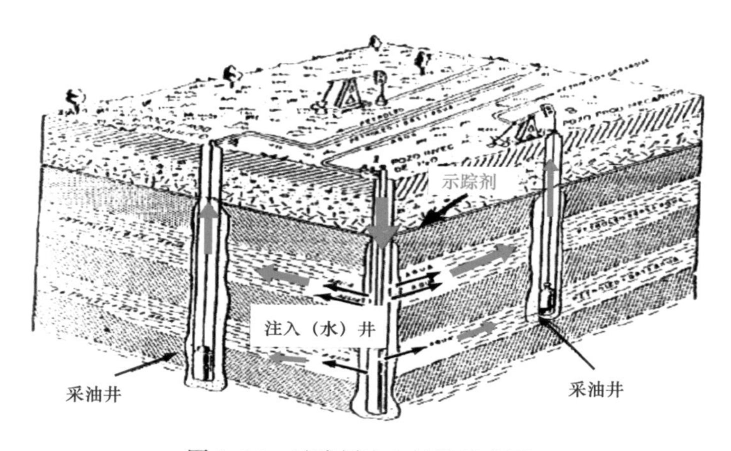

图 2–99　示踪剂注入扩散示意图

（一）示踪剂见剂曲线判断优势通道

示踪剂见剂曲线判断主要有两种判别方法，第一种：根据段塞理论，示踪剂产出曲线为连续波峰形态（图 2–100），峰型形态与持续时间受储层厚度、通道性质、非均质程度、注采强度及井筒状况等综合影响。第二种：由于储层非均质性影响，对于一个注采井组，总有一个相对优势突破方向，示踪剂产出浓度相对较高，采出率较大。

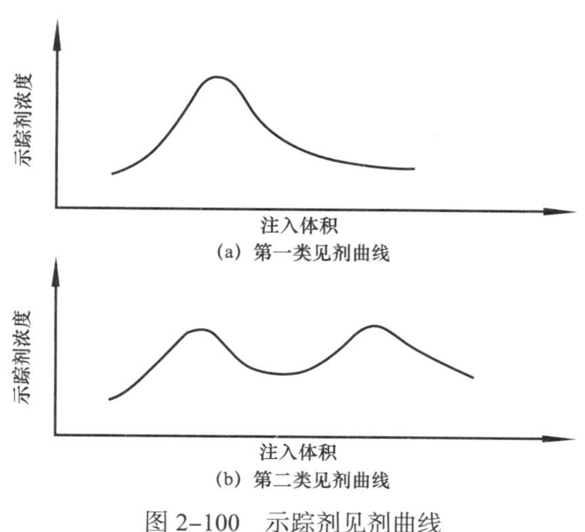

图 2–100　示踪剂见剂曲线

井间示踪剂定性描述主要包括四个参数：示踪剂突破时间、峰值浓度、峰值持续时间、峰型宽度。根据这四个参数可初步判断注采井间连通性、主去水方向、优势通道纵向厚度相对大小以及井间非均质性[30]。

（二）示踪剂见剂反演储层参数

井间示踪剂试验可确定油水井的连通情况，定量地求出高渗透条带、水流优势通道相关地层参数，如高渗透层厚度、渗透率、孔道半径。

反演参数主要包括以下四个。（1）等效高渗透通道体积：在监测期间内示踪剂所反映的高渗透层或高渗透通道的体积。（2）井间等效渗透率：示踪剂通过井间高渗透层或高渗透通道渗透率的平均值。（3）井间等效厚度：示踪剂通过井间高渗透层或高渗透通道厚度的平均值。（4）累计采出率：各井采出的示踪剂量与注入的示踪剂总量的比值。累计采出率可近似反映井间动态连通性；井组内回采率差别越大，表明各向异性越强；同时回采率之和越接近 1，表明注入水利用率越低，无效或低效循环越严重。

七中区八道湾组油藏井间渗流通道依据峰值突破速度、井间平均渗透率、示踪剂峰型特征等表征参数可划分为一级优势通道、次级优势通道与正常通道三种类型，各类型表征参数见表 2-18。

表 2-18　井间渗流通道类型及参数表征表

通道类型	突破天数（d）	峰值平均突破速度（m/d）	平均渗透率（mD）	对应示踪剂曲线峰型
一级优势通道	10.40	27.7	＞2000	单尖峰型，峰型窄，见剂时间快
次级优势通道	15.90	21.8	1100～2000	单尖峰型或宽峰型，峰型较宽，峰值回落时间慢
正常通道	18.29	15.3	＜1100	对称宽峰型，见剂时间慢，峰值持续时间长

运用上述优势通道识别成果，对七中区八道湾组油藏八$_5^{1-2}$层进行优势通道识别及通道类型划分，如图 2-101 所示。

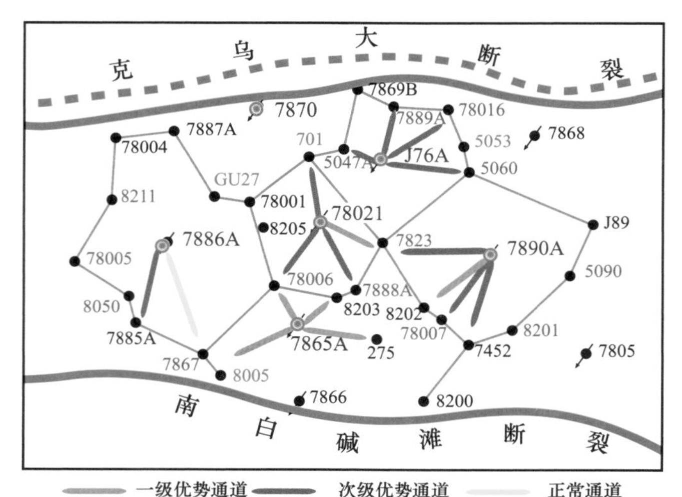

图 2-101　八道湾组油藏八$_5^{1-2}$层水驱优势通道平面分布图

六、综合参数法识别

与水流优势通道相关的参数纷繁复杂，任何单一参数只能从一个侧面反映水流优势通道的某一特性，而油藏非均质和注水开发过程中的诸多参数往往相关或者相容。综合判别参数法是针对采用多油层合注合采方式开发的油藏，以地质静态参数、生产动态和分析测试数据为基础，通过基础参数优选、关键参数求取及综合判别参数求取并通过制订相应判别标准来确定窜流通道发育区的一种定量判识方法。综合判别参数法的建立和应用及水流优势通道发育层位的识别流程如图 2-102 所示。

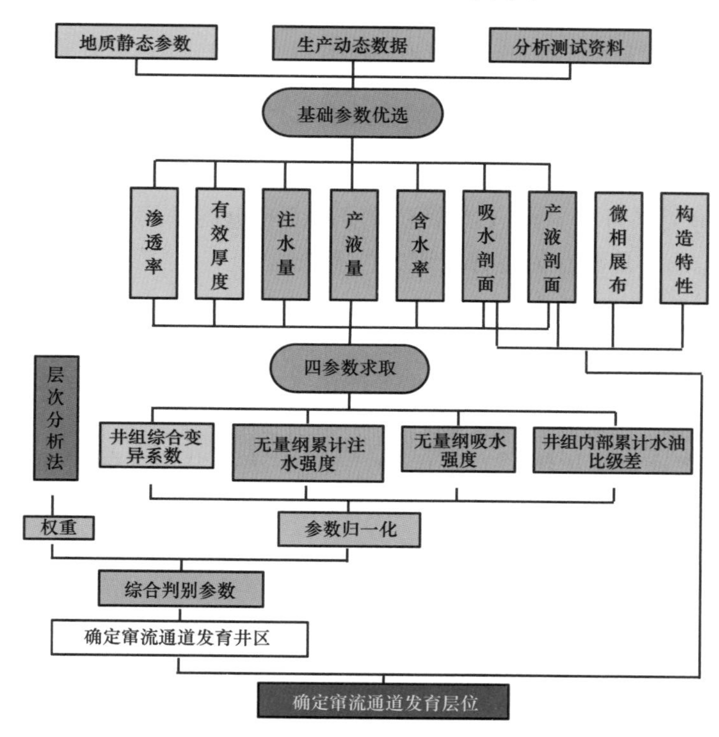

图 2-102 综合参数法识别流程图

（一）基础参数的优选

水流优势通道的形成受油藏非均质性和注水开发共同影响，除了在储层特征方面响应明显外，在注水井和采油井的生产动态特征上同样会表现出来。面对纷繁的油田静态、动态和分析测试资料，在综合判别参数求取之前，必须进行基础参数分类和优选。优选的原则包括两点：（1）信息来源充足、方便录取；（2）具独立性，与水流优势通道直接相关，能表征其主控因素和响应特征。据此，从油藏地质特征和生产动态特征两个方面优选了 7 类判别参数，分别是：渗透率、有效厚度、注水量、产液量、含水率、吸水剖面和产液剖面。

（二）关键参数的求取

关键参数是指井组变异系数 D_1、无量纲累计注水强度 D_2、无量纲吸水强度 D_3 和井组内部累计水油比级差 D_4 以及对它们进行级差归一化之后相应得到的 D_1'，D_2'，D_3' 和 D_4'。求取过程分为 3 步：第一步，对优选出的 7 类基础参数进行预处理，即以注水井为中心的井组为单位，计算井间平面渗透率变异系数 K_P，先将各井钻遇砂层的渗透率依据有效厚度进行加权计算出各井点的渗透率，然后以此来计算井组内注水井和采油井间的渗透率变异系数、注水井各砂层层间渗透率变异系数 K_Z、注水井单位有效厚度平均累计注水量 $I_{注水井}$、注水井强吸水层单位有效厚度相对吸水量 $S_{强}$、注水井各砂层单位有效厚度平均相对吸水量 $S_{全}$、井组内部各采油井累计水油比最大值 R_{max} 和最小值 R_{min} 以及研究区块内注水井单位有效厚度累计注水量 $I_{全区}$；第二步，通过预处理所获取的 8 类值来计算 D_1、D_2、D_3 和 D_4；第三步，对 D_1、D_2、D_3 和 D_4 进行级差归一化处理，相应得到 D_1'，D_2'，D_3' 和 D_4'。

D_1、D_2、D_3 和 D_4 计算方法及其意义如下。

(1) 井组综合变异系数 D_1。$D_1=(K_P+K_Z)/2$，表征油层的非均质程度，评价形成水流优势通道的油藏地质条件，它综合考虑了储层平面和纵向非均质特征，参数值越大，油藏的非均质程度越高，形成水流优势通道的可能性越大。

(2) 无量纲累计注水强度 D_2。$D_2=I_{注水井}/I_{全区}$，表征注水井单位有效厚度的平均注水强度对区块平均注水强度的偏离程度，其值越大，形成水流优势通道的可能性越大。

(3) 无量纲吸水强度 D_3。$D_3=S_{强}/S_{全}$，表征注水井各砂层的吸水不均匀程度，该值越大，表明吸水量越集中，存在水流优势通道的可能性越大。

(4) 井组内部累计水油比级差 D_4。$D_4=R_{max}/R_{min}$，表征井组内的吨油产水的差别程度。该值越大，表明井组内部各采油井间吨油消耗的注水量相差越大，注水井与大量采出注入水的采油井间存在水流优势通道的可能性较大。

由以上分析可知，D_1、D_2、D_3 和 D_4 能从不同角度表征与水流优势通道之间的关系，且与其存在的可能性正相关，但是这 4 个特征参数绝对值往往差别较大，且衡量标准不统一，所以在求取各井组的综合判别参数 D 之前，需要对它们进行统一级差归一化处理，相应得到 D_1'、D_2'、D_3' 和 D_4'，以消除量纲的影响，并且其值位于 0 和 1 之间，处理前后各参数间的相关程度不变，D_1'、D_2'、D_3' 和 D_4' 也与水流优势通道存在的可能性正相关，可用来建立与综合判别参数 D 之间的定量关系。

级差归一化处理的公式为：

$$D'_i=(D_i-D_{i\min})/(D_{i\max}-D_{i\min}) \tag{2-13}$$

式中 D_i'——参数级差归一化处理后的值；

D_i——第 i 个变量的值；

$D_{i\max}$，$D_{i\min}$——第 i 个变量的最大值和最小值。

（三）综合判别参数的求取

D_1'、D_2'、D_3' 和 D_4' 这 4 个参数虽然从不同角度反映了与水流优势通道之间的相关性，但各自与水流优势通道的相关程度存在差异，故在建立综合判别参数 D 与 D_i' 之间的定量关系时，需要赋予 D_i' 权重，然后求其加权平均值，即：

$$D=\sum_{i=1}^{n} w_i D_i' \qquad (2-14)$$

式中 w_i——参数 D_i' 的权重。

采用层次分析法来确定各参数权重，该方法是一种能充分利用专家意见的定性判断与定量分析相结合的多目标决策分析方法，具有系统、灵活、简洁等诸多优点。各参数权重的确定通常包括建立目标层次结构、构造判别矩阵、求解权重和一致性检验4个步骤。在建立了目标层次结构模型之后，对同层各指标进行两两比较，并以此来构建判断矩阵，根据专家意见，就各指标相对重要性采用1～9标度（表2-19），对比较结果给出定量表示，然后通过求解该判断矩阵的最大特征根及对应的特征向量，来确定各参数权重并进行一致性检验。

表2-19 1～9标度的含义

标度	含义
1	表示两个元素相比，具有同样重要性
3	前者比后者稍重要
5	前者比后者明显重要
7	前者比后者强烈重要
9	前者比后者极端重要
2，4，6，8	表示上述相邻判断的中间值
倒数	若元素 i 与元素 j 的重要性之比为 r_{ij}，那么元素 j 与元素 i 的重要性之比为 $r_{ji}=1/r_{ij}$

$$\begin{bmatrix} r_{11} & r_{12} & r_{13} & r_{14} \\ r_{21} & r_{22} & r_{23} & r_{24} \\ r_{31} & r_{32} & r_{33} & r_{34} \\ r_{41} & r_{42} & r_{43} & r_{44} \end{bmatrix} \Rightarrow \begin{bmatrix} 1 & 2 & 2 & 3 \\ 1/2 & 1 & 1 & 4 \\ 1/2 & 1 & 1 & 4 \\ 1/3 & 1/4 & 1/4 & 1 \end{bmatrix}$$

通过计算上述矩阵的特征向量，得到各参数的权重如下：

$$w=(w_1,\ w_2,\ w_3,\ w_4)=(0.4,\ 0.25,\ 0.25,\ 0.1)$$

依据上述方法对七中区各井组参数进行计算，见表2-20。

表2-20 七中区井组参数表

参数	参数类型	7886A井	7865A井	78021井	7870井	J76A井	7890A井
基础参数	井间平面渗透率变异系数（K_P）	0.36	0.44	0.31	0.27	0.40	0.71
	注水井各砂层层间渗透率变异系数（K_Z）	0.31	0.68	0.75	0.65	0.31	3.15
	注水井单位有效厚度平均累计注水量（$I_{注水井}$）	3.11	1.12	0.06	2.27	6.80	4.12
	注水井强吸水层单位有效厚度相对吸水量（$S_{强}$）	0.52	0.54	0.52	0.91	0.40	0.72

续表

参数	参数类型	7886A井	7865A井	78021井	7870井	J76A井	7890A井
基础参数	注水井各砂层单位有效厚度平均相对吸水量（$S_{全}$）	0.55	0.46	0.67	0.83	0.37	0.51
	井组内部各采油井累计水油比最大值 R_{max}	3.93	4.32	4.10	3.32	1.90	4.12
	井组内部各采油井累计水油比最小值 R_{min}	1.03	0.67	0.41	1.56	0.60	1.40
	研究区块内注水井单位有效厚度累计注水量（$I_{全区}$）	3.68	3.68	3.68	3.68	3.68	3.68
关键参数	井组综合变异系数 $D_1=(K_P+K_Z)/2$	0.33	0.56	0.53	0.46	0.35	1.93
	无量纲累计注水强度 $D_2=I_{注水井}/I_{全区}$	0.85	0.30	0.02	0.62	1.85	1.12
	无量纲吸水强度 $D_3=S_{强}/S_{全}$	0.95	1.17	0.78	1.10	1.08	1.41
	井组内部累计水油比级差 $D_4=R_{max}/R_{min}$	3.82	6.45	10.00	2.13	3.17	2.94
关键参数归一化	D_1'	0.17	0.29	0.27	0.24	0.18	1.00
	D_2'	0.46	0.16	0.01	0.33	1.00	0.41
	D_3'	0.66	0.83	0.66	0.78	0.77	1.00
	D_4'	0.38	0.64	1.00	0.21	0.32	0.29
综合参数	$D=0.4D_1'+0.25D_2'+0.25D_3'+0.1D_4'$	0.38	0.43	0.37	0.39	0.54	0.77

依据各井组综合参数值做出七中区综合参数平面分布图（图 2-103）。从含水率与综合参数交会图中可以看出，综合参数 D 大于 0.4 可作为判断生产井是否发生窜流的标准（图 2-104）。

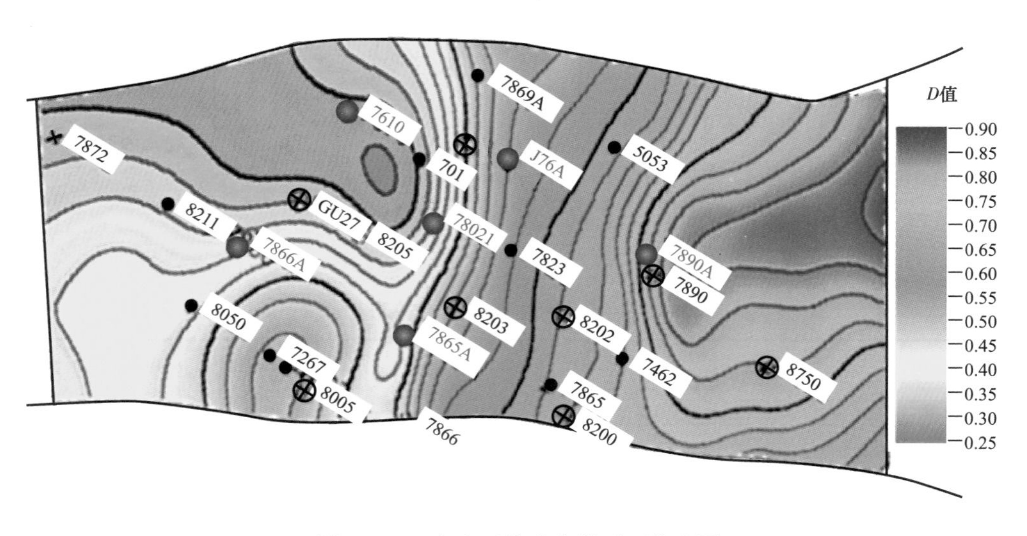

图 2-103　七中区综合参数平面分布图

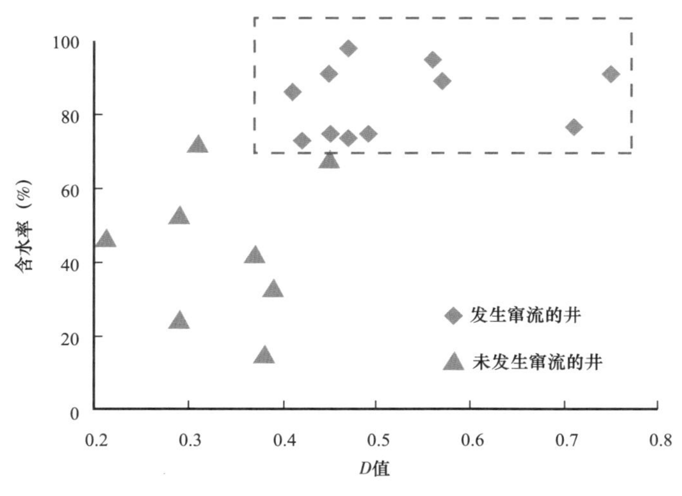

图 2-104 含水率与综合参数 *D* 值交会图

七、水流优势通道识别标准

综合以上分析，充分利用工区的动静态资料，优选出能有效表征水流优势通道的地质参数和生产参数，建立水流优势通道的定量识别标准，对全区生产井水流优势通道进行识别，取得了良好的识别效果。建立的水流优势通道识别标准见表 2-21。

表 2-21 水流优势通道识别标准表

动态标准		静态标准	
相对吸水量	≥ 70%	突进系数	≥ 1.85
		变异系数	≥ 0.4
吸水强度	≥ 10m³/（d·m）	级差	≥ 6
		孔隙度	≥ 24%
相对产液量	≥ 70%	渗透率	≥ 500mD
		电性	RT ≤ 35Ω·m，RT/RI ≤ 1.15
含水率	≥ 90%	沉积微相	心滩
		韵律性	正韵律、均质韵律底部
		岩性	砂砾岩、中粗砂岩

参考文献

［1］ 高建，马德胜，侯加根，等. 洪积扇砂砾岩储层岩石相渗流特征及剩余油分布规律［J］. 地质科技情报，2011，30（5）：49-53，59.
［2］ 周国隆，李重明. 克拉玛依砾岩油田注水开发特征［J］. 石油勘探与开发，1990，17（5）：52-60.
［3］ 胡复唐. 砂砾岩油藏开发模式［M］. 北京：石油工业出版社，1997.
［4］ 李庆昌，吴虹，赵立春. 砾岩油田开发［M］. 北京：石油工业出版社，1997.
［5］ 杨龙，王朝明，吕道平，等. 砾岩储层砾缘缝应力敏感性实验评价研究［J］. 中国矿业，2018，

27（12）：140–144.
［6］佚名. 露头注水试验［J］. 石油勘探与开发，1978（6）：68–79.
［7］韩大匡. 关于高含水油田二次开发理念、对策和技术路线的探讨［J］. 石油勘探与开发，2010，37（5）：583–591.
［8］孙明，李治平. 注水开发砂岩油藏优势渗流通道识别与描述技术［J］. 新疆石油天然气，2009，5（1）：51–56，105–106.
［9］辛治国，贾俊山 . 优势流场发育阶段定量确定方法研究［J］. 西南石油大学学报（自然科学版），2012，34（2）119–124.
［10］汪庐山，关悦，刘承杰，等 . 利用油藏工程原理描述优势渗流通道的新方法［J］. 科学技术与工程，2013，13（5）：1155–1159.
［11］赵福麟. 压力指数决策技术及其应用进展［J］. 中国石油大学学报（自然科学版），2011，35（1）：82–88.
［12］赵福麟. EOR 原理［M］. 东营：石油大学出版社，2001.
［13］赵福麟，戴彩丽，王业飞. 海上油田提高采收率的控水技术［J］. 中国石油大学学报（自然科学版），2006，30（2）：53–58.
［14］戴彩丽，赵小明，秦涛，等. 区块整体油井堵水的决策技术研究［J］. 断块油气田，2006，13（4）：21–23.
［15］李青峰，朱礼祥，王吉飞，等. 利用压力降落测试资料识别油层“大孔道”［J］. 油气井测试，2009，18（2）：27-29.
［16］史有刚，曾庆辉，周晓俊. 大孔道试井理论解释模型［J］. 石油钻采工艺，1900，25（3）：48–50.
［17］廖红伟，王琛，左代荣. 应用不稳定试井判断井间连通性［J］. 石油勘探与开发，2002，29（4）：2-0.
［18］贾永禄，赵必荣. 拉普拉斯变换及数值反演在试井分析中的应用［J］. 天然气工业，1992，12（1）：60–64.
［19］姚军，刘顺. 基于动态渗透率效应的低渗透油藏试井解释模型［J］. 石油学报，2009，30（3）：430–433.
［20］廖新维，刘立明. 三维两相流数值试井模型［J］. 石油大学学报（自然科学版），2003，27（6）：42–44.
［21］魏海宝 . 大孔道地层吸水剖面组合测井技术［J］. 石油天然气学报，2008.30（2）：477-478.
［22］康义逵，梁杰峰，任文清，等. 井温测井应用领域的新拓展［J］. 油气井测试，2001，24（5）：35–37.
［23］王忠原，李荣发. 井温法测井在油田开发生产中的应用［J］. 油气井测试，1995（4）：51–54.
［24］贺希太，杨万虎，张文杰，等. 同位素示踪流量测井与解释方法［J］. 石油仪器，2003，17（4）：16-17.
［25］郑惠峰. 同位素示踪测井的方法分析及影响因素探讨［J］. 西部探矿工程，2018，30（8）：99–100.
［26］高见. 同位素示踪流量测井与解释方法分析［J］. 石化技术，2015，22（9）：225.
［27］徐玉霞，沈明. 井间示踪剂监测技术在海上注水油田中的应用［J］. 能源化工，2020，41（4）：51–54.
［28］陈月明，姜汉桥，李淑霞. 井间示踪剂监测技术在油藏非均质性描述中的应用［J］. 石油大学学报（自然科学版），1994（S1）：1–7.
［29］李淑霞，陈月明. 示踪剂产出曲线的形态特征［J］. 油气地质与采收率，2002，9（2）：66–67.
［30］汪玉琴，陈方鸿，顾鸿君，等. 利用示踪剂研究井间水流优势通道［J］. 新疆石油地质，2011，32（5）：512–514.
［31］余成林，林承焰，尹艳树 . 合注合采油藏窜流通道发育区定量判识方法［J］. 中国石油大学学报（自然科学版），2009，33（2）：23-28.

第三章　深部调驱提高采收率技术

第一节　深部调驱技术简介

随着国内外新增探明储量油藏品质变差，老油田挖潜成为保持世界原油产量稳定的主要选项之一。老油田多数具有“高含水”特征，油藏原生非均质及长期水驱使非均质性进一步加剧，油层中逐渐形成高渗透通道或大孔道，油水井间形成水窜通道[1]，严重影响油藏水驱开发效果。因此，如何有效控水稳油是老油田高效开发的重要议题。

国内主力油藏多数进入开发中后期，含水率升高，产量下降，开发效果变差，稳产压力很大。目前国内在控水稳油方面做了各种有效和有益的尝试，其中，调剖堵水就是重要的一项，有效的调剖堵水措施，可以改善吸水和产出剖面，缓解层间和层内矛盾，近年来在减缓主力油藏产量递减，改善开发效果方面起到重要的作用。但是随着油田储层长期水驱后，非均质性不断增强，常规堵水调剖技术已不能满足油田正常生产需求，表现在以下几个方面：（1）随着油田开发进入中后期，尤其是近井地带多次重复调剖封堵后，含油饱和度已经大大降低，特别需要深部液流转向技术[2-4]进行深部挖潜；（2）对于厚油层来说，普通的浅堵浅调已无法满足提高水驱波及效率的需要，只能使短期的近井地带的液流转向，在油层深部因注入水的重新绕流致使调剖有效期限大大缩短；（3）对于常规交联聚合物调剖，由于成胶时间短、凝胶强度大等特点，无论是施工工艺还是经济上都不能进行大剂量处理，因而仅能封堵近井地带，注入水很快绕过近井封堵带进入高渗透带的水窜通道，有效期短。

深部调驱技术是以深部调驱为主，在“调”的基础上，又结合了“驱”的效果，并具有提高波及系数和驱油效率的双重作用。将具有封堵作用的可动化学剂注入地层深部，封堵地层中注水窜流的高渗透条带和大孔道，实现油层深部转向，提高注水波及体积。同时注入的化学剂在后续注水的作用下，向地层深部运移驱油，达到剖面调整和驱替的双重作用。因此，深部调驱发挥了调、驱的协同作用，既能改善油层深部非均质性，扩大注水波及体积，又能提高驱油效果，达到提高采收率的目的[5-10]。

我国堵水调剖工作已有 60 年的历史[11-18]。在经历了油井堵水、注水井单井调剖、井组区块调剖、油藏整体调剖 4 个阶段的发展后，20 世纪 90 年代后期提出了调驱的概念，近年来又提出了深部调驱技术（深部液流转向技术），这一概念在理论上比调驱概念更严谨，在实践上目标更明确。深部调驱技术是以深部调剖为主，在“调”的基础上又结合了“驱”的效果，并具有提高波及系数和驱油效率的双重作用。向地层中注入具有相当封堵作用的可动的化学剂，对地层进行深度处理。一方面，封堵地层中注水窜流的高渗透条带和大孔道，实现注入水在油层深部转向，提高注入水波及体积；同时，注入的调驱剂在后续注水作用下，可向地层深部运移驱油，起到剖面调整和驱替的双重作用。因此，调驱技术发挥了调、驱的协同作用，既能有效改善油层深部非均质性，扩大注水波及体积，又能提高驱油效果，从而达到提高采收率的目的。该技术是介于调剖和聚合物驱之间的改善地层深部液流方向、扩大水驱波及体积的新技术，投入成本远远低于聚合物驱，尤其适合非均质油藏中高含水时期用于改善水驱和聚合物驱开发效果。

综上所述，研究并应用深部调驱技术是目前调剖技术发展的主要方向。近年来深部调驱已逐渐成为改善水驱和聚合物驱开发效果、稳油控水的一项重要技术，在改善高含水油藏水驱和化学驱的开发效果方面取得了显著效果。20 世纪 80 年代以来，深部液流转向与调驱技术不断发展，在油田不同开发阶段发挥着重要作用，一直是油田改善注水开发效果，实现稳产的有效技术手段，其综合技术水平处于国际领先地位。据统计，仅中国石油所属油田近年堵水调剖作业就近 3000 井次 /a，增产原油超过 50×10^4t/a。其研究与应用方面的进展[19，20]体现在技术理念及手段等多个方面。

第二节　深部调驱技术研究现状

一、调驱技术机理研究现状

从机理上讲，调驱技术与常规调剖技术的不同之处在于，常规调剖作用机理是以调整、改善吸水剖面为目的，使注入水产生转向从而扩大注入水波及体积。而调驱处理剂量和处理半径较大，仍以深部调驱改变液流方向为主，同时辅以提高驱油效果。深部调驱作用机理研究现状表现在以下几个方面。

（1）调驱剂可动态调剖与产生深部液流转向作用[21]。调驱剂在地层中受到后续注入水驱替作用，在大孔道及高渗透带中可发生移动，进入下一级孔道。当压差小于凝胶突破压力时，形成一定堵塞；当压差大于凝胶突破压力时，凝胶在地层中会继续移动，在移动过程中，由于水的冲刷及地层的剪切，可能发生变形或破碎，形成小的凝胶体继续运移，直到遇到更小的孔喉或压差较低区域沉积下来形成堵塞，起到纵向、平面的充分调剖作用，后续注入水遇到凝胶堵塞的孔道就会转向低渗透区，驱替到更多孔隙中的剩余油，提高注入水波及体积。

（2）改变残余油附着力，促进其移动。调驱剂在后续注入水作用下的运移，改变了地层压力场分布[22]，微观上改变了地层孔隙中残余油附着力分布，破坏油滴的受力平衡，促进残余油流动。

（3）调驱剂可改善流度比[23]，驱动较低渗透带的剩余油。一般的地下交联聚合物调驱剂成胶前后均具有一定黏度，因此在注入及成胶后的移动过程中，改善了地层流体的流度比，使原来水驱不到而压差大于凝胶转变压力范围内的剩余油得到很好驱替。

二、调驱体系研究现状

目前，堵水调剖特别是深部调剖及相关配套技术在高含水油田控水增产措施中占有重要地位，但是随着油藏水驱或聚合物驱高含水问题的日益加剧，对该技术要求也越来越高，推动着深部调剖及相关配套技术的不断创新和发展。近年来，在深部调驱配方体系方面的研究与应用取得了许多进展。

与常规调剖堵水对化学剂要求不同，常规调剖要求调剖强度大，注入地层后产生较强封堵作用，而调驱要求调驱剂不但具有一定强度，还应具有“可动性”，可在地层中运移。有的调驱剂具有增黏性，可改善流度比，有的还具有表面活性，可改变“死油”的表面性质，调驱剂还可以打破残余油的静态平衡，使“死油”移动变活。必要时使用段塞，采用不同的化学剂以增强驱油的协同作用，提高驱油效果。

（一）黏土絮凝体系深部调驱技术

该技术是20世纪90年代以来中国石油大学（华东）与胜利油田共同研究开发的一项实用新型技术。将钠膨润土配制成悬浮体，利用膨润土水化后颗粒能与聚合物形成絮凝体系[24]，在地层孔喉处产生堵塞，起到调剖的作用。主要调剖机理如下。（1）絮凝堵塞。当钠土颗粒与聚丙烯酰胺溶液相遇时，聚丙烯酰胺的亲水基团与钠土颗粒表面的羟基通过氢键产生桥接作用，形成体积较大的絮凝体，封堵大孔道。（2）积累膜机理。当用钠土双液法封堵大孔道时，在砂岩孔道表面上，羟基先与聚丙烯酰胺通过氢键结合，然后由聚丙烯酰胺亲水基团与黏土表面的羟基氢键结合，这样，可在孔道表面重复产生被聚丙烯酰胺桥接起来的黏土黏附层，从而降低大孔道的渗透率。（3）机械堵塞。黏土颗粒本身对一定大小的孔道也有封堵作用，当黏土颗粒的粒径大于1/3地层孔径时，产生颗粒架桥形成堵塞[25]。

（二）泡沫深部调驱技术

该技术的作用机理是泡沫通过地层孔隙时，泡沫的液珠发生形变，对液体流动产生阻力，即贾敏效应。这种阻力可以叠加，从而使目的层发生堵塞，改变主要水流方向的水线推进速度和吸水量，提高注入水的波及体积。在水井调剖中使用的泡沫主要是二元复合泡沫、三元复合泡沫、蒸汽泡沫、凝胶泡沫。该类调剖剂的优点是选择性强，缺点是有效期短、施工工艺复杂[26，27]。

（三）弱凝胶深部调驱技术

弱凝胶是由低质量浓度的聚合物和交联剂通过分子间交联形成。一般选择聚丙烯酰胺作为交联主剂，质量浓度为800～3000mg/L。交联剂主要有树脂、二醛和多价金属离子类等，美国使用最多的是醋酸铬、柠檬酸铝和乙二醛，我国应用较多的为酚醛树脂预聚体、醋酸铬、乳酸铬、柠檬酸铝等，形成的凝胶强度通常为0.1～2.5Pa，现场应用则根据地层及生产状况选择凝胶强度。这是目前国内外应用最广泛的深部调驱改善水驱技术，在胜利、辽河等油田均得到了成功应用[28，29]。

（四）胶态分散体凝胶深部调驱技术

20世纪90年代初，由美国TIORCO公司提出的胶态分散体凝胶（CDG）为聚合物和交联剂形成的非网络结构的分子内交联凝胶体系，交联反应主要发生在分子内的各交联活性点之间，以分子内交联为主，形成分散的凝胶胶束。CDG 体系中聚合物质量浓度可低至 100mg/L，交联剂一般是多价金属离子，如柠檬酸铝、醋酸铬等[30，31]。

国内对 CDG 也曾有过广泛重视，中国科学院化学研究所、中国石油勘探开发研究院采收率所、大庆油田等对该技术进行了大量的研究，并在大庆、河南等油田进行了多项先导性现场试验。缺点是 CDG 耐温耐盐性能差、成冻条件苛刻、封堵程度低[32]。

（五）体膨颗粒深部调驱技术

这是近年发展起来的一项新型深部调驱技术，主要是针对非均质性强、高含水、大孔道发育的油田改善水驱开发效果而研发的创新技术。体膨颗粒遇油体积不变而吸水体膨变软（但不溶解），在外力作用下可发生变形运移到地层深部，在高渗透层或大孔道中产生流动阻力，使后续注入水分流转向，有效改变地层深部长期水驱而形成定势的压力场和流线场，达到实现深部调驱、提高波及体积、改善水驱开发效果的目的。该技术具有以下特点：（1）体膨颗粒由地面合成、烘干、粉碎、分筛制备形成，避免了地下交联体系不成冻、抗温、抗盐性能差等弊端，具有广泛的适应性，耐温（120℃）、耐盐（不受限制）性能好；（2）体膨颗粒粒径变化大（微米至厘米级）、膨胀倍数高（30～200倍）、膨胀时间快（10～80min）；（3）体膨颗粒吸水体膨变软，在外力作用下可在多孔介质中运移，达到深部调驱的目的；（4）体膨颗粒深部调驱施工工艺简单、灵活、无风险；（5）体膨颗粒可单独应用，也可与弱凝胶体系复合应用于注水开发油藏深部调驱改善水驱作业，又可用于聚合物驱前及聚合物驱过程中的深部调驱；（6）体膨颗粒适宜存在大孔道、高渗透带的高含水油藏深部调驱改善水驱效果。该技术在大庆、大港、中原等油田得到了成功应用，取得了良好的社会效益和经济效益[33-35]。

（六）含油污泥深部调驱技术

含油污泥是原油脱水处理过程中伴生的工业垃圾，主要成分是水、泥质、胶质、沥青质和蜡质。作为调剖剂，与其他化学调剖剂相比，含油污泥具有良好的抗盐、抗高温、抗剪切性能，便于大剂量调剖挤注，是一种价格低、调剖效果好的堵剂，同时也解决了含油污泥外排问题，减少了环境污染和含油污泥固化费用，具有较好的应用前景。基本原理是：在含油污泥中加入适量添加剂，调配成黏稠的微米级的油—水型乳化悬浮体，当乳化悬浮体在地层达到一定的深度后，受地层水稀释的作用，乳化悬浮体遭到破坏，其中的泥质黏连聚集形成较大粒径沉降在大孔道中，使孔道通径变小，增加了注入水的渗流阻力，迫使注入水改变渗流方向，从而达到提高注入水波及体积、改善注水开发效果的目的。该技术在江汉、胜利老河口、辽河、河南、长庆等油田现场应用均取得了良好的效果[36，37]。

（七）微生物深部调驱技术

微生物用于注水井调剖最早始于美国，把能够产生生物聚合物的细菌注入地层，在地层中游离的细菌被吸附在岩石孔道表面后，开始形成附着的菌群；随着营养液的输入，细菌细胞在高渗透条带大量繁殖，繁殖的菌体细胞及细菌产生的生物聚合物等黏附在孔隙岩石表面，形成较大体积的菌团；后续有机和无机营养物的充足供给，使细菌及其代谢产出的生物聚合物急剧扩张，孔隙越大，细菌和营养物聚积滞留量越多，形成的生物团块越大。细菌的大量增殖及其代谢产出的生物聚合物在大孔道滞留部位的迅速聚集，对高渗透条带起到较好的选择性封堵、降低吸水量的作用，使水流转向，提高原油采收率[38]。

天津工业微生物研究所和南开大学筛选出了适应油田地层条件并具有良好调剖作用的多株微生物。南开大学在大港油田先后进行了5口井的试验，效果良好。胜利、辽河、大庆等油田分别进行了室内评价及井下试验，均取得预期效果[39, 40]。

（八）无机凝胶涂层深部调驱技术

塔里木油田井深大（4500～6000m）、地层温度高（120～140℃）、矿化度高（$15×10^4$～$21×10^4$mg/L），对于类似油藏条件下的调剖作业，交联聚合物类调剖剂由于盐敏、热敏及多价离子的絮凝使其应用范围受到限制，水泥及无机颗粒或沉淀类调剖剂具有较好的耐温耐盐性能，但因其在多孔介质中的进入深度有限而不适宜深部处理。为此，中国石油勘探开发研究院采油工程研究所提出了一种无机凝胶涂层调剖剂（WJSTP）[41]。该调剖剂与油藏高矿化度地层水反应形成与地层水密度相当的无机凝胶，通过吸附涂层，在岩石骨架表面逐渐结垢形成无机凝胶涂层，使地层流动通道逐渐变窄形成流动阻力，从而使地层流体转向，扩大波及体积。2006年3月，该技术在塔里木轮南油田LN203井进行的现场试验中获得了成功，处理后注水压力升高，吸水剖面明显改善，初步获得了增油降水效果[42]。

（九）聚合物微球深部调驱技术

这是近年来发展起来的一种新型深部调驱堵水技术，具有受外界影响小、可用污水配制、耐高温高盐等优点[43]。机理是依靠纳米（微米）级聚合物微球遇水膨胀和吸附来逐级封堵地层孔喉实现其深部调驱堵水的目的。该技术的特点是：（1）由于聚合物微球机械封堵位置为渗水通道的孔喉，大幅度提高微球的使用效率；（2）由于聚合物微球的初始尺寸小，且水相中呈溶胶状态，是稳定体系，可以实现进入地层深部；（3）聚合物微球具有较好的弹性，在形成有效封堵的同时，在一定压力下可以发生变形而运移，而且不会被剪切，可以形成多次封堵，具有多次工作能力和长寿命的特点；（4）通过各种不同尺寸和不同性质聚合物微球的优化组合，可以实现对不同渗透率、不同地质条件的有效封堵。目前该技术已经在胜利、大港、青海、长庆和大庆等油田得到了成功应用[44, 45]。

（十）柔性调剖剂深部调驱技术

由于预交联体膨颗粒在油田应用中存在稳定性差和易破碎等问题，刘玉章等人[46, 47]提出了柔性调剖剂深部调驱技术的思路。该技术借助于柔性调剖剂改变油藏的定势流线场，从而实现深部液流转向。柔性调剖剂制备过程为：在特制的反应器中，在特定温度下，由柔性单体、特种共聚单体及增韧剂，由过氧化二苯甲酰引发聚合及交联得到柔性调剖剂胶体，然后将胶体挤入特制造粒机形成粒径为1～8mm的颗粒，放入含防黏剂的冷水中，迅速终止聚合与交联反应，最终获得柔性调剖剂。该柔性调剖剂具有韧性好、可任意形变、不易破碎断裂、化学稳定性高等特点。通常用水配制成质量分数为50%的悬浮体，目的是便于油田现场存放和注入施工。吉林、大庆和大港等油田进行了该技术的现场试验，效果较好。

三、调驱决策技术研究现状

在调驱决策技术方面，国内外做了大量的尝试性研究工作。法国斯伦贝谢公司研制出的WaterCase软件、法国石油研究院、美国能源部、奥斯丁大学、塔尔萨大学、哈里伯顿石油公司、英国AEA技术咨询公司等投入了大量的精力，致力于该方面的研究，研制出了相应软件。国内方面，中国石油勘探开发研究院、中国石油大学也形成了自己的模拟和决策软件。由于数值模拟优化调驱方案费时费力，现场常用的优化决策技术主要有PI决策技术、RE决策技术等。目前调驱决策技术研究主要聚焦在选井、选层、选剂和注入参数等。

（一）选井选层技术

目前选井选层决策[48]中最重要的一步是确定水窜原因，然后通过目标区块的产油含水、注入压力、压降、测井资料、岩心分析、示踪剂监测资料等结合产吸剖面、沉积微相以及剩余油分布图等资料来人工定性选井选层，该方法虽然简单，但是存在不确定性，无法达到优化设计的目的。此外，模糊综合评判技术选井选层方法在综合分析影响调驱选井的各种因素基础上，将注水井的视吸水指数、吸水指数、压降曲线、渗透率非均质性、吸水剖面的非均质性及对应油井的含水率、采出程度、控制储量等因素归结为反映注水井吸水能力、油层非均质性以及对应油井动态等三种主要因素，并以此为基础，应用模糊数学的综合评判技术，建立调驱选井的最优化模型，根据多级决策结果判断目标井筛选的优劣次序。在调驱选层方面，目前常用的做法很简单：对于笼统注水井，根据吸水剖面测试结果，选择每米相对吸水指数较大的层位作为调驱目的层；对于分层注水井，在除去水嘴损失的条件下，选择每米吸水指数较大的层位作为调驱目的层[49]。

（二）调驱剂选择

调驱剂的选择首先是调驱剂类型的选择，调驱剂类型的选择主要考虑调驱剂与地层的配伍性，其中调驱剂粒径与地层孔喉的关系、调驱剂的化学性质与地层水矿化度的关系、调驱剂的热稳定性与地层温度的关系和调驱剂的酸碱性与地层pH值的关系是最重要的筛选条件[50]。

（三）堵剂用量计算

常用的堵剂用量计算方法[51]主要有数值模拟法、PI指数法、均匀推进法、吸水指数法、压力突破法、菱形面积法等。国外一般用经验法、窜流体积法以及调驱距离法等。Seright 对裂缝调堵中的堵剂用量计算进行了较为深入的研究。Caicedo 等人利用节点分析、经济分析和 Monte Carlo 模拟法对堵剂用量进行了优化设计。按照是否需要确定调驱半径可以把上述方法分为三大类：调驱半径法、模糊法和数值模拟法。其中确定调驱半径的方法有：无限大均质地层法、纵向非均质法、典型模型数值模拟法等。根据调驱半径计算堵剂用量的方法有：均匀推进法、面积系数法、菱形模型法等。模糊法包括类比法、用量系数法（PI 指数法）、窜流体积法等。

（四）施工工艺参数计算

确定施工工艺参数 [52] 主要是确定注剂压力与排量，但二者是相关参数，所以通常主要是确定压力，压力的选择原则一方面是不能超过地层破裂压力；另一方面不能太低也不能太高，太低满足不了排量的要求，太高会伤害低渗透地层。总体来说，调驱施工工艺参数的设计经验性较强。目前常用的公式法主要有两种：根据裘皮公式计算施工压力和施工排量，根据油水井间的压力梯度及压力损失等相关参数来设计施工压力和排量。

（五）调驱效果预测

不同井组不同区块其油层非均质程度性不同，调驱后的效果不同。即使是同一井组同一区块，在不同的含水期，即不同的生产阶段，采取调驱措施后的效果也是不同的。因此，在实施化学调驱措施之前对调驱效果做出预测，对于提高调驱措施经济效益具有重要指导作用。目前常用的调驱效果预测方法是经验公式法，油藏数值模拟方法，拟合回归法，人工神经网络，无量纲预测图版法等。

目前常用的调驱优化决策技术 [53, 54] 存在如下问题：（1）在选井选层方面，对施工方案决策有重要影响的一些参数未能考虑在内，从而影响了方案决策的全面性和可靠性；（2）在堵剂选择方面，也未能考虑窜流通道的类型，从而导致堵剂决策的盲目性；（3）在堵剂用量计算方面，大多经验性较强，未能把堵剂在地层中的运移规律考虑在内；（4）在施工工艺参数设计方面，也未能把堵剂性能考虑在内；（5）在效果预测方面，数值模拟法考虑了区块剩余油的分布，预测精度高，但是要进行历史拟合，研究周期长，不能适应现场施工的需要；（6）经验公式法适合于特定的油藏，常规的拟合回归法很难建立起有效的回归模型；（7）人工神经网络方法则存在调整参数多、网络结构难以确定、欠学习、过学习、易陷入局部极小、易受初始值影响、解的重复性差等问题，影响了预测结果的可靠性。

第三节 弱凝胶深部调驱技术

能将高分子的线型结构连接成体型结构的化学剂称为交联剂。交联剂是能和酰胺基团和羧基发生反应的化合物，主要包括两大类：酚醛交联剂和过渡金属有机交联剂（有机铝交联剂和有机铬交联剂）。

一、酚醛类交联剂

该交联剂体系一般由醛类（常用的有甲醛、戊二醛等）与苯酚及其衍生物组成[55]，通过与聚丙烯酰胺中酰胺基反应，形成弱凝胶，其交联过程如图 3-1 所示。

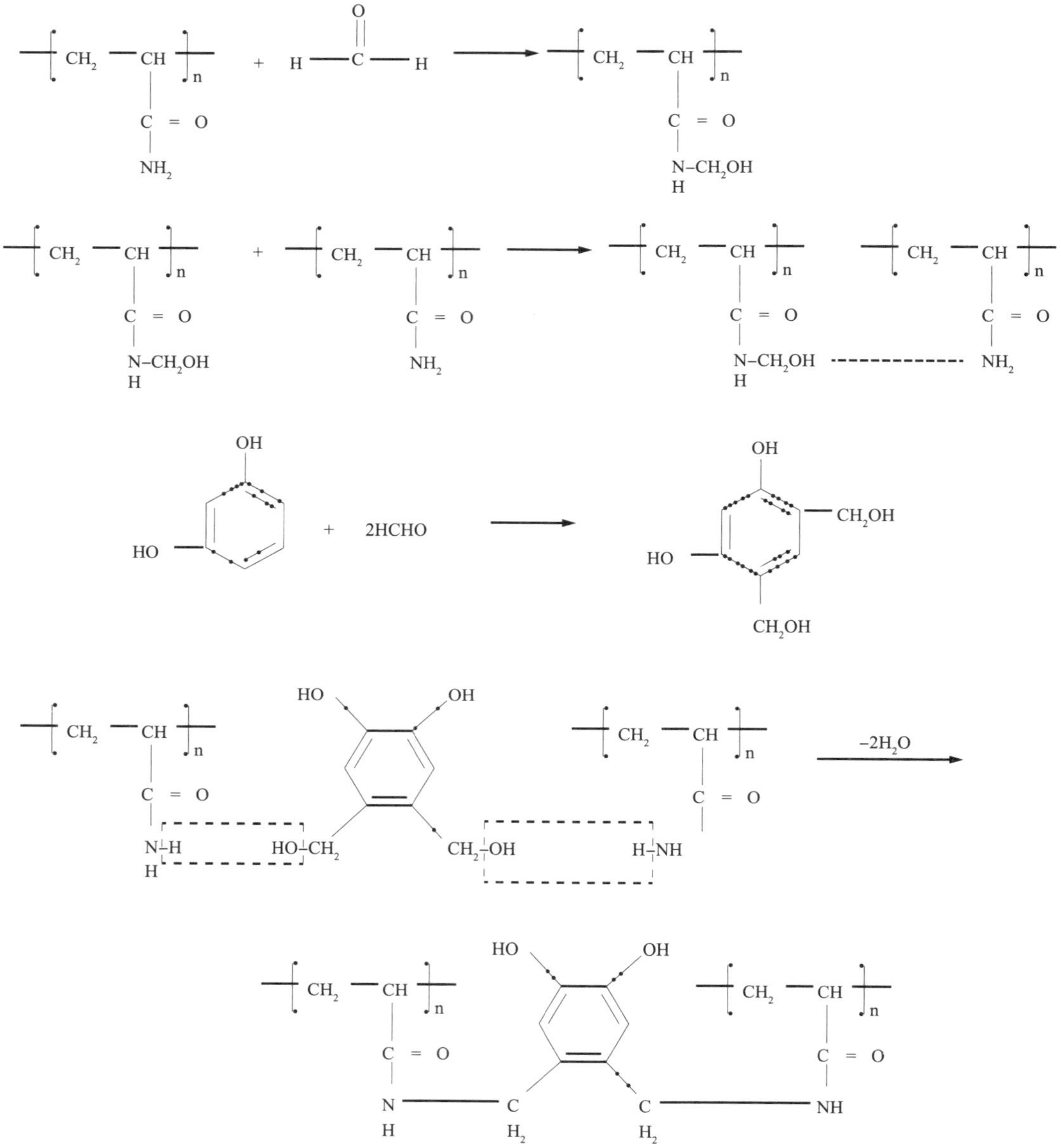

图 3-1 酚醛交联剂交联机理

酚醛类可由酚的衍生物与其他有机物（如乌洛托品）反应生成，在适当的温度和酸性条件下，乌洛托品分解生成甲醛，甲醛再与间苯二酚应生成多羟甲基间苯二酚，可延迟交联时间。甲醛、多羟甲基间苯二酚与聚丙烯酰胺发生交联作用，生成弱凝胶体系；此外在分子链中引入苯环后，还可增强凝胶体系的热稳定性。

二、过渡金属有机交联剂

过渡金属有机交联剂经过水合、水解、羟桥作用后，再与聚合物的羧基作用，有效交联后形成弱凝胶。

（一）有机铬交联剂

有机铬交联剂[56]通常是由某种还原剂将 Cr^{6+} 还原为 Cr^{3+}，Cr^{3+} 再与有机酸络合，形成有机酸铬络合物，该产物可与聚丙烯酰胺形成弱凝胶体系。体系中三价铬离子是交联剂，它与多个部分水解的聚丙烯酰胺的羧基发生反应，形成完整的网络结构。有机铬交联剂可适用于较宽的温度范围和 pH 值条件，并能适应不同交联时间要求。在 60℃时有机铬体系与聚合物成胶倾向强烈，无法控制，生成高强度三维网状凝胶。为了控制有机铬体系的成胶时间，常采用三价铬配位螯合物体系，目前报道的螯合剂有乙酸、丙酸、丙二酸、乳酸、葡萄糖酸、甘醇酸、水杨酸等，其中均含羧酸根，能与有机铬交联剂的配位体竞争，使三价铬离子的生成时间大幅度延后，从而使凝胶强度降低，成胶时间延长，为保证凝胶质量，螯合剂加量应小于 0.33%。

高价离子对聚丙烯酰胺的交联反应大体分为三个阶段：

（1）高价离子水合物的水合过程，水合金属离子通过水解聚合生成为多核羟桥络离子和氢离子；

（2）聚丙烯酰胺中的羧基电离成为羧酸根和氢离子；

（3）聚丙烯酰胺通过羧酸根与多核羟桥络离子进行络合反应，整个体系最终交联成体型聚合物。

（二）有机铝交联剂

有机铝与聚合物的交联反应机理和有机铬相似，也是由三价铝经过水合、水解、羟桥作用后，再与聚合物的羧基交联。铝离子与聚合物形成的凝胶强度适中，易控制[57]。经适当调节可形成分子内交联的弱凝胶体系。但有机铝交联剂在高温条件下水解形成沉淀，很不稳定，且交联反应过快。为了防止交联反应过快，并有效地控制反应速度，常使用柠檬酸铝作为交联剂。柠檬酸的强络合作用可以破坏铝水解所产生的羟桥结构，抑制交联反应速度。因此，pH 值对该交联反应有着重要的影响，交联剂柠檬酸铝仅在低 pH 值条件下稳定，而在碱性条件的油藏中不能有效地形成凝胶。因此，聚丙烯酰胺—柠檬酸铝体系适用的 pH 值范围为 4~7。pH 值小于 4 时，因为聚合物上的羧基以酸的形式存在，不易于与铝离子成键；pH 值大于 7 时，铝离子以偏铝酸盐的形式存在，也不能与聚合物作用。林梅钦等人研究发现，适当的盐含量（矿化度）有助于弱凝胶的形成；盐含量太高时，有絮凝沉淀生成，会抑制弱凝胶的形成。该交联剂仅适用于低温酸性、中性油藏条件[58]。

在油田弱凝胶提高采收率领域，目前使用最多的交联剂是铬交联体系，有无机铬和有机铬，六价铬毒性大，通过室内配制出有机铬，可适当降低毒性。有机酚醛类交联剂体系的基本组分是苯酚和甲醛，这一类交联剂主要应用于高温油藏的深部调剖，但毒性大，具有刺激性气味。

三、弱凝胶配方研究

（一）聚合物种类的初选

弱凝胶调剖剂应该选用中高分子量的聚丙烯酰胺。一方面，聚合物凝胶在配制和注入过程中，由于多种因素的影响，聚合物会发生不同程度的降解，而高分子量聚丙烯酰胺的黏度和残余阻力系数的保留值较大；另一方面，高分子量的聚丙烯酰胺有利于形成结构均匀的凝胶，堵水和调剖效果较好。

部分水解聚丙烯酰胺溶于水后，可解离出带负电的链节，由于链节间的静电斥力，可使蜷曲的大分子链松散开来，因此水解聚丙烯酰胺比非水解的聚丙烯酰胺更易溶解，并有更好的增黏能力。在水解反应过程中，酰胺基转化为羧基的百分数称为水解度。当水解度低于15%时，聚丙烯酰胺的阴离子度过低，而使其无法与高价金属离子交联形成具有一定强度的凝胶；当水解度过高时，则对Ca^{2+}、Mg^{2+}敏感，容易产生沉淀而使聚丙烯酰胺析出，因此，所用聚丙烯酰胺的水解度应在15%～50%之间。

分别配制1500mg/L的7种聚合物，编号分别为A～I，其中交联剂Q浓度为1500mg/L，交联剂A浓度为20mg/L，交联剂F浓度为50mg/L。图3-2结果显示，不同聚合物的凝胶强度不一样。有的聚合物不成胶，如A；有的成胶强度较低，如C、D、E；其中G、H和I三种聚合物形成的凝胶强度相对较高。考虑到聚合物H为聚合物驱现场用聚合物，供应充分且价格适中。因此，后期采用聚合物H为评价对象。

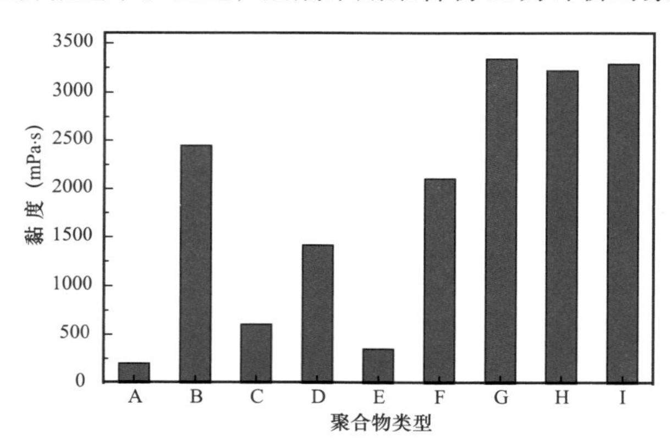

图3-2　不同聚合物样品凝胶成胶后的强度对比

（二）配方浓度优化研究

1. 聚合物浓度对配方的影响

当聚合物浓度为1500mg/L，交联剂Q浓度为500～2500mg/L，交联剂F浓度为20～200mg/L和促凝剂浓度为10～30mg/L的情况下，凝胶成胶时间可控，其凝胶强度分布在2500～3500mPa·s内，胶体保持很好的稳定性。当交联剂Q浓度为1500mg/L，交联剂F浓度为50mg/L和促凝剂浓度为20mg/L时，考察不同聚合物浓度的成胶性能。

由图3-3可知，随聚合物浓度的增加，胶体强度增加。胶体在90d内稳定性好，强度分布在1000～12000mPa·s之间。

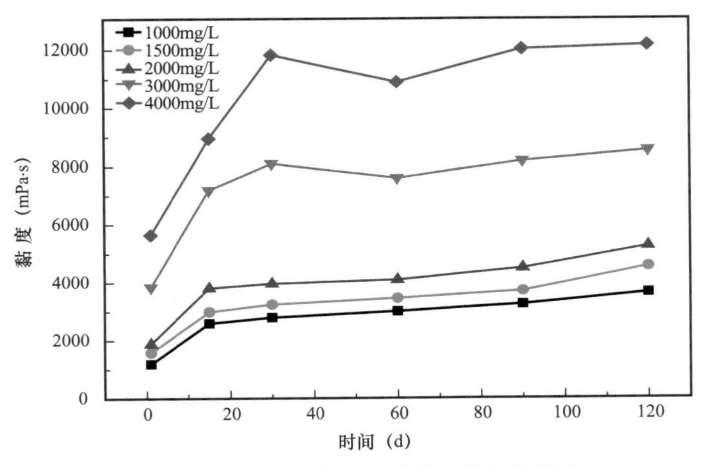

图 3-3 聚合物浓度对凝胶体系强度的影响

2. 交联剂 F 浓度对配方长期稳定性的影响

以往交联剂中含易挥发且带有刺激性气味的液体，目前采用更环保的粉状交联剂。当确定聚合物浓度为 1500mg/L，促凝剂的浓度为 20mg/L 时，改变交联剂 F 的量，考察交联剂 F 对配方成胶时间和强度的影响，实验结果如图 3-4 所示。

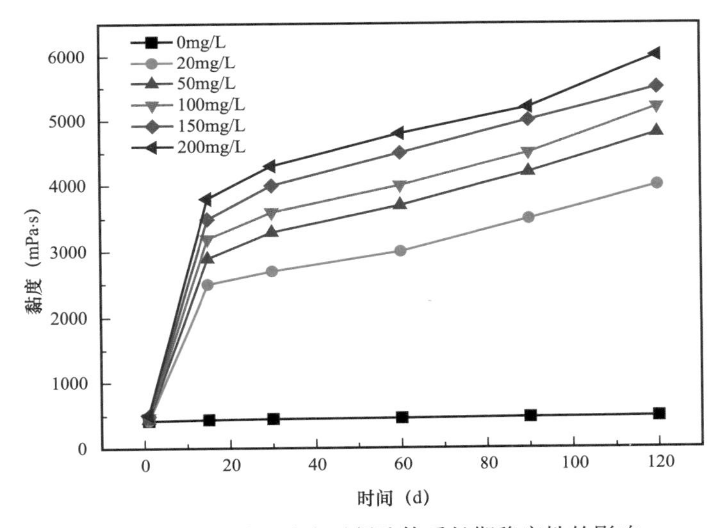

图 3-4 交联剂 F 浓度对凝胶体系长期稳定性的影响

3. 交联剂 Q 浓度对配方体系的影响

配制浓度为 1500mg/L 聚合物 HJ2500，促凝剂浓度为 20mg/L，交联剂 F 的浓度为 50mg/L，考察交联剂 Q 的浓度对成胶的影响。

由图 3-5 所示，当交联剂 Q 的浓度在 500～2500mg/L 的范围内变化时，胶体强度在 6h 时随 Q 浓度的增加而增加，90d 时，胶体的黏度分布在 2000～3500mPa·s 之间，稳定性好。当浓度达到 3000mg/L 时，成胶较快。因此，确定交联剂的浓度在 500～2500mg/L 之间。

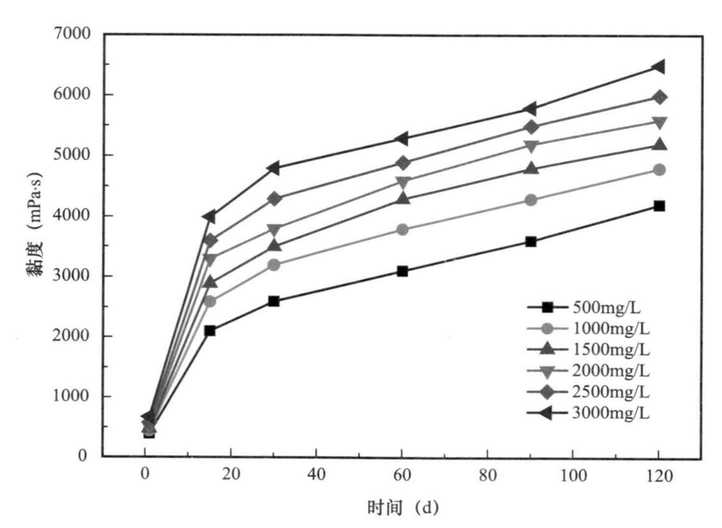

图 3-5　交联剂 Q 对凝胶体系强度的影响

4. 促凝剂浓度对配方体系的影响

在确定聚合物浓度为 1500mg/L，交联剂 Q 浓度为 1500mg/L，交联剂 F 浓度为 50mg/L 的情况下，进一步考察促凝剂浓度对配方的影响。由图 3-6 可知，促凝剂浓度越高，凝胶强度基本上呈增加的趋势。但从成胶时间来看，当促凝剂浓度在 50～100mg/L 之间时，6h 时黏度超过 3000mPa·s，已经完全成胶。因此，促凝剂的浓度范围确定在 10～30mg/L。

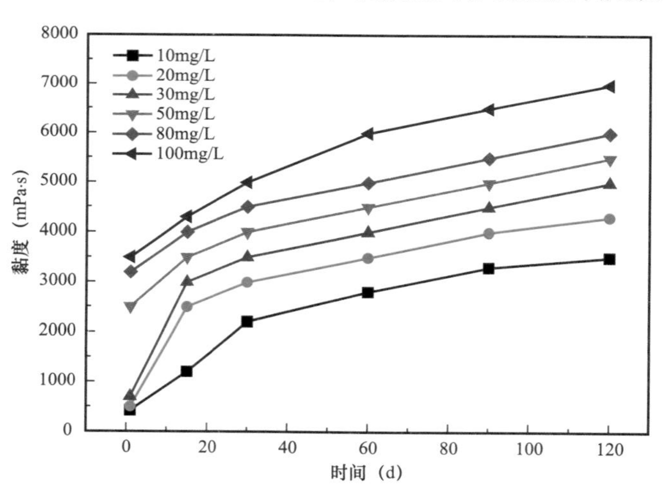

图 3-6　促凝剂浓度对凝胶体系强度的影响

四、弱凝胶性能评价

（一）抗稀释性能评价

当聚合物浓度为 1500mg/L 和 3000mg/L，交联剂 Q 浓度为 1500mg/L，交联剂 F 浓度为 50mg/L 和促凝剂浓度为 20mg/L 时，加入不同比例的清水，考察胶体抗稀释性能（图 3-7）。

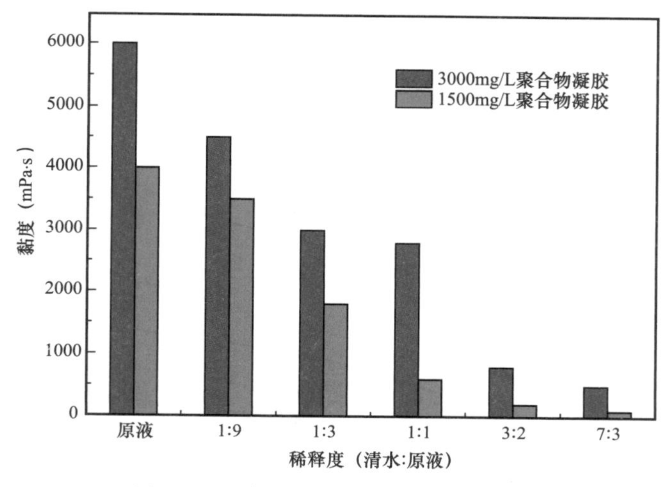

图 3-7 胶体的抗稀释性能评价（30d）

（二）抗剪切性评价

用清水配制不同聚合物浓度的凝胶（交联剂 Q 浓度为 1500mg/L，交联剂 F 浓度为 50mg/L 和促凝剂浓度为 20mg/L），在吴茵搅拌器中搅拌 30s，考察胶体强度的抗剪切性能。结果如图 3-8 所示。

聚合物溶液在其他条件相同的情况下，其黏度和聚合物的分子大小有关。以上剪切恢复实验表明，当聚合物浓度超过 2000mg/L 时，弱凝胶受到剪切时，其分子因发生断裂而变小，但聚合物中的各种活性基团都还存在，只是影响黏度的分子量变小了。当剪切停止后，外界对聚合物溶液的剪切力已不存在，交联剂便可再以静电力及分子间力将聚合物分子联结在一起，使其分子量变大，从而使黏度再升高。当聚合物浓度超过 5000mg/L 时，剪切对聚合物黏度及成胶影响较小。

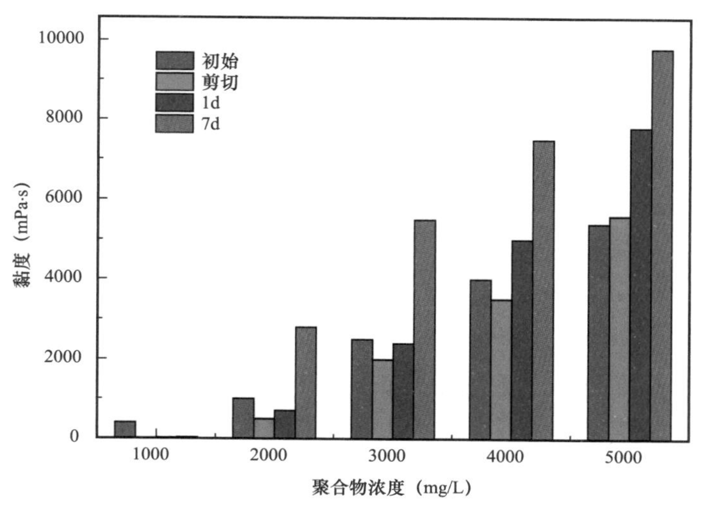

图 3-8 胶体的抗剪切性能

（三）长期稳定性评价

聚合物凝胶具有良好的长期稳定性，90d 内凝胶强度无明显变化（图 3-9）。

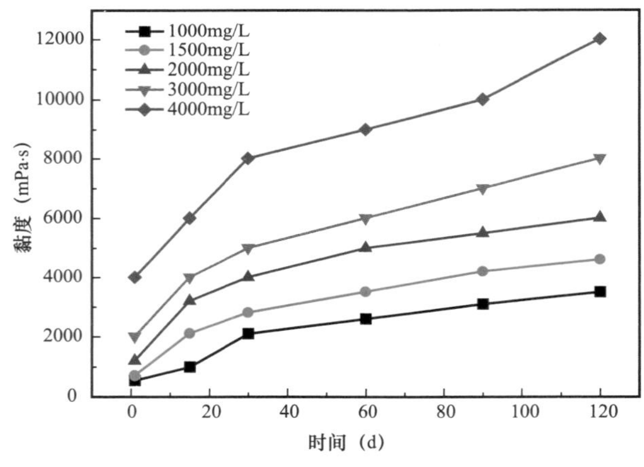

图 3-9　胶体的长期稳定性

（四）封堵性评价

采用 1000mD、3000mD、5000mD 和 7000mD 四种不同水测渗透率的岩心，分别注入一定体积 3000mg/L 的聚合物凝胶，候凝 1d 后再次注水，求出 4 个不同位置压力监测点下的阻力系数和残余阻力系数（图 3-10）。

不同渗透率的岩心中，聚合物凝胶在各小段都能保持较高的阻力系数和残余阻力系数，说明凝胶不仅能运移，而且具有很好的封堵性能。

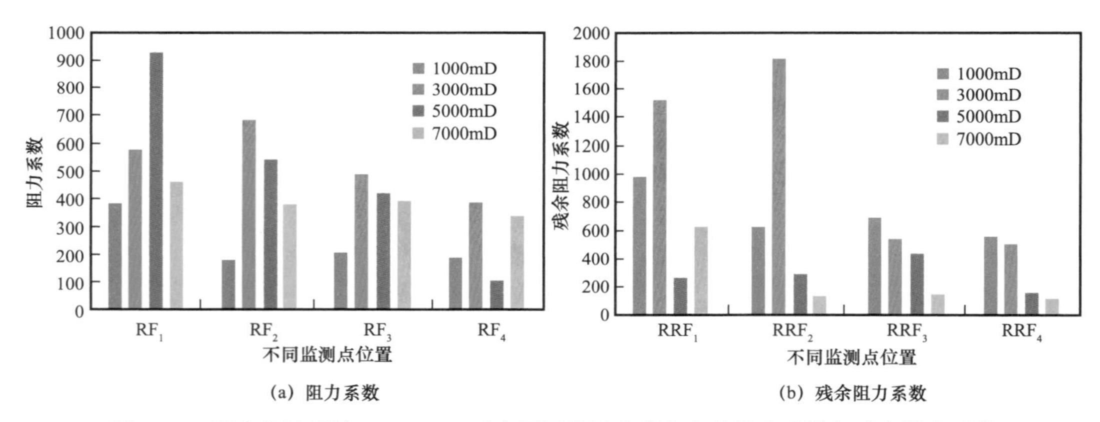

图 3-10　聚合物浓度为 3000mg/L 时在不同渗透率岩心中的阻力系数与残余阻力系数

凝胶的注入性、流动性与凝胶强度和岩心孔渗相关联，当凝胶强度与孔渗结构具有较好的匹配性时，交联聚合物溶液在多孔介质中有较好的流动性，处于流动状态下能成胶，且成胶后具有一定的流动性，具有较好的封堵性能，因此存在凝胶体系强度与岩心渗透率的匹配关系 [59]。为此设计了如下实验研究不同强度凝胶在多孔介质中的封堵特性，希望找到凝胶强度与孔渗结构的匹配关系 [60]。

1. 渗透率为 1000mD 的岩心封堵试验

考察了渗透率为 1000mD 时，不同浓度（2000mg/L、3000mg/L 和 5000mg/L）凝胶的注入性及凝胶流动性，填砂管数据见表 3-1。

表 3-1　填砂管基本情况

岩心编号	孔隙体积（mL）	渗透率（mD）	注入配方
1	318.9	920	2000mg/L HJ2500 聚合物 +1500mg/L 交联剂 Q+50mg/L 交联剂 F+20mg/L 促凝剂
2	341.7	1250	3000mg/L HJ2500 聚合物 +1500mg/L 交联剂 Q+50mg/L 交联剂 F+20mg/L 促凝剂
3	298.5	740	5000mg/L HJ2500 聚合物 +1500mg/L 交联剂 Q+50mg/L 交联剂 F+20mg/L 促凝剂

图 3-11 为 2000mg/L 聚合物凝胶体系调驱过程中岩心的压力变化曲线 p_1、p_2、p_3、p_4 分别为填砂管不同位置的压力监测点，p_1 为注入端压力，p_2、p_3 为岩心中部压力，p_4 为采出端压力。从图 3-11 中可以看出凝胶溶液注入过程中，各点压力依次启动，并持续上升，说明 2000mg/L 聚合物凝胶体系在上述岩心中具有良好的注入性；候凝 5d 后水驱时，p_1 的注入压力上升较快，说明凝胶具有较好的封堵效果，后端各测压点的压力先降后升，说明前端凝胶被剪切成破碎的小颗粒，并不断推进，形成二次封堵。

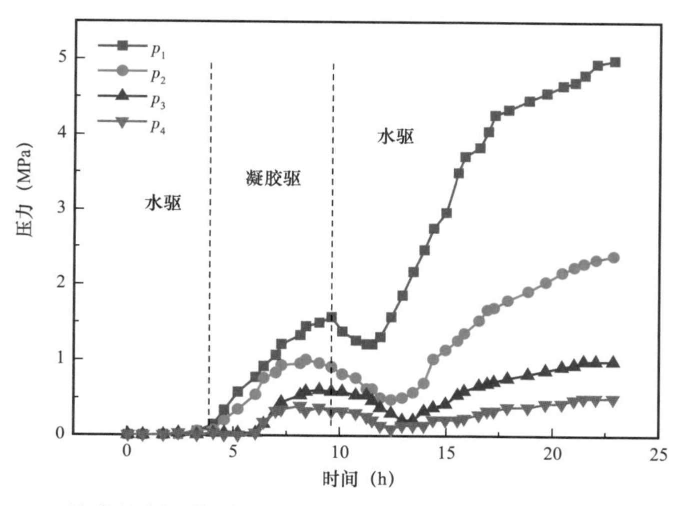

图 3-11　2000mg/L 聚合物凝胶体系调驱过程岩心的压力变化曲线（岩心渗透率为 1000mD）

图 3-12 为 3000mg/L 聚合物凝胶体系调驱过程中岩心的压力变化曲线。从图 3-12 中可以看出在渗透率为 1000mD 的岩心中，3000mg/L 聚合物凝胶体系在调驱过程注入性和流动性与 2000mg/L 的聚合物凝胶体系相似，相比较而言，3000mg/L 聚合物凝胶体系注入压力和成胶后的水驱压力更高，这是由于聚合物浓度越高，其初始黏度和成胶后的强度更高。

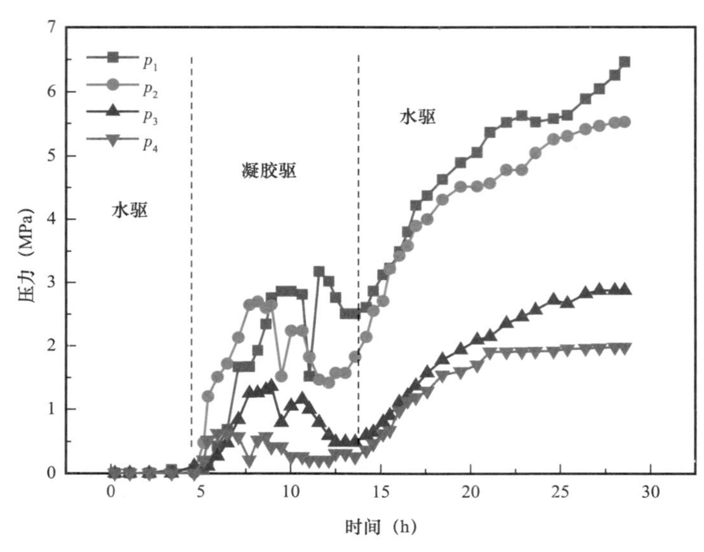

图 3-12　3000mg/L 聚合物凝胶体系调驱过程岩心的压力变化曲线（岩心渗透率为 1000mD）

对于 5000mg/L 的聚合物凝胶体系（图 3-13），由于交联聚合物的初始黏度太大，在凝胶溶液注入阶段，各点压力快速上升，p_1 压力值很快超过 15MPa，说明凝胶溶液的初始黏度过高，造成注入性变差。

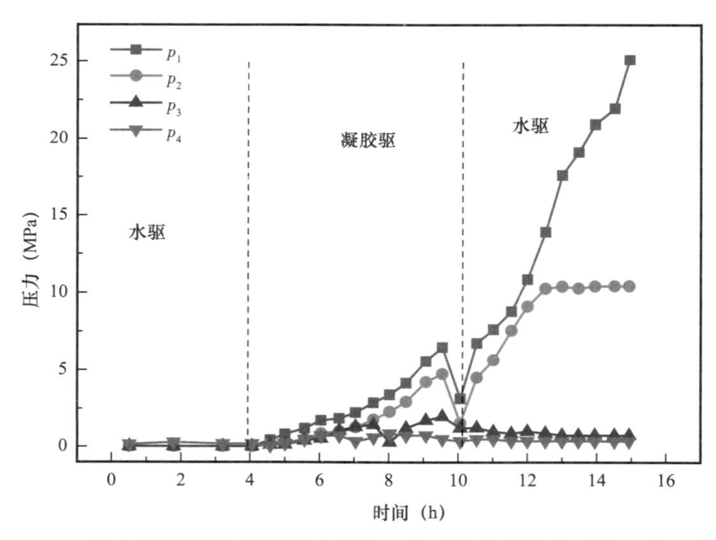

图 3-13　5000mg/L 聚合物凝胶体系调驱过程岩心的压力变化曲线（岩心渗透率为 1000mD）

图 3-14 为不同浓度聚合物凝胶体系在渗透率为 1000mD 的岩心中的阻力系数与残余阻力系数。当聚合物的浓度为 2000mg/L 和 3000mg/L 时，岩心各小段的阻力系数相差不大，说明聚合物凝胶溶液整体改善油水流度比的能力较好，也从侧面说明了其在该渗透率条件下具有较好的传播性。各小段都能保持较高的残余阻力系数，成胶后的凝胶能够运移到岩心后端，封堵孔隙通道能力好。当聚合物的浓度为 5000mg/L 时，岩心各段阻力系数相差较大，说明低渗透率下聚合物凝胶溶液注入性较差，在前端滞留。

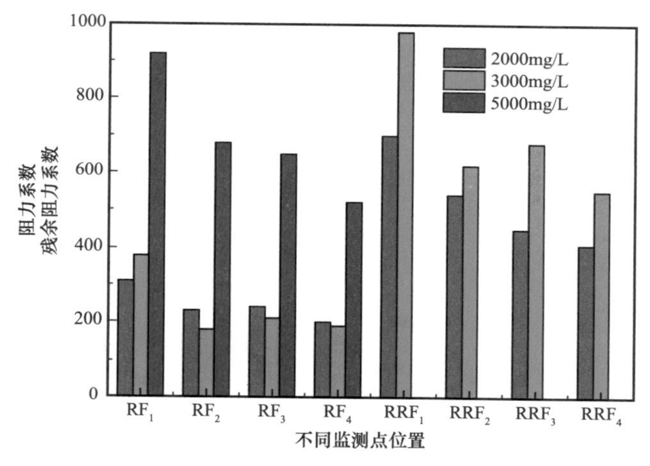

图 3-14 1000mD 岩心中的阻力系数与残余阻力系数

通过比较渗透率为 1000mD 时不同浓度聚合物凝胶体系调驱过程中岩心的压力变化曲线可以发现，2000mg/L 和 3000mg/L 的聚合物凝胶体系在岩心中具有较好的注入性和流动性。

2. 渗透率为 3000mD 的岩心封堵试验

考察渗透率为 3000mD 时，不同强度凝胶的注入性及凝胶流动性，填砂管数据见表 3-2。

表 3-2 填砂管基本情况

岩心编号	孔隙体积（mL）	渗透率（mD）	注入配方
4	346.2	2540	2000mg/L HJ2500 聚合物 +1500mg/L 交联剂 Q+50mg/L 交联剂 F+20mg/L 促凝剂
5	350.4	2580	3000mg/L HJ2500 聚合物 +1500mg/L 交联剂 Q+50mg/L 交联剂 F+20mg/L 促凝剂
6	356.1	3340	5000mg/L HJ2500 聚合物 +1500mg/L 交联剂 Q+50mg/L 交联剂 F+20mg/L 促凝剂

图 3-15 为 2000mg/L 聚合物凝胶体系调驱过程中岩心的压力变化曲线。从图 3-15 中可以看出凝胶溶液注入过程中，2000mg/L 聚合物凝胶体系在上述岩心中具有良好的注入性；候凝 5d 后水驱时，p_1、p_2、p_3、p_4 压力依次先降后升，最后趋于平稳，表明凝胶能够运移到岩心后端，在较高的驱替压力作用和剪切应力与拉伸应力作用下，部分胶团发生了形变和拉伸变形，甚至可能破碎成尺寸比较小的凝胶颗粒，继续向岩心深部运移，当这些小的凝胶胶粒遇到较小的孔喉时或在压力较小部位，又会形成新的堵塞；随着后续注入流体的进一步冲刷，这些小胶粒继续发生上述变化并继续流动，直到它们遇到更小的孔喉或在压差更小的地方，再次产生堵塞，如此反复，边流边堵，最后趋于稳定。凝胶在岩心中的这种流动方式应该是比较理想的一种运移模式，不仅可以到达地层深部封堵高渗透层，同时可以起到驱油的作用。

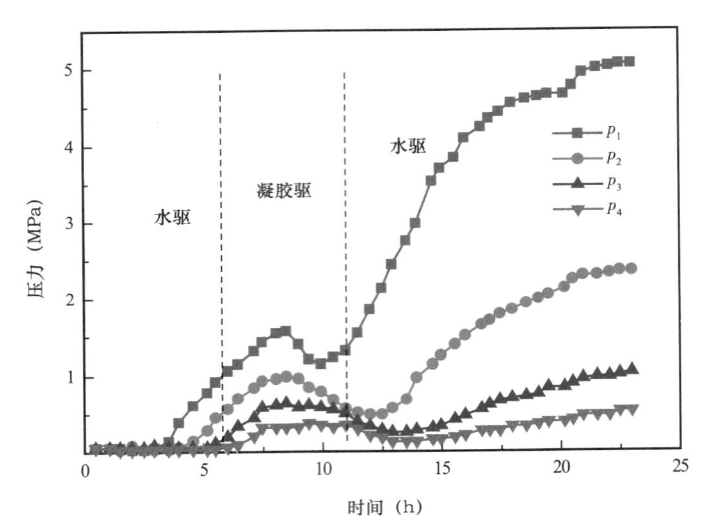

图 3-15　2000mg/L 聚合物凝胶体系调驱过程岩心的压力变化曲线（岩心渗透率为 3000mD）

图 3-16 为 3000mg/L 聚合物凝胶体系调驱过程中岩心的压力变化曲线。从图 3-16 中可以看出在渗透率为 3000mD 的岩心中，3000mg/L 聚合物凝胶体系在调驱过程注入性和流动性与 2000mg/L 的聚合物铬凝胶体系相似，相比较而言，3000mg/L 聚合物凝胶体系注入压力和成胶后的水驱压力更高，这是由于聚合物浓度越高，其初始黏度和成胶后的强度更高。

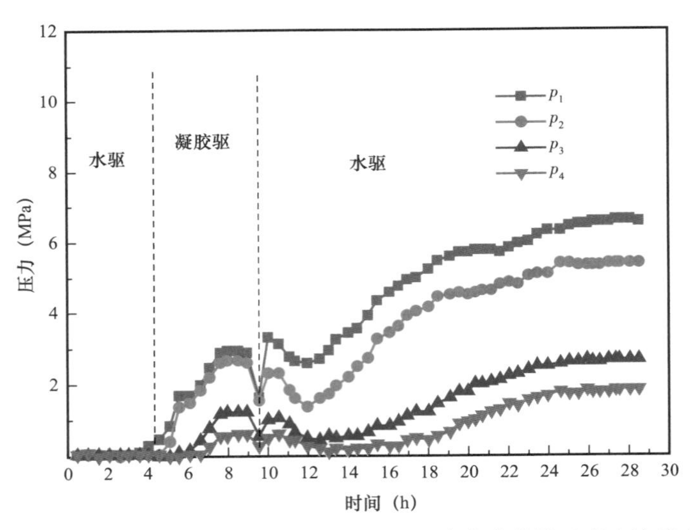

图 3-16　3000mg/L 聚合物凝胶体系调驱过程岩心的压力变化曲线（岩心渗透率为 3000mD）

图 3-17 为 5000mg/L 聚合物凝胶体系调驱过程中岩心的压力变化曲线。对于 5000mg/L 的聚合物凝胶体系，由于交联聚合物的初始黏度太大，凝胶溶液注入压力较高；成胶后后续水驱过程，p_1、p_2 点压力值上升很快，说明凝胶具有较好的封堵效果，但 p_3、p_4 点压力上升缓慢，远小于 p_1、p_2 点压力值，说明 5000mg/L 的聚合物凝胶体系成胶后在渗透率为 3000mD 的岩心中流动性较差。

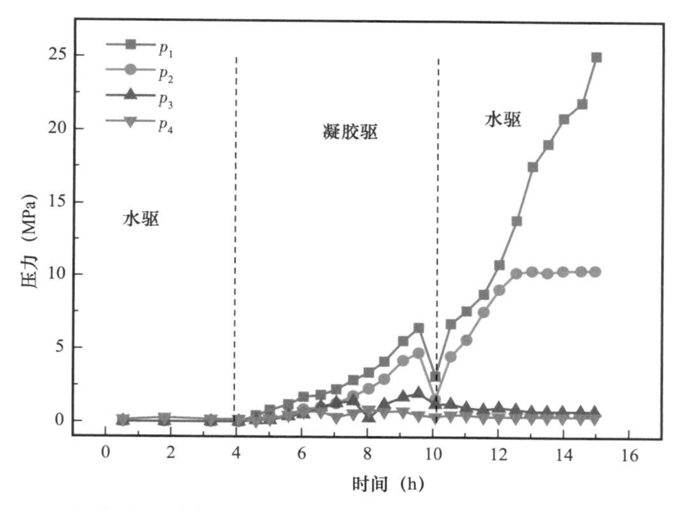

图 3-17　5000mg/L 聚合物凝胶体系调驱过程岩心的压力变化曲线（岩心渗透率为 3000mD）

图 3-18 为不同浓度聚合物凝胶体系在渗透率为 3000mD 的岩心中的阻力系数与残余阻力系数。与图 3-14 类似，当聚合物的浓度为 2000mg/L 和 3000mg/L 时，岩心各小段的阻力系数相差不大，说明其在该渗透率条件下具有较好的传播性。各小段都能保持较高的残余阻力系数，成胶后的凝胶能够运移到岩心后端，封堵孔隙通道能力好。当聚合物的浓度为 5000mg/L 时，岩心各段阻力系数明显增大，且前端阻力系数略为后端阻力系数的两倍，说明低渗透率下聚合物凝胶溶液注入性较差，在前端滞留；从残余阻力系数看，第一段和第二段残余阻力系数远高于第三段和第四段残余阻力系数，特别是后端阻力系数不及聚合物浓度为 2000mg/L 和 3000mg/L 的体系，说明凝胶无法运移到岩心后端进行封堵。

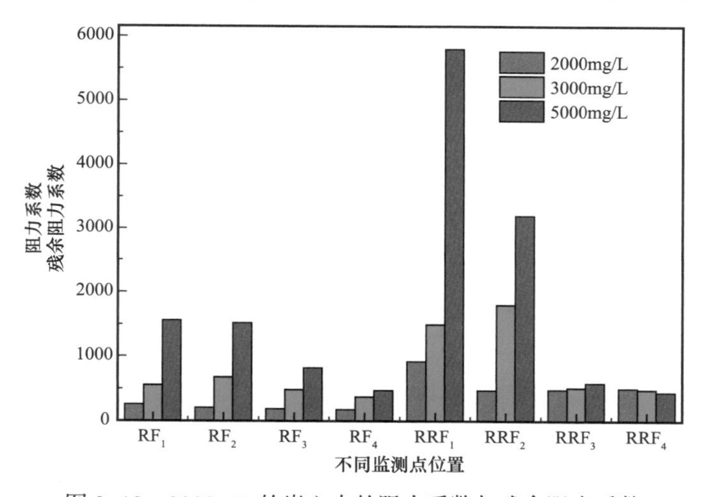

图 3-18　3000mD 的岩心中的阻力系数与残余阻力系数

通过比较岩心渗透率为 3000mD 时不同浓度聚合物铬凝胶体系调驱过程中岩心的压力变化曲线可以发现，2000mg/L 和 3000mg/L 的聚合物凝胶体系在岩心中具有较好的注入性和流动性；5000mg/L 的聚合物凝胶体系成胶后在岩心中流动性差。

3. 渗透率为 5000mD 的岩心封堵试验

考察了渗透率为 5000mD 时，不同强度凝胶的注入性及凝胶流动性，填砂管数据见表 3-3。

表 3-3 填砂管基本情况

岩心编号	孔隙体积（mL）	渗透率（mD）	注入配方
7	364.1	4620	2000mg/L HJ2500 聚合物 +1500mg/L 交联剂 Q+50mg/L 交联剂 F+20mg/L 促凝剂
8	343.4	5250	3000mg/L HJ2500 聚合物 +1500mg/L 交联剂 Q+50mg/L 交联剂 F+20mg/L 促凝剂
9	353.5	4840	5000mg/L HJ2500 聚合物 +1500mg/L 交联剂 Q+50mg/L 交联剂 F+20mg/L 促凝剂

图 3-19 为 2000mg/L 聚合物凝胶体系调驱过程中岩心的压力变化曲线。在注凝胶溶液过程中，p_1、p_2、p_3、p_4 压力逐渐增加，成胶后的后续水驱过程，各压力点呈波浪式变化，最后趋于平稳，且各点压力值相差不大，说明凝胶在填砂管中呈整体运移的趋势，随着水驱的持续进行，凝胶会被驱替出填砂管，难以达到封堵的效果。

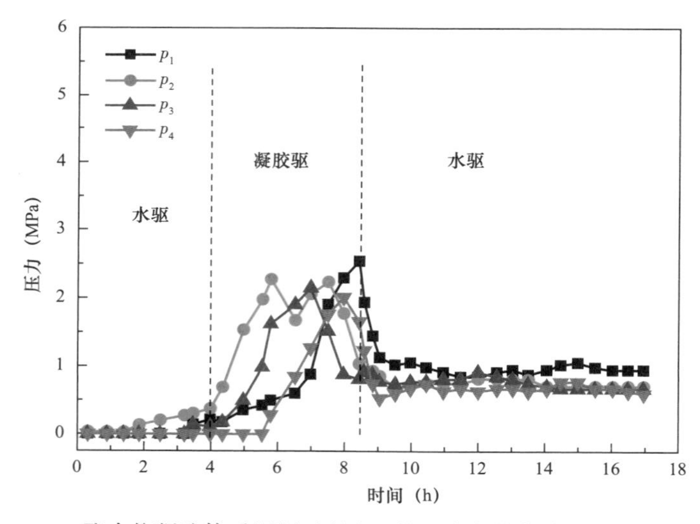

图 3-19 2000mg/L 聚合物凝胶体系调驱过程岩心的压力变化曲线（岩心渗透率为 5000mD）

图 3-20 为 3000mg/L 聚合物凝胶体系调驱过程中岩心的压力变化曲线。从图 3-20 中可以看出凝胶溶液注入过程中，后端压力点能够启动，并持续上升，候凝 5d 后水驱时，p_1 的注入压力上升较快，说明凝胶具有较好的封堵效果，后端各测压点的压力依次上升，说明前端凝胶被剪切成破碎的小颗粒，并不断推进，形成二次封堵。

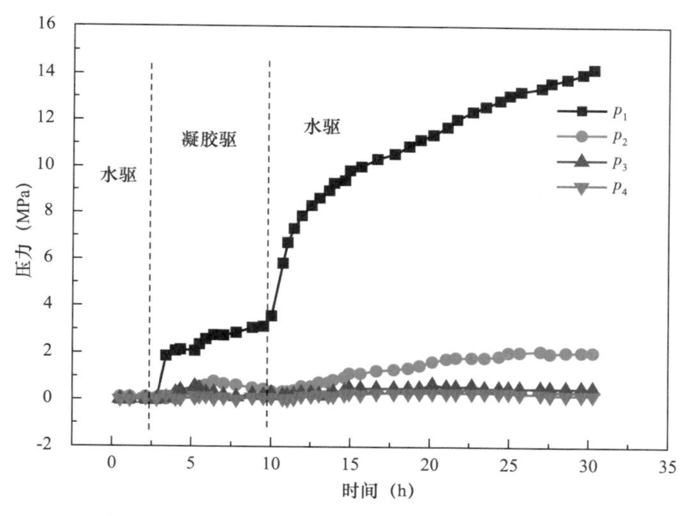

图 3-20　3000mg/L 聚合物凝胶体系调驱过程岩心的压力变化曲线（岩心渗透率为 5000mD）

图 3-21 为 5000mg/L 聚合物凝胶体系调驱过程中岩心的压力变化曲线。注凝胶溶液阶段，各点压力依次上升，说明凝胶溶液具有良好的注入性和传播性；成胶后水驱阶段，p_1 压力先下降后上升，而 p_2、p_3、p_4 压力变化不大，说明成胶后的凝胶体系流动性差。

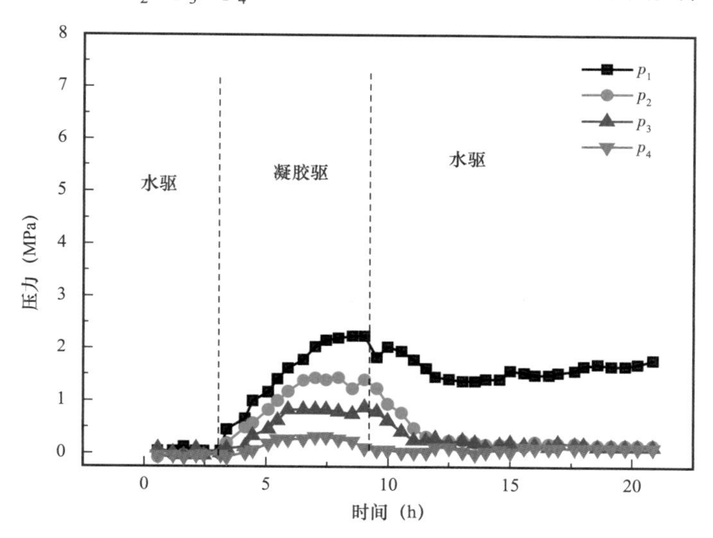

图 3-21　5000mg/L 聚合物凝胶体系调驱过程岩心的压力变化曲线（岩心渗透率为 5000mD）

图 3-22 为不同浓度聚合物凝胶体系在渗透率为 5000mD 的岩心中的阻力系数与残余阻力系数。当聚合物的浓度为 2000mg/L 和 3000mg/L 时，RF_1～RF_4 降低幅度较大，可能的原因是在高渗透率条件下，聚合物凝胶溶液在前端吸附量较大，而在后端流动阻力小引起的；从残余阻力系数来看，低浓度的聚合物凝胶体系各段残余阻力系数相对接近，而高浓度的聚合物凝胶体系各段残余阻力系数相差较大。

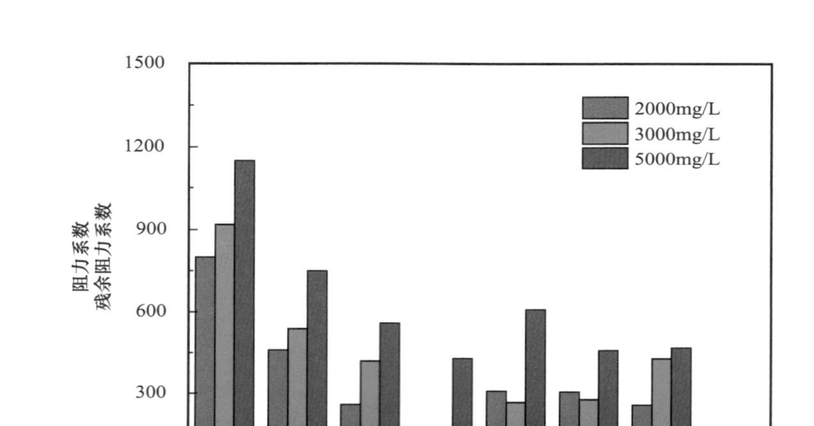

图 3-22　5000mD 的岩心中的阻力系数与残余阻力系数

通过比较渗透率为 5000mD 时不同浓度聚合物凝胶体系调驱过程中岩心的压力变化曲线可以发现，2000mg/L 的聚合物凝胶体系在岩心中具有较好的注入性和流动性，但成胶强度无法形成有效封堵；3000mg/L 的聚合物凝胶体系在岩心中具有较好的注入性和流动性，并能形成有效封堵；5000mg/L 聚合物凝胶体系成胶后在岩心中流动性差。

4. 渗透率为 7000mD 的岩心封堵试验

考察了渗透率为 7000mD 时，不同强度凝胶的注入性及凝胶流动性，填砂管数据见表 3-4。

表 3-4　填砂管基本情况

岩心编号	孔隙体积（mL）	渗透率（mD）	注入配方
10	342.2	7000	2000mg/L HJ2500 聚合物 +1500mg/L 交联剂 Q+50mg/L 交联剂 F+20mg/L 促凝剂
11	362.1	7140	3000mg/L HJ2500 聚合物 +1500mg/L 交联剂 Q+50mg/L 交联剂 F+20mg/L 促凝剂
12	358.8	6620	5000mg/L HJ2500 聚合物 +1500mg/L 交联剂 Q+50mg/L 交联剂 F+20mg/L 促凝剂

图 3-23 为 2000mg/L 聚合物凝胶体系调驱过程中岩心的压力变化曲线。随着聚合物体系的注入，各测压点的压力不断上升，说明 2000mg/L 交联聚合物在上述岩心中具有良好的注入性；候凝 5d 后水驱时，p_1 的注入压力上升较快，p_2、p_3、p_4 压力呈下降趋势，最后趋于平稳。说明该渗透率条件下 2000mg/L 交联聚合物成胶后对岩心整体封堵效果较差，水传递到岩心后端后 p_2、p_3、p_4 压力依次下降，凝胶被水驱替出填砂管。

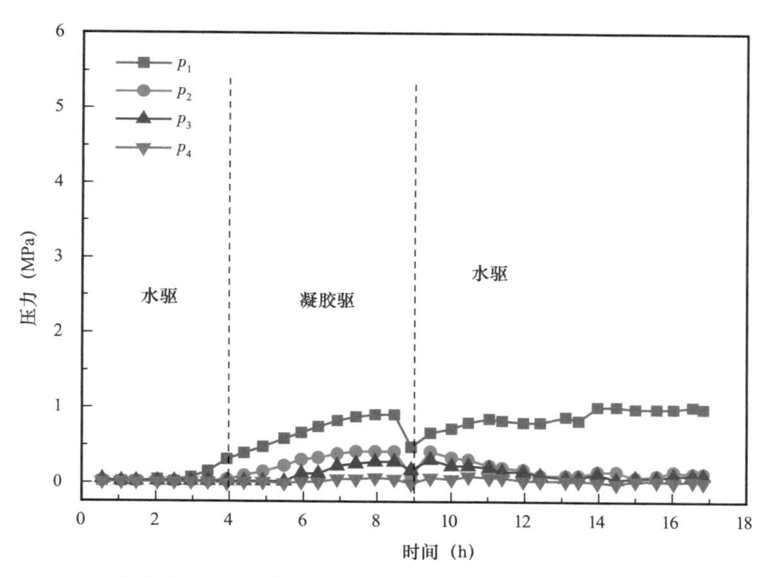

图 3-23　2000mg/L 聚合物凝胶体系调驱过程岩心的压力变化曲线（岩心渗透率为 7000mD）

图 3-24 为 3000mg/L 聚合物凝胶体系调驱过程中岩心的压力变化曲线。压力变化曲线与 2000mg/L 聚合物铬凝胶体系类似，3000mg/L 聚合物凝胶体系成胶后对岩心整体封堵效果较差。

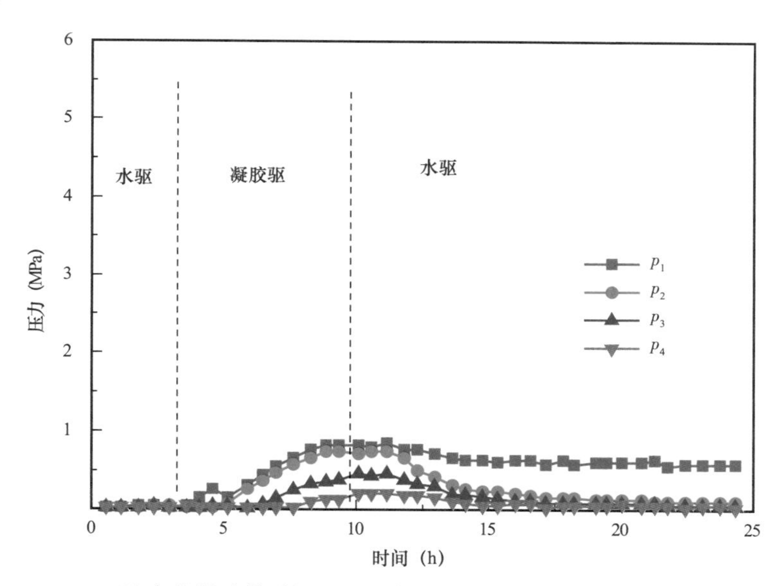

图 3-24　3000mg/L 聚合物凝胶体系调驱过程岩心的压力变化曲线（岩心渗透率为 7000mD）

图 3-25 为 5000mg/L 聚合物凝胶体系调驱过程中岩心的压力变化曲线。在凝胶成胶后的后续水驱过程中，p_1 压力值持续增加，p_2 压力值也能保持，说明是聚合物凝胶体系在岩心前端吸附量较大，成胶强度较高，但 p_3、p_4 压力无法启动，说明前端凝胶被剪切破碎后到后端无法形成有效封堵。

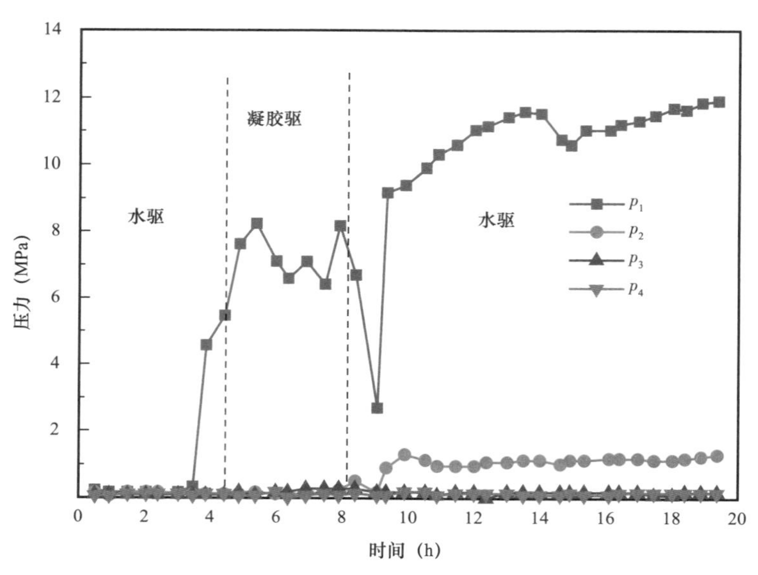

图 3-25　5000mg/L 聚合物凝胶体系调驱过程岩心的压力变化曲线（岩心渗透率为 7000mD）

图 3-26 为不同浓度聚合物凝胶体系在渗透率为 7000mD 的岩心中的阻力系数与残余阻力系数。当聚合物的浓度为 2000mg/L 和 3000mg/L 时，岩心各小段的阻力系数相差不大，说明其在该渗透率条件下具有较好的传播性。当聚合物的浓度为 5000mg/L 时，第一段阻力系数远高于后端阻力系数，说明 5000mg/L 的聚合物凝胶体系注入性相对较差。从残余阻力系数看，在渗透率为 7000mD 的岩心中，后端的残余阻力系数均较小，说明上述三种浓度的聚合物凝胶体系对岩心的封堵效果均较差。

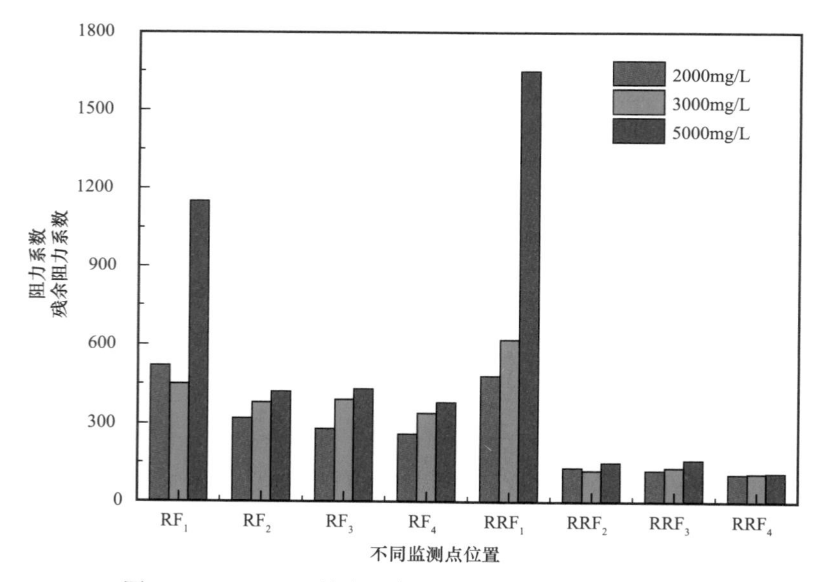

图 3-26　7000mD 的岩心中的阻力系数与残余阻力系数

通过比较渗透率为7000mD时不同浓度聚合物凝胶体系调驱过程中岩心的压力变化曲线可以发现，三种浓度的聚合物凝胶体系在岩心中均具有较好的注入性和流动性，但成胶强度无法形成有效封堵。

整体而言，岩心渗透率对聚合物凝胶体系的注入性、传播性及成胶后的流动性具有重要影响。岩心渗透率越低，凝胶溶液体系的注入压力上升越快，注入难度增加。对于高浓度聚合物体系，由于初始黏度大，其注入性变差。在相同的凝胶配方下，渗透率越高，成胶后凝胶的流动性越好。

综上所述，对于渗透率在1000mD左右的岩心，最佳配方为2000mg/L聚合物+1500mg/L交联剂Q+50mg/L交联剂F+20mg/L促凝剂。对于渗透率在3000mD左右的岩心，2000mg/L和3000mg/L浓度的聚合物凝胶体系在岩心中的注入性、流动性及封堵性能与渗透率为1000mD的岩心类似。从阻力系数和残余阻力系数看，均能起到较好的整体改善流度比和深部封堵的效果。基于水平方向波及半径因素的考虑，同样也选择2000mg/L聚合物+1500mg/L交联剂Q+50mg/L交联剂F+20mg/L促凝剂为最佳配方。对于渗透率在5000mD左右的岩心，2000mg/L浓度的聚合物凝胶体系在填砂管中成胶后强度不够，随着水驱的持续进行，凝胶会被驱替出填砂管，难以达到后端封堵的效果。5000mg/L浓度的聚合物凝胶体系成胶后的流动性相对差。从残余阻力系数看，3000mg/L和5000mg/L的交联聚合物体系在岩心各段残余阻力系数相对接近，能够在岩心后端取得较好的封堵效果。因此对5000mD左右的岩心可以选择3000mg/L聚合物+1500mg/L交联剂Q+50mg/L交联剂F+20mg/L促凝剂配方。对于渗透率在7000mD左右的岩心，三种强度的配方均难以形成有效封堵，而进一步增加聚合物浓度势必会导致注入压力增加，凝胶在近井地带形成强封堵，使得后续注水困难。因此当岩心渗透率达到7000mD时，聚合物交联剂体系不适宜用于调驱。因此，该凝胶适应的渗透率范围为1000~5000mD。进一步的实验结果表明，酚醛凝胶适应的渗透率范围为750~3500mD。

第四节　体膨颗粒深部调驱技术

一、性能评价实验

（一）吸水膨胀实验

用六中东油田清水配制，在相同温度（25℃）条件下，缓膨颗粒膨胀速度要明显慢于常规体膨颗粒。结果如图3-27所示，在油藏温度和水质条件下，缓膨颗粒吸水缓膨时间10～30d，膨胀倍数4～10倍，可实现深部放置。

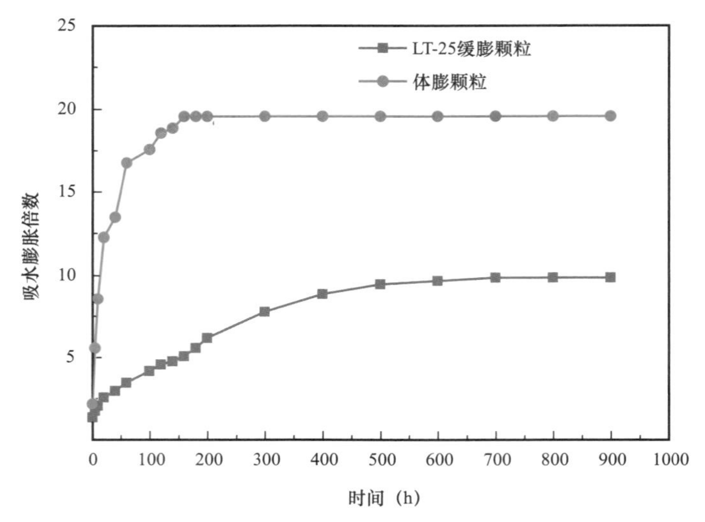

图 3–27　缓膨颗粒和常规体膨颗粒膨胀实验对比

（二）矿化度的影响

图 3–28 是采用新疆清水、7842# 注入水、7801# 注入水、采出液进行的缓膨颗粒膨胀倍数的实验，实验温度为 25℃。从图 3–28 中可以看出，缓膨颗粒在四种配制水中吸水、体膨性能良好。30d 后在清水中膨胀倍数最大，采出液中膨胀倍数最小。LT–25 缓膨颗粒膨胀倍数较大。从取的目的区块注入水分析结果得出：总阳离子度为 2342.23mg/L，其中钠离子含量 2209mg/L，钙、镁二价阳离子含量较低，为 83.7mg/L，在此矿化度条件下，缓膨颗粒的膨胀速度与倍数所受影响不大，可以满足油田的使用需要。

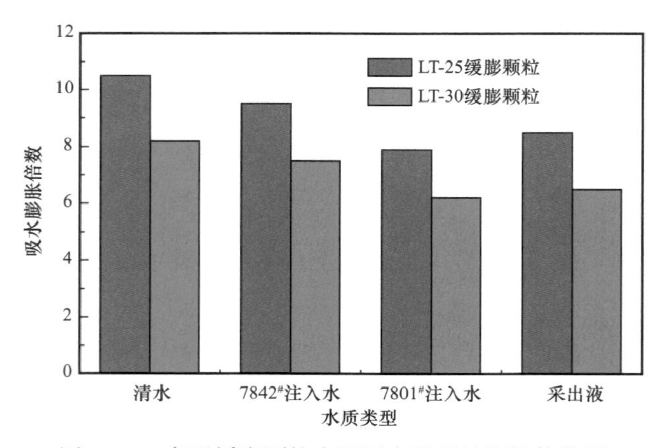

图 3–28　高强缓膨颗粒在不同水质下的膨胀倍数图

（三）吸水体膨后强度评价

图 3–29 是缓膨颗粒与体膨颗粒及柔性颗粒强度对比。缓膨颗粒吸水膨胀后强度 G' 在 10000～20000Pa，是常规体膨颗粒的 10～20 倍。交联度越高缓膨颗粒吸水膨胀后的强度越高。

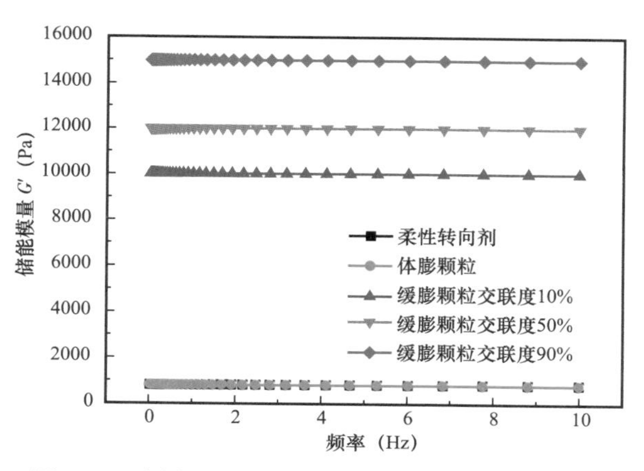

图 3–29　缓膨颗粒与体膨颗粒及柔性颗粒强度对比

（四）弹性形变特性评价

吸水的高强弹性缓膨材料能保持较高的强度，同时具有一定的弹性形变性能。图 3–30 是实验所用的变径孔管模型，选用的缓膨颗粒粒孔径比 $D:\phi\approx3:1$。从图 3–31 可以看出缓膨颗粒挤压变形进入孔喉，形变拉伸，通过孔喉后形变恢复，因此缓膨颗粒吸水体膨后具有很好的弹性形变性能。

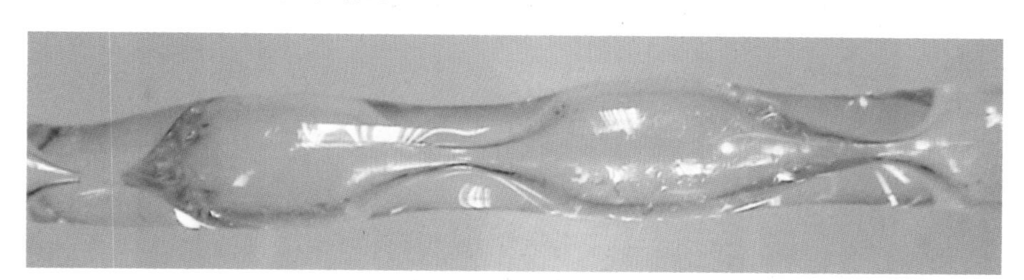

图 3–30　变径孔管模型

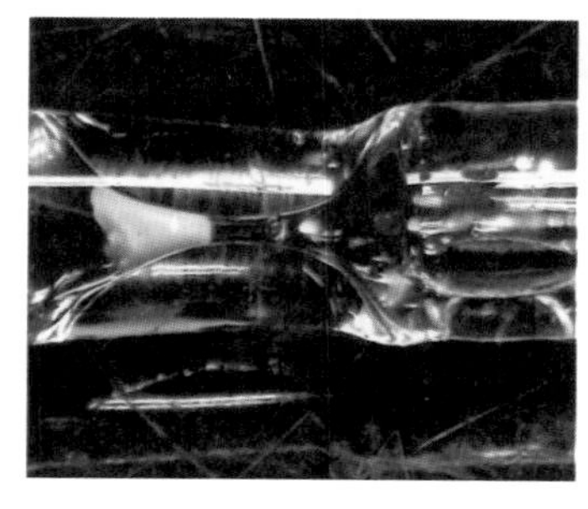

（a）通过前

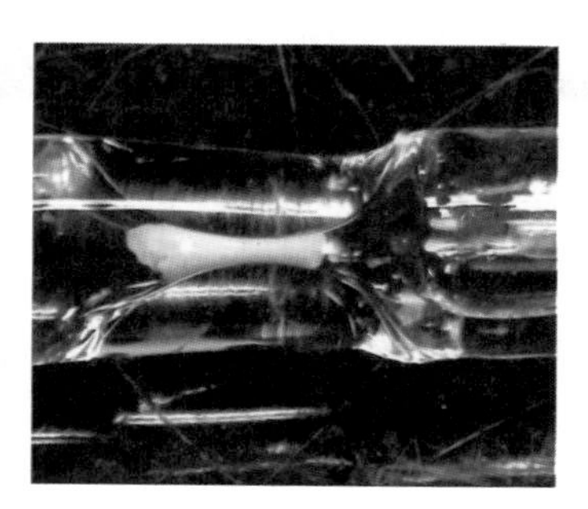

（b）通过中

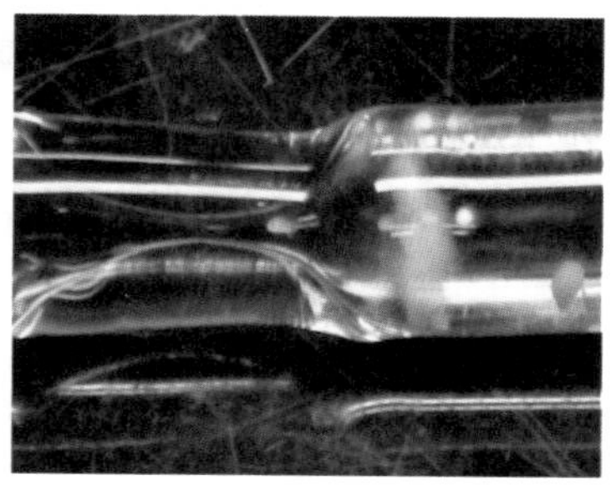

（c）通过后

图 3–31　缓膨颗粒在变径孔管模型中的形变通过行为

（五）长期稳定性评价

在六中东油藏温度及水质条件下，稳定性考察 90d，未发现破胶、相分离及材料失水现象。前期实验做过 2 年时间的考察，缓膨颗粒 LT–25 的稳定性很好（图 3–32）。

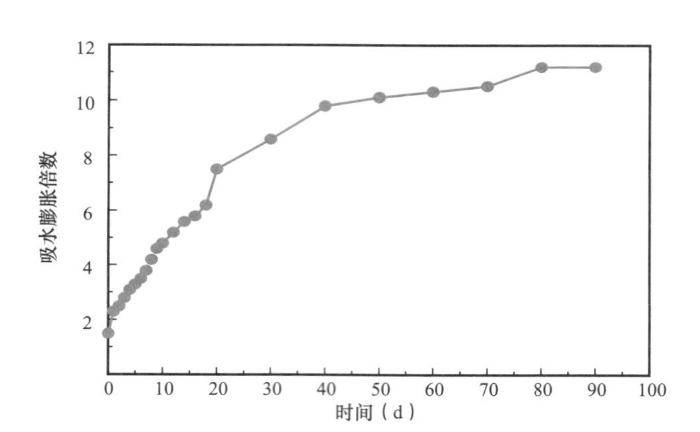

图 3–32　缓膨颗粒 LT–25 的长期热稳定性

（六）封堵性能评价

封堵性能的评价使用三测压点物理实验模型，如图 3–33 所示。

实验温度 24℃，使用 0.12% 聚合物液携带 80～100 目缓膨颗粒。岩心水测渗透率为 8.85D，注入 3000mg/L 缓膨颗粒、1.5PV。从图 3–33 可以看出，缓膨颗粒进入填砂模型深部吸水体膨后具备较好的缓膨封堵能力[61]。

图 3–33　三测压点物理实验模型

（七）缓膨颗粒与弱凝胶复合封堵性能评价

从表 3–5 可以看出，缓膨颗粒能与弱凝胶很好配伍，岩心封堵能力比单独使用显著增强。其中缓膨颗粒浓度为 5000mg/L，弱凝胶聚合物浓度为 2000mg/L。

表 3–5　缓膨颗粒与弱凝胶复合封堵性能的评价

岩心编号	水相渗透率（mD）	段塞组成	残余阻力系数（F_{rr}）	备注
1–1	5463	弱凝胶	68	水湿岩心
1–2	5579	缓膨颗粒	99	
1–3	5626	缓膨颗粒 + 弱凝胶	121	

二、高强缓膨颗粒技术参数与配方的确定

（一）缓膨时间的确定

六中东试验井组示踪剂解释结果表明（图 3-34 和图 3-35），水驱推进速度为 18m/d。试验区油水井距约 125m，推算见水时间为 7d。考虑到凝胶携带缓膨颗粒在地层中推进速度比水驱慢，设计缓膨时间为 10～30d。

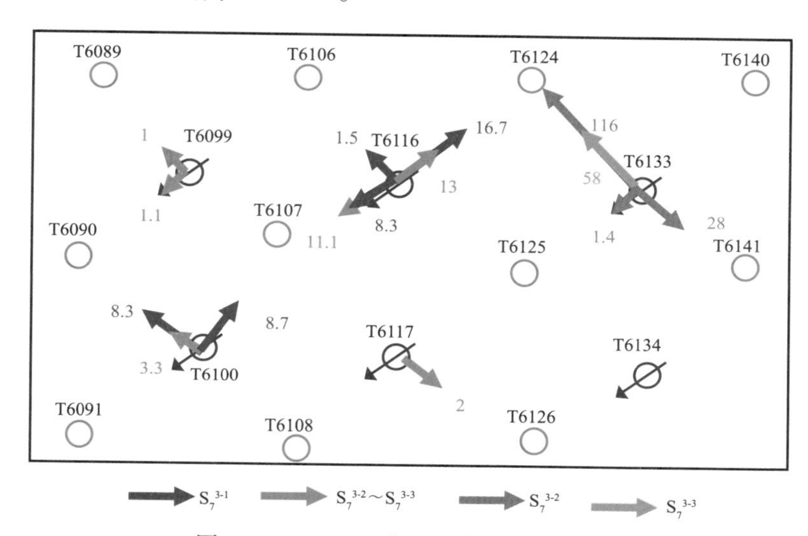

图 3-34　ES7010 井组示踪剂推进速度图

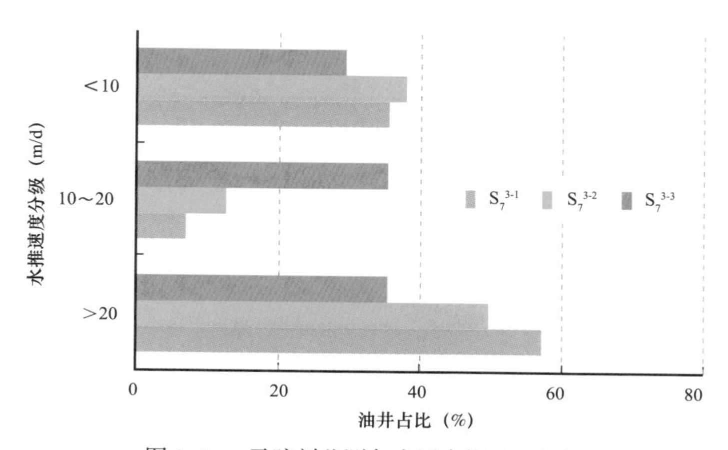

图 3-35　示踪剂监测各小层水推速度分级

（二）缓膨颗粒粒径的确定

静态数据计算调驱井组高渗透段最大孔喉半径 177.3μm（表 3-6）。

模拟孔喉试验表明（图 3-36），颗粒直径与孔喉直径比大约在 3 时最佳。最大孔喉直径 354.6μm 条件下，缓膨颗粒直径范围应大于 1mm。结合六中东先导区现场应用经验，颗粒粒径设计为 1～4mm，使用浓度为 0.1%～0.5%。

表 3-6 调驱井组高渗透段最大孔喉半径（动态模拟计算）

单砂层	高渗透段最大孔喉 R_{tmax}（μm）			平均最大孔喉半径 R_{tmean}（μm）			孔喉半径均值 R_m（μm）		
	最大值	最小值	平均值	最大值	最小值	平均值	最大值	最小值	平均值
S_6^3	108.10	3.08	30.84	108.10	1.83	26.34	6.66	0.32	1.94
S_7^1	151.80	2.57	34.76	151.80	1.08	22.21	8.88	0.25	1.75
S_7^{2-1}	125.00	2.13	28.15	125.00	1.02	21.53	7.58	0.23	1.72
S_7^{2-2}	173.90	3.63	24.35	173.90	1.01	17.11	9.92	0.25	1.45
S_7^{2-3}	195.40	1.25	27.65	195.40	1.01	17.65	10.90	0.23	1.49
S_7^{3-1}	104.70	2.10	25.86	104.70	1.02	13.79	6.57	0.24	1.24
S_7^{3-2}	104.90	1.21	16.74	104.90	1.01	11.17	6.58	0.23	1.04
S_7^{3-3}	177.30	1.38	18.85	177.30	1.01	10.66	10.07	0.23	1.00
S_7^4	51.91	1.72	13.35	51.92	1.01	7.29	3.29	0.23	0.77

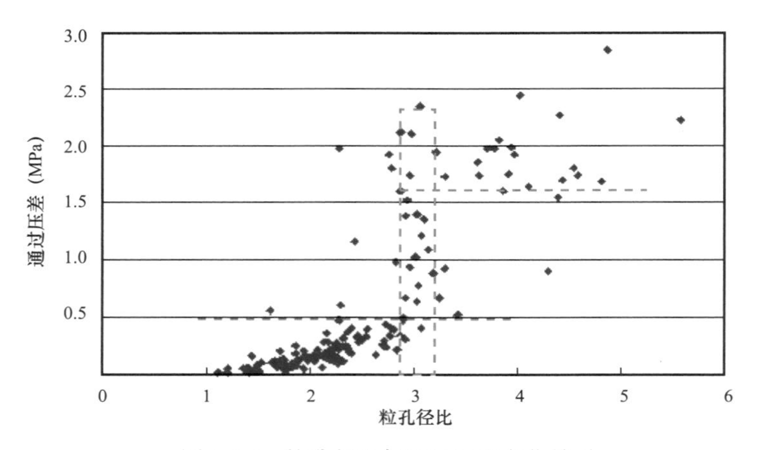

图 3-36 粒孔径比与通过压差变化关系

（三）配方的确定

在保证缓膨效果的同时，应避免最终膨胀时间过长导致封堵能力差而过早产出。针对试验区 25°C 的油藏温度及油藏孔喉特征，确定缓膨颗粒参数如下：（1）缓膨时间 10～30d；（2）缓膨颗粒直径 1～4mm；（3）最终体积膨胀倍数 8～10 倍；（4）段塞组合方式一、方式二前置与保护段塞使用浓度 3000～5000mg/L（段塞组合方式二、方式三主体段塞若需要，使用浓度 1000～2000mg/L）。

第五节 微球深部调驱技术

SMG（Soft MicroGel）聚合物凝胶微球是近年来开发的新型调驱体系，可以在储层孔喉处发生聚集、封堵、变形、突破、运移，在更高压力下实现再次突破运移，在下一个孔喉再次聚集、封堵、实现逐级封堵孔喉、逐级深部调驱的双重目标。

一、基本物理化学性能评价

（一）SMG 大小和形态特征

电镜照片主要用于观察颗粒的形貌，该图像由计算机进行边缘识别等处理，计算出每个颗粒的投影面积，根据等效投影面积原理得出每个颗粒的粒径，再统计出所设定的粒径区间的颗粒的数量，就可以得到粒度分布，该方法适用于单分散体系粒径大小的测量。对于三种类型 SMG 去油分离可分离出固形物即干粉颗粒，三种干粉颗粒的典型电镜照片如图 3–37 所示，由所找出的一系列的电镜照片可以统计出 SMG 平均溶胀前（初始）直径为 30nm～112μm，后面的测量结果表明 SMG 的溶胀倍数为 8～10，根据溶胀后的大小，可把 SMG 划分为三个级别：纳米级、微米级和亚毫米级，其中纳米级 SMG 初始直径为 30～100nm，微米级 SMG 初始直径为 1～10μm，亚微米级初始直径为 10～112μm。

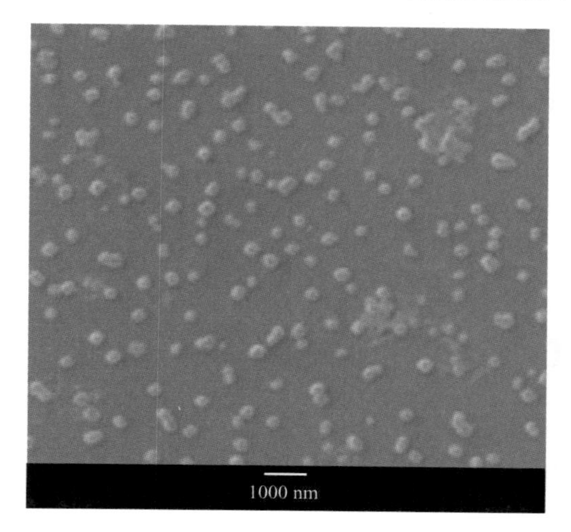

（a）纳米级SMG微观形貌

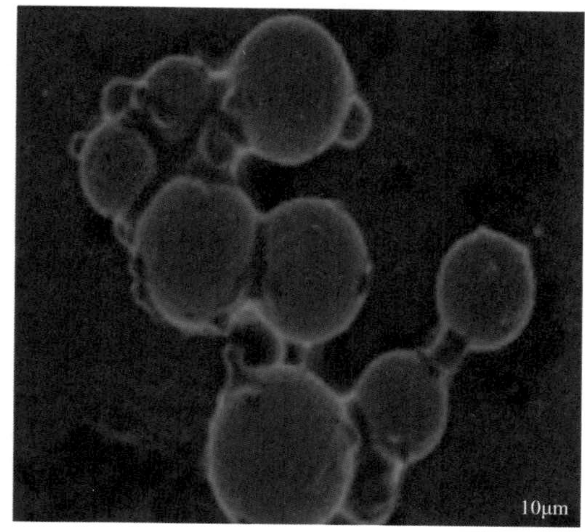

（b）微米级SMG微观形貌

图 3–37 SMG 电镜照片

（二）SMG 水化溶胀特征

1. 纳米级 SMG 体系膨胀倍数测量

将采用动态光散射（Dynamic Light Scattering，DLS）原理所测的纳米级 SMG 微凝胶颗粒的溶胀粒径列于表 3–7，粒径增大值由溶胀 15d 粒径与乳液中未溶胀粒径之差所得。

表 3-7　SMG 柔性分散体系溶胀性能

分散体系中 SMG 类别	初始粒径 d_0（nm）	溶胀 15d 粒径 d_{max}（nm）	粒径增大值（nm）	溶胀倍数 $B=(d_{max}-d_0)/d_0$
纳米级	30	346.8	316.8	10.6

注：SMG 浓度为 100mg/L，NaCl 浓度为 2000mg/L，溶胀温度 60℃。

由表 3-7 可知 SMG 溶胀 15d 后溶胀倍数可以达到 10.6。

2. 亚毫米级 SMG 体系膨胀倍数测量

采用光学显微镜拍得的亚毫米级 SMG 溶胀前及溶胀后的形态及大小如图 3-38 所示。SMG 在水中溶胀后粒径明显变大，而且随溶胀时间的增加，溶胀后的 SMG 的粒径增大。由图 3-38 中 SMG 的尺寸大小可知，SMG 溶胀 15d 后粒径为 100～400m，即溶胀后的 SMG 的粒径是溶胀前 8～10 倍。

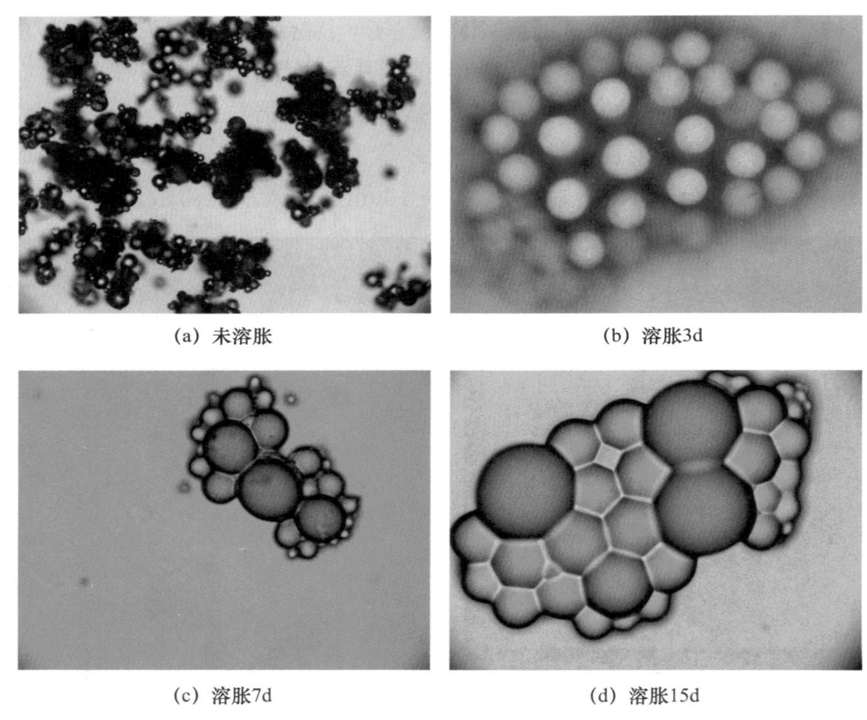

图 3-38　不同溶胀时间的 SMG 的形态及大小（60℃下溶胀）

（三）SMG 耐温耐盐能力和长期稳定性

为评价 SMG 对储层环境的适应能力，采用相衬显微镜，对油田回注污水（经过滤）配制，在恒温箱 110℃下静置不同时间后进行形态观察，考察 SMG 的耐温能力，如图 3-39 和图 3-40 所示；采用模拟钙镁离子含量为 1000mg/L 的高矿化度水配液，在恒温箱 120℃下进行长期稳定性形态观察，如图 3-41 所示。

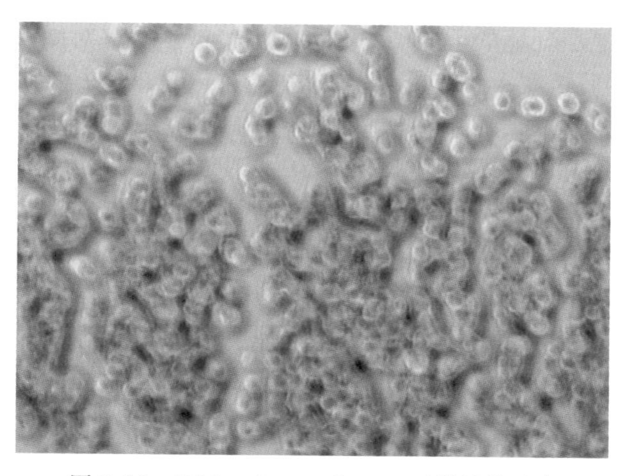

图 3-39 1500mg/L、110℃、4d 时的显微照片

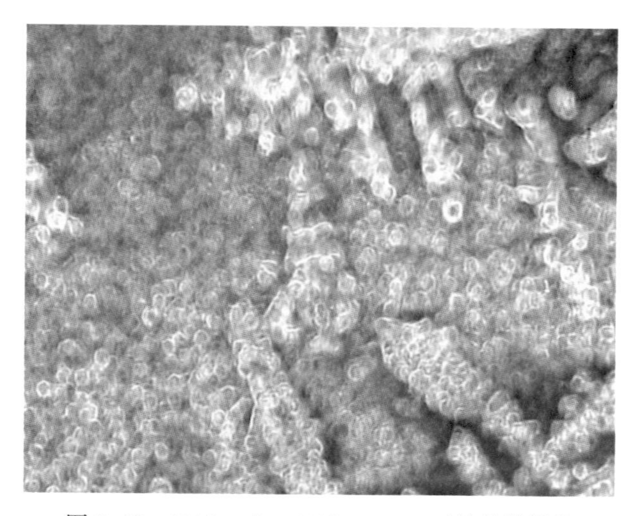

图 3-40 1500mg/L、110℃、105d 时的显微照片

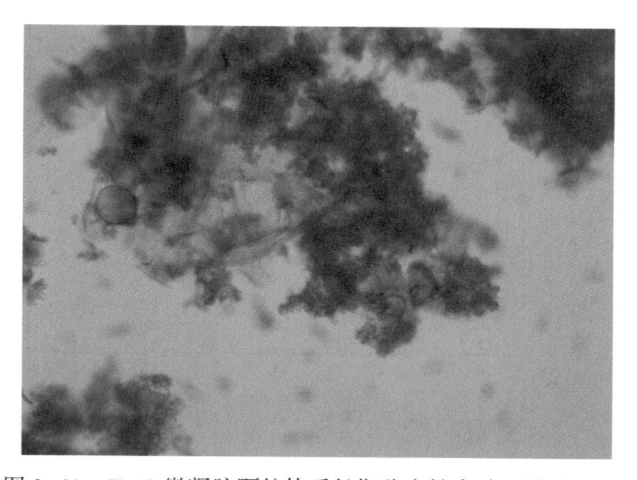

图 3-41 SMG 微凝胶颗粒体系长期稳定性实验照片（126d）

为评价 SMG 对储层环境的适应能力，采用激光散射法，对纳米级 SMG 水溶液在不同盐度下，溶胀 10d 后粒度大小进行测量，以考察 SMG 的耐盐能力。结果如图 3–42 所示，在测试温度 25℃，溶胀温度 60℃，测得质量浓度为 100mg/L 的纳米级 SMG，在不同盐浓度（2000～180000mg/L）溶液中溶胀 10d 时的平均表观流体力学直径 D_h 的大小变化曲线，可以看出盐的浓度大小对 SMG 的稳定性基本没有影响。

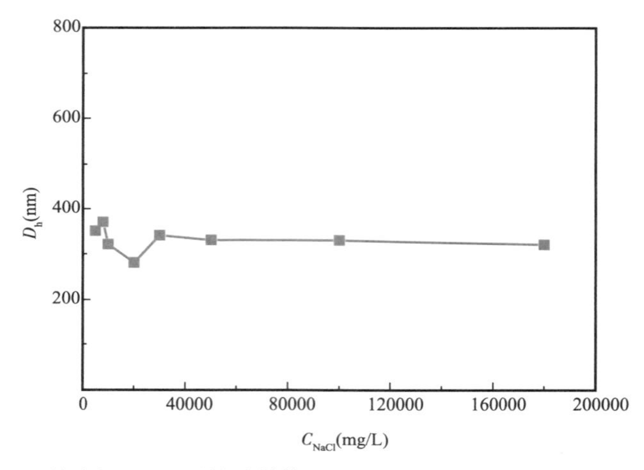

图 3–42　纳米级 SMG 柔性分散体系在不同浓度 NaCl 溶液中的尺寸大小

（四）流变性能评价

选用三种不同级别 SMG 柔性分散体系，原液和质量浓度为 3000mg/kg 共六个样本进行流变特征实验。所用仪器为德国 HAAKE 公司的高端流变仪 HAAKE–RS–600。

1.SMG 柔性分散体系流变曲线

对于六个样本，在 20℃下溶胀 1d 后测其流型，结果如图 3–43 所示，对应质量浓度为 3000mg/kg 的黏度随剪切速率变化的曲线如图 3–44 所示。

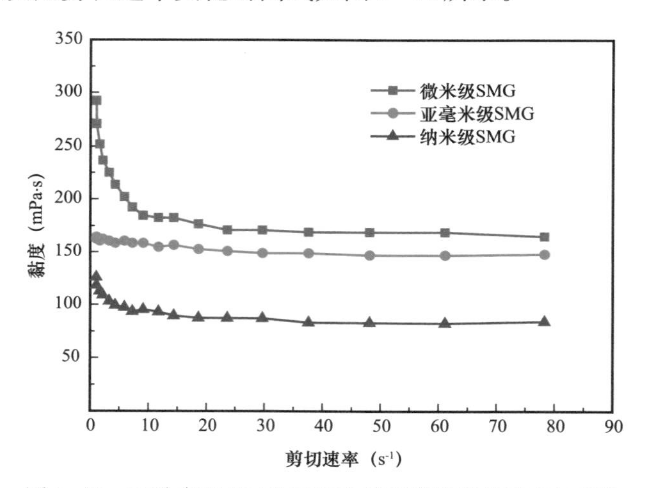

图 3–43　三种类型 SMG 原液表观黏度随剪切速率的变化

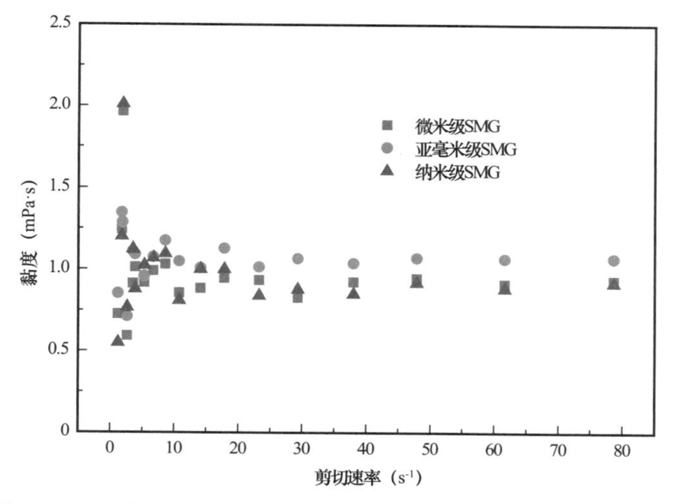

图 3-44　三种类型 SMG 柔性分散体系表观黏度随剪切速率的变化

三种 SMG 原液，在剪切速率为 1～10s^{-1} 时，表观黏度随着剪切速率的增加而减少，表现出假塑性流体的特征，其中微米级 SMG 假塑性强，其次是亚毫米级 SMG，而纳米级 SMG 表现为弱假塑性。而在剪切速率为 10～80s^{-1} 时，表观黏度基本不变，曲线接近直线，显现出一定的牛顿流体的特征。

质量浓度为 3000mg/kg 的三种类型 SMG 柔性分散体系，在剪切速率为 1～10s^{-1} 时，表观黏度出现振荡；而在剪切速率为 10～80s^{-1} 时，表观黏度基本不变，显现出一定的牛顿流体的特征。

2. SMG 柔性分散体系的时间效应

为测定 SMG 柔性分散体系是否具有依时性，在 20℃下溶胀 1d，实验采用两种测试方法测定了 SMG 柔性分散体系。一是在恒定转速为 7s^{-1} 下（一般选在 1～10s^{-1} 之间），考察体系的表观黏度随剪切时间的变化规律，实验结果如图 3-45 所示。二是测定 SMG 柔性分散体系的上下行流动曲线，实验结果如图 3-46 所示。

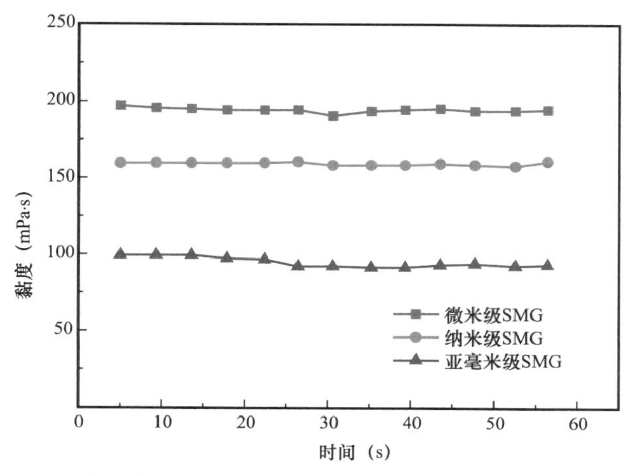

图 3-45　三种类型 SMG 原液在定剪切速率下表观黏度随时间变化（测定温度 20℃，剪切速率 7s^{-1}）

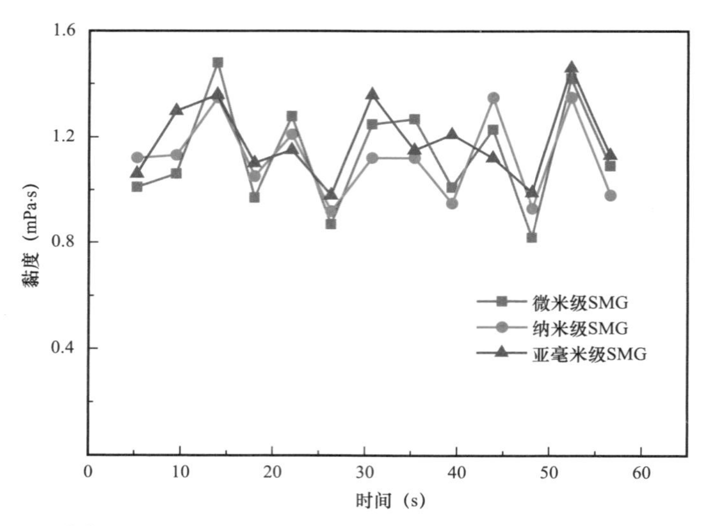

图 3–46　三种类型 SMG，浓度为 3000mg/kg，定剪切速率下表观黏度随时间变化
（测定温度 20℃，剪切速率 $7s^{-1}$）

图 3–45 结果显示，在 $7s^{-1}$ 的定剪切速率下，随剪切作用的时间增加，用时在 0～60s 范围内，亚毫米级、纳米级、微米级三种类型 SMG 原液的表观黏度基本不变，平均值分别为 95.4mPa·s，160.8mPa·s，194.5mPa·s。三种类型原液为非依时性流体。图 3–46 结果显示，三种类型 SMG 柔性分散体系（浓度为 3000mg/kg），其黏度值表现为上下波动，平均值趋于稳定，在该实验条件下，可近似为非依时性流体。微米级、纳米级、亚毫米级三种类型 SMG 原液的平均表观黏度很低，分别为 1.128mPa·s，1.136mPa·s，1.145mPa·s。

（五）SMG 与储层孔喉匹配关系

利用不同孔径的微孔滤膜，测试不同类型的 SMG 柔性分散体系通过微孔滤膜前后的浓度变化，以研究 SMG 体系与储层孔喉的匹配关系，与上述实验不同的是，为了快速评价其封堵行为，加上一定的压力。已知过滤前的浓度为 50mg/L，测量 SMG 通过不同孔径核孔膜后剩余浓度，对于微米级 SMG，具体数据详见表 3–8 和图 3–47。

从表 3–8 中看出，0.4μm 的核孔膜孔径远小于微米级 SMG 体系的粒径，导致体系虽然具有较强封堵性，但运移性差。7.0μm 核孔膜的孔径大于体系的粒径，大部分体系通过核孔膜，导致封堵性差。而 1.2μm、5.0μm 核孔膜的孔径较接近于体系粒径，能够同时满足封堵性和运移性的要求，与微米级 SMG 的匹配性较好。

表 3–8　微米级 SMG 颗粒与储层孔喉匹配关系实验数据

滤膜孔径（μm）	0.4	1.2	5.0	7.0
体系浓度（mg/L）	2.56	5.56	17.20	42.60

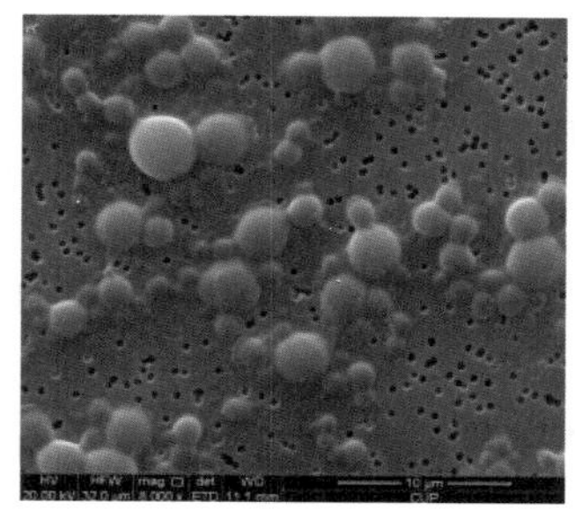
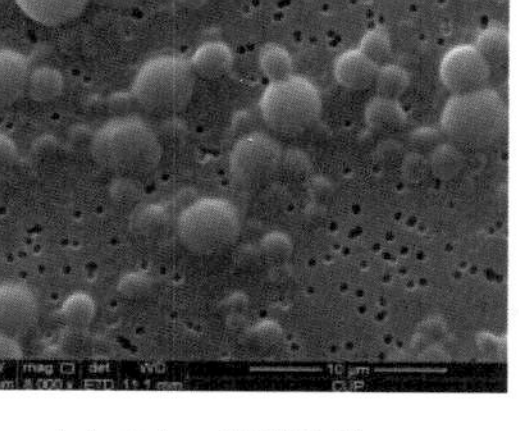

(a) 0.4μm滤膜孔径

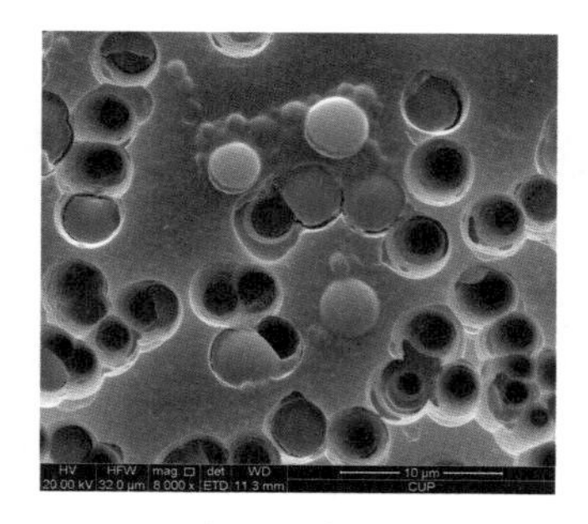

(b) 1.2μm滤膜孔径

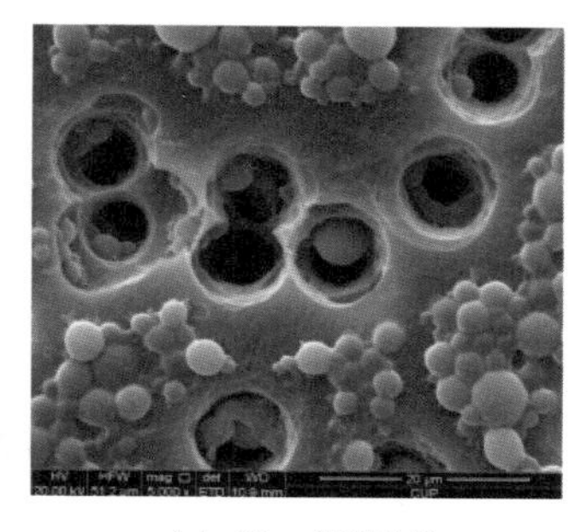

(c) 5.0μm滤膜孔径

图 3–47 微米级 SMG 颗粒与储层孔喉匹配关系镜下照片

亚毫米级 SMG 体系通过不同孔径核孔膜后剩余浓度的数据见表 3–9 和图 3–48，可以看出 0.4μm、5.0μm 的核孔膜孔径远小于亚毫米级 SMG 体系的粒径，SMG 对微孔滤膜封堵性能差，而 10μm 核孔膜的孔径较接近体系的粒径，综合体系封堵性和运移性，确定体系与 10μm 核孔膜匹配性较好。

表 3–9 亚毫米级 SMG 颗粒与储层孔喉匹配关系实验数据

滤膜孔径（μm）	0.4	5.0	10.0
体系浓度（mg/L）	2.93	2.93	5.87

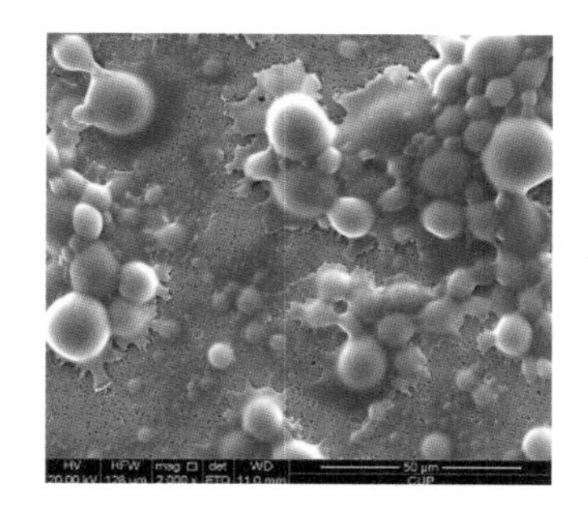

(a) 0.4μm滤膜孔径

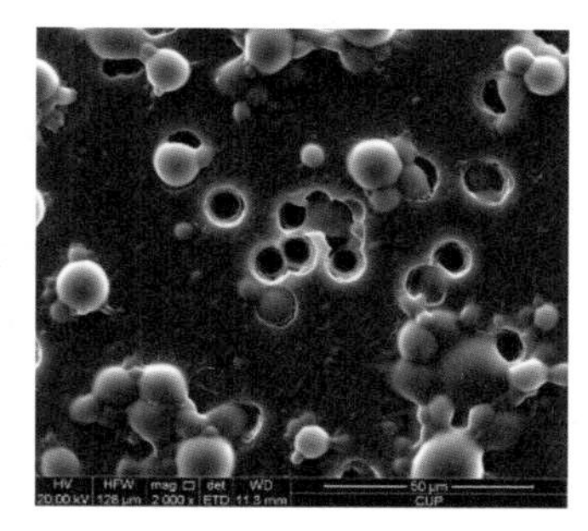

(b) 5.0μm滤膜孔径

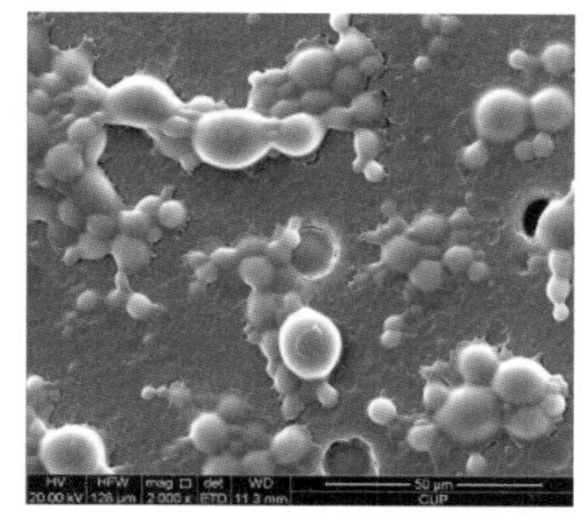

(c) 10.0μm滤膜孔径

图 3–48 亚毫米级 SMG 颗粒与储层孔喉匹配关系镜下照片

柔性分散微凝胶颗粒 SMG 体系的粒径与核孔膜的孔径存在一定的匹配关系，并不是孔径越小封堵越好，或体系粒径越大封堵越好。结果初步给出该实验条件下 SMG 体系与储层的匹配性关系，认为微米级 SMG 与孔喉直径为 1.2μm 和 5μm 的地层匹配性较好，而亚毫米级 SMG 可以与孔喉直径为 10μm 以上的地层匹配。并且，我国陆相油藏储层的平均孔隙尺寸在 7～10μm 之间，所以就储层匹配性上看，SMG 体系可以起到较好的效果 [62]。此方面研究对矿场具有一定的指导意义。

第六节　就地聚合强凝胶深部调驱技术

接枝共聚体系是一类新型的聚合物凝胶体系，其通常以天然大分子作为刚性骨架，结合功能单体作为柔性支链，再通过交联剂的交联作用形成立体交联网状大分子共聚体，具有很高的材料强度和封堵性能。室内研究了以天然大分子和功能单体作为两种主剂，加入交联剂控制反应程度以及加入成胶控制剂控制反应速率，得到高强度的交联接枝共聚物凝胶 ASG[63]，配方组分见表 3–10。

表 3–10　ASG 强凝胶调剖剂配方组分

配方组分	功能
主剂 A	天然大分子，作为刚性骨架
主剂 B	功能单体，作为柔性支链
交联剂	控制反应交联程度，从而控制体系强度
成胶控制剂	控制反应速率，从而控制成胶时间

一、ASG 强凝胶配方筛选

（一）刚性骨架的选择

前期初步选定 GJ–1、GJ–2、GJ–3 和 GJ–4 共 4 种大分子物质作为刚性骨架，考察不同浓度刚性骨架成胶性能，实验结果如图 3–49 所示。

从实验结果可以看出，刚性骨架 GJ–3 在较低浓度下即可达到较好的成胶性能，因此选择 GJ–3 作为新型强凝胶调剖剂 ASG 的刚性骨架（主剂 A）。

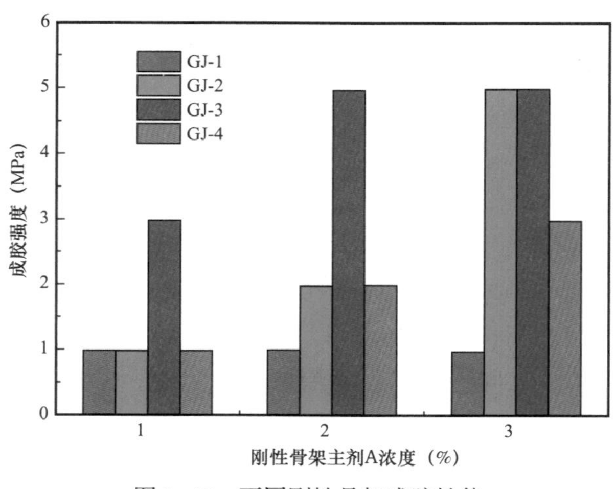

图 3–49　不同刚性骨架成胶性能

（二）交联剂的选择

交联剂的作用是将刚性骨架和柔性支链两种主剂交联成空间网络状结构，提高体系强度。选出适合该反应的两种交联剂进一步考察对体系成胶的影响，实验结果如图 3–50 所示。从实验结果可以看出，交联剂 JL–1 交联效果明显好于 JL–2，因此选择 JL–1 作为新型强凝胶调剖剂 ASG 的交联剂。

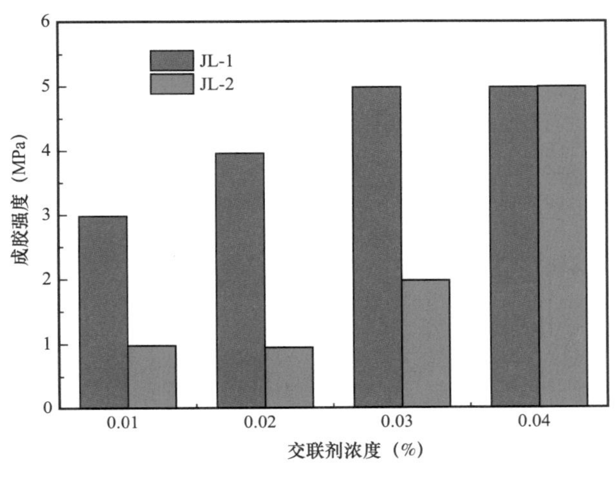

图 3–50　不同交联剂成胶性能

（三）成胶控制剂的选择

成胶控制剂的作用是控制反应速率，从而控制调剖剂体系成胶时间。考察两种常用成胶控制剂对体系成胶的影响，实验结果如图 3–51 所示。从实验结果可以看出，成胶控制剂 KZ–2 能够有效延长成胶时间，因此选择 KZ–2 作为新型强凝胶调剖剂 ASG 的成胶控制剂。

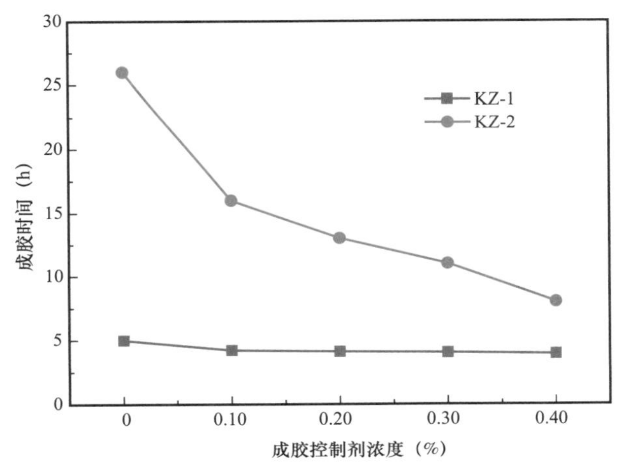

图 3–51　不同成胶控制剂成胶性能

二、ASG 配方优化研究

（一）主剂 A 含量的优化

本配方体系中，主剂 A 作为唯一的大分子物质对体系黏度起决定性作用，大分子浓度过高可能导致体系黏度过高从而影响注入性能，因此有必要考察体系中天然大分子浓度对黏度的影响情况。实验测量了 30℃下不同浓度主剂 A 溶液的黏度，结果如图 3-52 所示。可以看出，随着主剂 A 含量的增加，体系黏度也不断上升。

为了更详细地反映调堵剂原液的注入性能，用激光粒度仪测量了不同主剂 A 含量原液的粒径分布（图 3-53），结果表明主剂 A 含量 0.5%～3% 水溶液中粒径分布主要集中在几百个纳米的数量级。

综合考虑，认为主剂 A 在体系中的质量分数不应超过 2%。

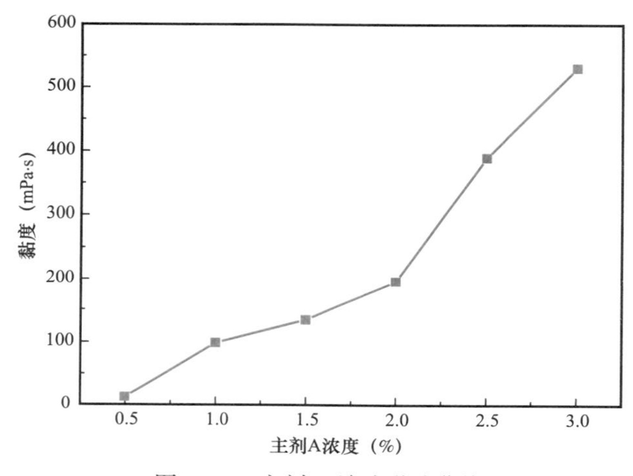

图 3-52　主剂 A 溶液黏浓曲线

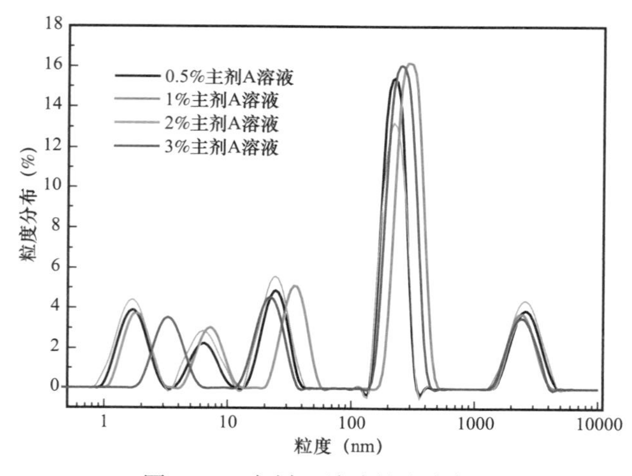

图 3-53　主剂 A 溶液粒度分布图

（二）主剂配比的优化

作为主剂的两种组分 A 与 B 接枝聚合后，以大分子 A 为刚性骨架，结合功能单体 B 的柔性支链，构成了大分子的链网状结构，从而可以形成具有较高弹性的聚合物材料。二者的配比不仅影响堵剂的性能和成胶时间，也影响堵剂的成本。

实验在确定主剂 A 质量分数为 2% 的基础上，继续考察 A、B 两种主剂不同配比对成胶效果的影响情况。两种主剂的配比（B:A）选值范围为 0.5～3.5，温度为 30℃，考察体系成胶性能，实验结果如图 3-54 所示。

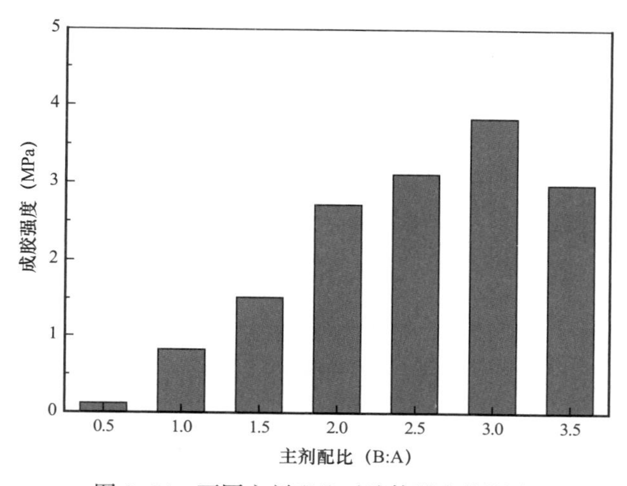

图 3-54　不同主剂配比对胶体强度的影响

当主剂配比为 0.5 时，体系不成胶；当主剂配比为 1.0 和 1.5 时，体系部分成胶，但仍残留有较多液体；当主剂配比在 2.0 以上时，体系能够完全成胶，且成胶时间基本在 7～8h。

主剂 B 含量过少时，其与主剂 A 大分子之间交联有限，不能形成大范围的交联网状结构，因此表现为不成胶；而随着主剂 B 含量增加，功能单体与大分子骨架交联增多，形成柔性支链，使得所成凝胶柔韧性增强，表现为强度增加。而主剂 B 含量过多则会导致大分子与功能单体分子之间充分交联后，多余的功能单体分子之间发生交联，由于功能单体单独聚合刚性差，使得形成的凝胶强度降低。综合考虑成本和成胶性能等因素，确定主剂配比为 2.5，即主剂 A 质量分数 2% 和主剂 B 质量分数 5%。

（三）含量的优化

固定主剂 A 含量 2%，主剂 B 含量 5%，成胶控制剂含量 0.6%，改变体系中交联剂含量，实验温度为 30℃，考察交联剂浓度对体系成胶性能的影响，实验结果如图 3-55 所示。

可以看出，当交联剂浓度超过 0.006% 时随着交联剂浓度增大，体系成胶时间均在 8～9h，并没有显著的变化，表明交联剂浓度的高低对成胶时间影响不大；而随着交联剂浓度增大，体系强度却呈现出先增大后减小的变化规律，在交联剂含量为 0.01% 时体系强度达到最大值 6.23MPa。

当交联剂在较低浓度范围内（0.003%～0.01%）时，随着交联剂用量的增加，各分子间交联增多，逐渐形成以主剂 A 大分子为骨架的巨大网状结构，宏观上表现为胶体强度逐渐增大；而当交联剂浓度继续增大时（0.01%～0.1%），整个体系交联比例过高，导致胶体弹性大幅度降低而变脆，同样表现为强度较差（图 3-56）。因此，交联剂最适浓度在 0.01%～0.03% 之间。

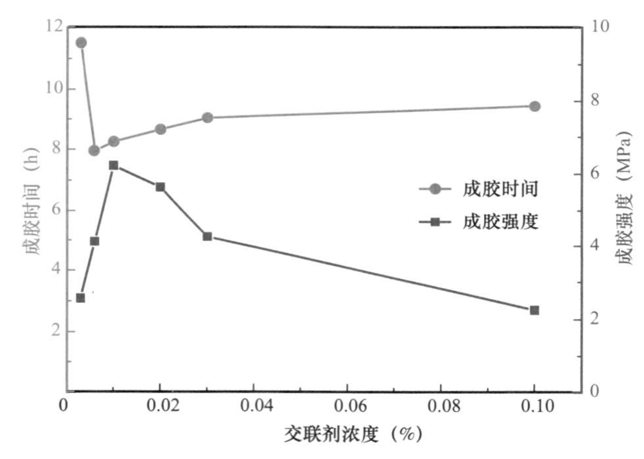

图 3-55　不同交联剂浓度对成胶性能的影响

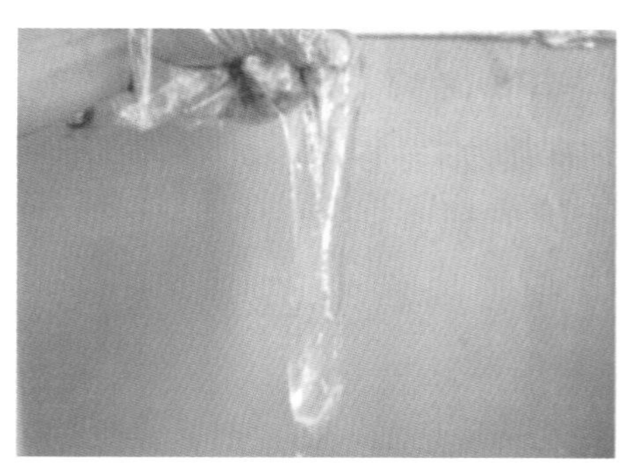

(a) 0.01%交联剂的成胶形态

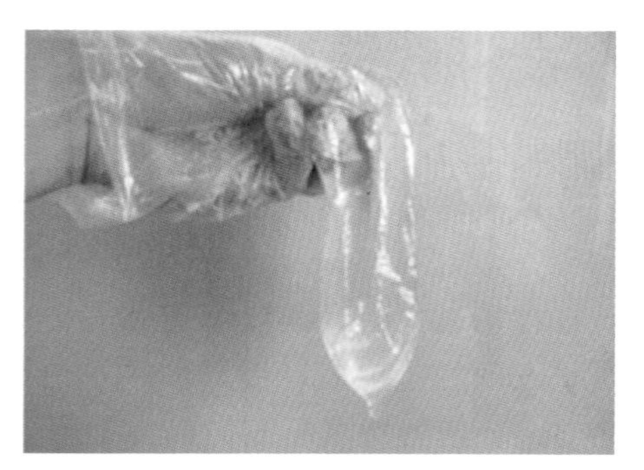

(b) 0.02%交联剂的成胶形态

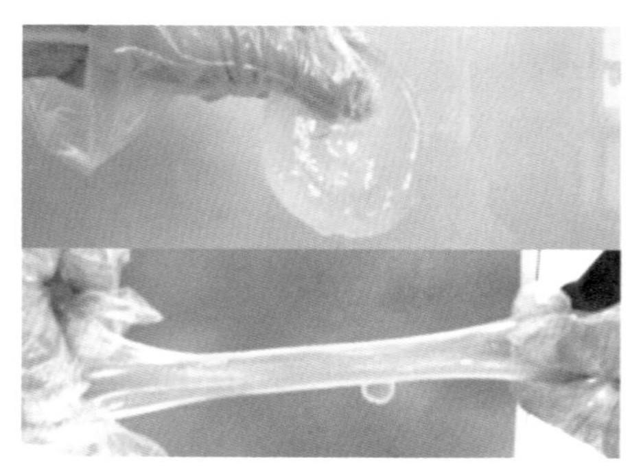

(c) 0.03%交联剂的成胶形态

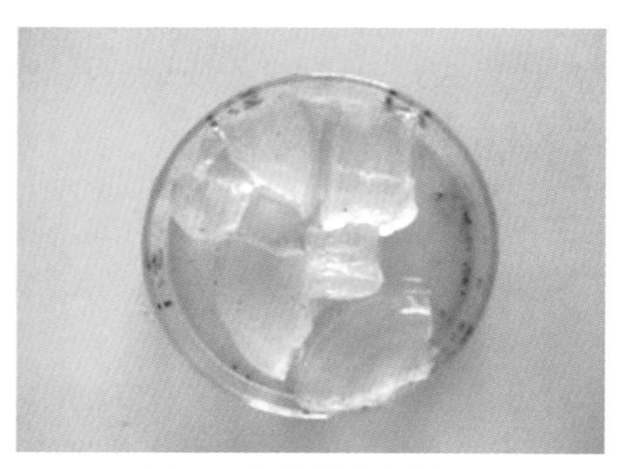

(d) 0.1%交联剂的成胶形态

图 3-56　不同交联剂浓度的成胶情况

（四）成胶控制剂含量的优化

成胶控制剂对成胶时间影响较大，通过调节成胶控制剂的用量可以改变该体系在某一温度或不同温度下的成胶时间。

固定主剂 A 含量 2%，主剂 B 含量 5%，交联剂含量 0.01%，改变体系中成胶控制剂的含量，实验温度为 30℃，考察成胶控制剂浓度对体系成胶性能的影响，实验结果如图 3-57 所示。

可以看出，随着成胶控制剂用量的增加，成胶时间明显减少，从 4～26h 可调；而胶体强度随成胶控制剂增加略有下降，突破压力在 2～3MPa 之间变化。

增大成胶控制剂的浓度能够使得成胶控制剂自由基的数目相应增多，也因此使得主剂 A 大分子骨架上活性点增多，接枝效率随着成胶控制剂浓度的增大也在不断地呈上升趋势，因此表现为成胶时间不断缩短。强度略有降低有可能是由于成胶控制剂浓度的增大对反应起到了抑制作用以及均聚反应的存在不利于接枝共聚反应的顺利进行。

成胶时间直接关系到调剖剂在地层中的运移距离，因此在现场实际使用过程中可以根据运移的深度来选择合适的成胶控制剂浓度。

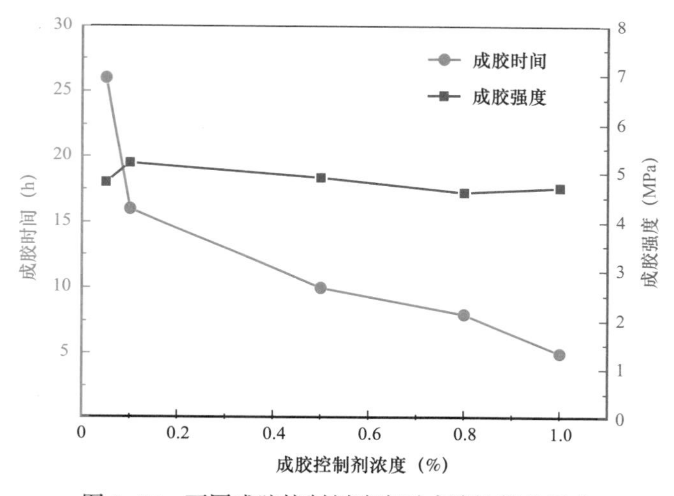

图 3-57 不同成胶控制剂浓度对成胶性能的影响

三、ASG 强凝胶性能评价研究

（一）胶体强度比较

ASG 强凝胶调剖剂分子结构采用刚性骨架结合柔性支链的接枝共聚体系，再通过交联剂的交联作用形成立体交联网状大分子共聚体，具有很高的材料强度和封堵性能。

将 ASG 强凝胶与目前深部调驱现场常用的铬凝胶和酚醛凝胶的强度进行对比，结果如图 3-58 所示。可以看出，ASG 强凝胶的强度明显强于另外两种凝胶，而且是数量级的差异，这表明 ASG 强凝胶确实具有很高的材料强度，适用于封堵高渗透水窜通道。

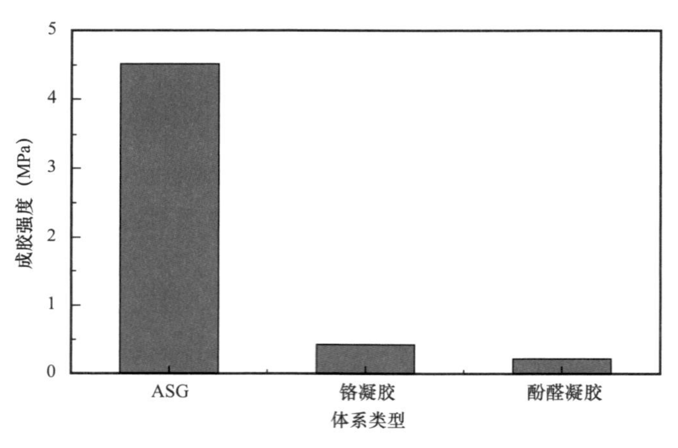

图 3-58　三种调剖剂成胶强度比较

（二）抗剪切性

堵剂在注入地层的过程中会受到管线、机泵、射孔孔眼等的剪切，在进入地层后同样也会受到地层孔隙的剪切，因此有必要考察剪切作用对配方体系成胶性能的影响。

1. 剪切作用对未成胶原液的影响

将未成胶原液用吴茵搅拌器以 8000r/min 转速搅拌 20s 后静置观察，结果如图 3-59 所示。可以看出，剪切前后体系成胶强度基本不变，表明吴茵搅拌器的高速剪切作用基本没有对配方体系的成胶强度产生影响，这是因为配方原液的组分没有易剪切断裂的大分子物质，高速剪切基本不能破坏其分子结构。

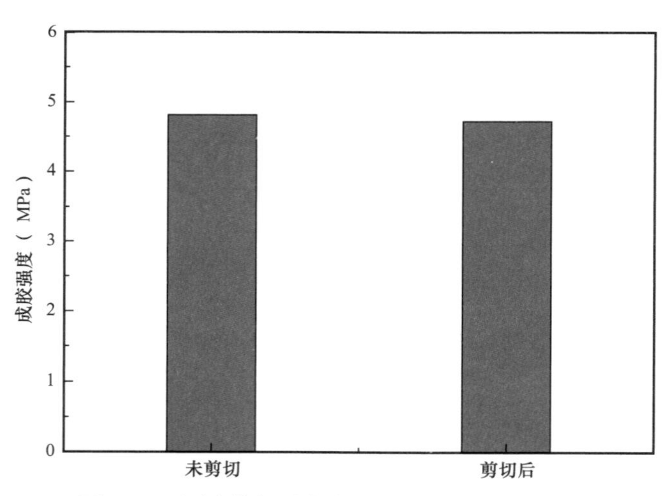

图 3-59　原液剪切对未成胶原液成胶强度的影响

2. 剪切作用对成胶后胶体强度的影响

为了进一步考察胶体的抗剪切性能，将经过滤网过滤一次的胶体再次经过滤网过滤测定其强度，同时将常用的聚合物铬凝胶调剖剂与之进行对比实验，结果如图 3-60 所示。可以看出，新配方的胶体强度超出聚合物铬凝胶强度一个数量级；两种配方成胶后胶体经筛网滤过后强度均有较大幅度下降，其中新配方强度下降60%，但仍然保持有2MPa的滤过压力，而聚合物铬凝胶强度下降80%。实验表明，新配方体系成胶胶体强度比聚合物铬凝胶强度高得多，且经过强剪切之后仍然具有一定的封堵强度（ASG堵剂滤过前后胶体形态如图3-61所示）。

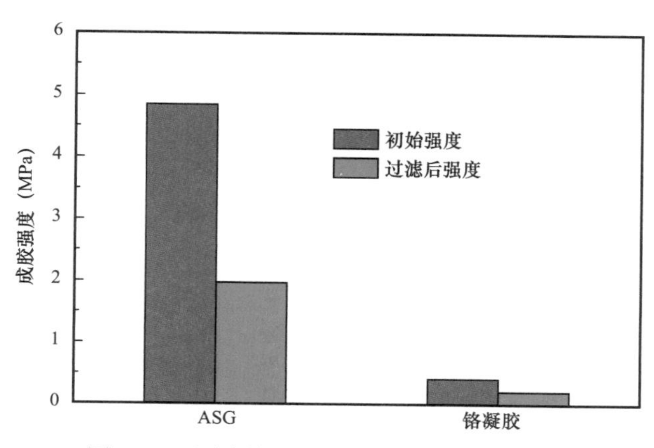

图3-60 原液剪切对成胶后胶体强度的影响

(a) 剪切前

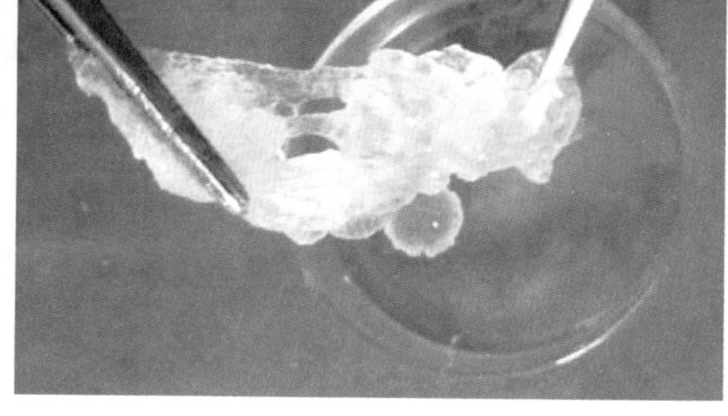

(b) 剪切后

图3-61 过滤剪切前后胶体形态

从以上实验结果可以看出，ASG强凝胶具有良好的抗剪切性，能够保证调剖剂进入储层以后不至于因为地层剪切而降解，从而保证调剖剂封堵的成功率。

（三）注入性和封堵强度

注入性的好坏直接决定调剖剂是否能够应用于现场，注入性好的调剖剂能够顺利运移到地层深部成胶封堵水窜通道，而注入性差的调剖剂根本不能发挥调剖封堵效果。

ASG调剖剂原液均为低分子量物质组成，黏度约为100mPa·s（图3-62），在特高渗透层和窜流通道中的流动阻力较小，易于注入。

单管填砂管岩心注ASG强凝胶调剖剂封堵性实验结果表明（图3-63），ASG强凝胶调剖剂的注入压力非常低，比注水压力略高且压力平稳；候凝成胶后后续水驱突破压力高达11MPa，这表明ASG强凝胶调剖剂具有良好的注入性以及较高的封堵强度。

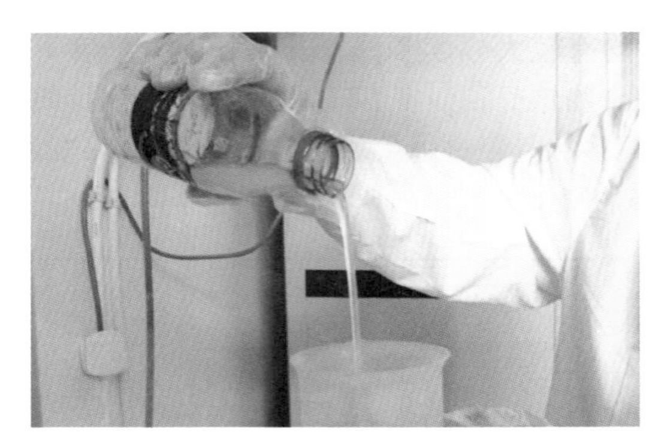

图 3-62　ASG 强凝胶调剖剂原液

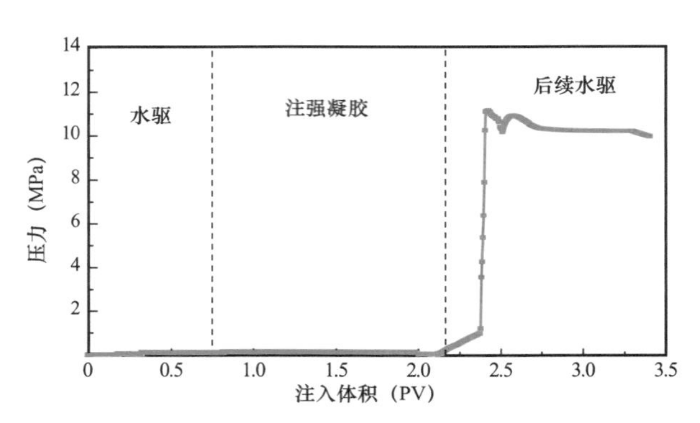

图 3-63　ASG 强凝胶调剖剂岩心封堵实验

（四）与砂砾的黏附性

调剖剂要想封堵住高渗透、大孔道和裂缝性水窜通道，除了自身要具备较高的封堵强度外，还需要与地层岩石砂砾之间建立较高的流动阻力，即与岩石砂砾的黏附性要好。

为考察 ASG 强凝胶调剖剂对地层环境的适应性，用筛网筛出粗细两种粒径油砂，其中粗油砂加砂方式采用堵剂与油砂的质量比 10:1、5:1、2:1 和 1:1，细油砂采用质量比 10:1，以不同粒径油砂掺入调剖剂原液中，观察成胶情况。成胶情况如图 3-64 所示。

(a) 总体成胶情况　(b) 10:1（粗砂）　(c) 1:1（粗砂）

图 3-64　不同加砂比下体系成胶情况

实验结果表明，不同加砂比下体系成胶情况良好，均能完全成胶，且将砂粒整体胶结在胶体内部，并具有较强的胶体强度。同时，物模填砂管岩心封堵实验也表明，

ASG 调剖剂能够将砂砾完全紧密地胶结在一起，砂砾间调剖剂胶体丝状物非常密集（图 3-65），进一步说明 ASG 调剖剂与岩石砂砾间具有良好的黏附性。

(a) 成胶形态　　(b) 黏附形态

图 3-65　ASG 调剖剂在填砂管中成胶形态和黏附形态

（五）抗盐性

矿化度对传统凝胶类堵剂有较大影响，主要通过静电作用影响水溶液中大分子物质的分子链伸展情况来影响交联反应速度和交联程度，从而影响堵剂成胶时间和胶体强度。实验在配方原液中加入不同量的氯化钠来考察矿化度对体系成胶性能的影响，结果如图 3-66 所示。从图 3-66 可以看出，在氯化钠含量 20000mg/L 以下范围内，随着氯化钠含量的增加，成胶时间略有缩短，而成胶后胶体强度则基本不变，说明 ASG 堵剂具有良好的抗盐性。

（六）耐酸碱性

适宜的 pH 值有利于聚合反应，pH 值过高或过低时，聚合效果均不理想。实验利用稀盐酸和氢氧化钠调节原液的 pH 值在 4～10 范围内，考察不同 pH 值环境对成胶性能的影响。

从图 3-67 中可以看出，pH 值为 4～5 和 pH 值为 10 时体系成胶时间过快，pH 值在 5～10 范围内时，成胶强度随 pH 值增大而降低，在 5～9 范围内能够保持滤过压力在 4MPa 以上。因此，配方体系在 pH 值为 5～9 范围内均能获得较好的成胶性能。

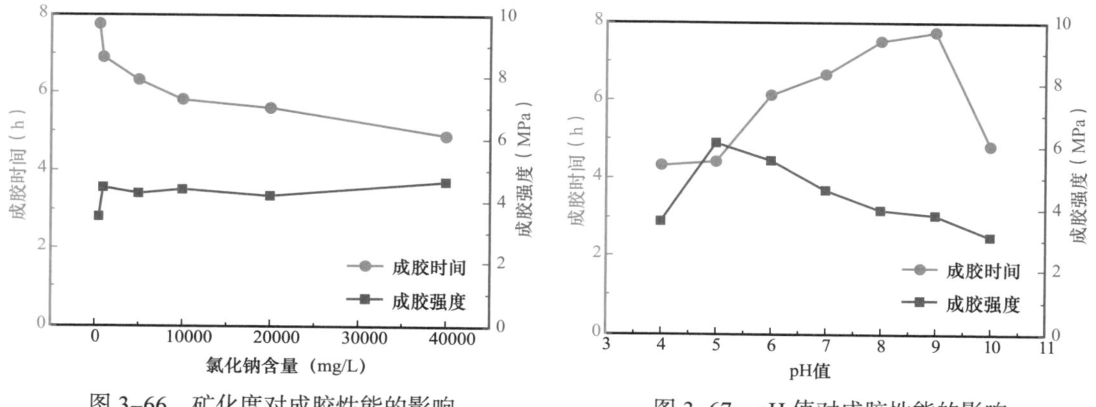

图 3-66　矿化度对成胶性能的影响　　图 3-67　pH 值对成胶性能的影响

参考文献

[1] 赵传峰，姜汉桥，王宏申，等. 根据油藏动静态资料判断窜流通道方向 [J]. 石油天然气学报，2008，641（2）：53-55.

[2] 熊春明，刘玉章，黄伟，等. 深部液流转向与调驱技术现状与对策 [J]. 石油钻采工艺，2016，38（4）：504-509.

[3] 乔彦君. 厚油层化学调驱技术的研究与应用 [J]. 油气田地面工程，2009，28（7）：17-18.

[4] 熊生春，王业飞，何英. 聚合物驱后交联聚合物深部调剖技术室内试验研究 [J]. 油气地质与采收率，2005，88（6）：77-80.

[5] 姜闻达. 基于深部调驱技术分析 [J]. 石化技术，2017，24（1）：203-204.

[6] Tao MA，Wang Q，Wang H B，et al. Study and application of in-depth profile control agents [J]. Applied Chemical Industry，2011，40（7）：1271-1274.

[7] Hua Z，Lin M，Dong Z，et al. Study of deep profile control and oil displacement technologies with nanoscale polymer microspheres [J]. Journal of colloid and interface science，2014,（424）：67-74.

[8] Lu X，Wang S，Wang R，et al，Adaptability of a deep profile control agent to reservoirs：Taking the Lamadian Oilfield in Daqing as an example[J]. Petroleum Exploration and Development，2011，38(5)：576-582.

[9] Zhang D，Wei J，Zhou R，et al. Research on deep profile control technology of polymer gel with low hydrolytic degree [J]. Materials Express，2019，9（9）1087-1091.

[10] Dai C L，Zhao J，Jiang H Q，et al. Research and field application of polymer-multiple emulsion crosslinker gel for the deep profile control [J]. Petroleum science and technology，2013，31（9）902-912.

[11] 李宜坤，李宇乡，彭杨，等. 中国堵水调剖 60 年 [J]. 石油钻采工艺，2019，41（6）：773-787.

[12] 刘一江，王香增. 化学调剖堵水技术 [M]. 北京：石油工业出版社，1999.

[13] 戴彩丽，冯德成，高恒达，等. 高效洗油剂吞吐与油井堵水结合技术研究 [J]. 油田化学，2005，22（3）：248-251.

[14] 刘宏涛，杨伟，王兴宏，等. 区块整体调剖技术在长庆油田白 209 区的应用 [J]. 石油天然气学报，2010，32（4）：362-364.

[15] 江厚顺，蔡有君，才程，等. 新疆砾岩油藏整体调驱矿场试验及效果分析 [J]. 天然气地球科学，2014，25（3）：429-434.

[16] 赵修太，董林燕，王增宝，等. 深部液流转向技术应用现状及发展趋势 [J]. 应用化工，2013，42（6）：1121-1123.

[17] Sun Z，Lu X，Sun W. The profile control and displacement mechanism of continuous and discontinuous phase flooding agent [J]. Journal of Dispersion Science and Technology，2017，38（10）：1403-1409.

[18] Yang Z，Jia S，Zhang L，et al. Deep profile adjustment and oil displacement sweep control technique for abnormally high temperature and high salinity reservoirs [J]. Petroleum Exploration and Development，2016，43（1）：97-105.

[19] 姜艳艳. 深部调驱在中高渗油藏中的研究与应用 [J]. 石化技术，2018，25（1）：155-156.

[20] 沈琛. 油田高含水期深部调驱技术文集 [M]. 北京：中国石化出版社，2008.

[21] 孙丽娜，李军强. 油田深部液流转向技术 [J]. 断块油气田，2009，16（3）：88-89.

[22] 李宜坤，赵福麟，张永军，等. 压力梯度分布图的研究及应用 [J]. 江汉石油学院学报，2003，8（2）：92-93.

[23] 张云宝，刘义刚，孟祥海，等.扩大波及体积与流度控制组合技术研究与应用[J]. 当代化工，2019，48（3）：567–571.
[24] 栾守杰. 吸水膨胀型膨润土/交联聚丙烯酰胺颗粒堵剂[J]. 油田化学，2003，20（3）：230–231.
[25] 丁锐，杨富贵，隋少鹏. 膨润土接枝聚合物降滤失剂研究[J]. 油田化学，2002，19（4）：297–300.
[26] 李兆敏，刘伟，李松岩，等.多相泡沫体系深部调剖实验研究[J]. 油气地质与采收率，2012，19（1）：55–59.
[27] 张艳辉，戴彩丽，徐星光，等. 河南油田氮气泡沫调驱技术研究与应用[J]. 断块油气田，2013，20（1）：129–132.
[28] 闫霜，杨隽，高玉军，等.一种聚合物弱凝胶深部调剖剂的研究[J]. 应用化工，2014，43（5）：905–908.
[29] 赵晔. 海31块弱凝胶调驱技术研究与应用[J]. 石化技术，2019，26（10）：54–58.
[30] 冯锡兰，李丽，吴肇亮. 中国CDG体系的研究与应用进展[J]. 油气地质与采收率，2009，16（1）：55–60.
[31] 李宜强，计秉玉，李景岩，等. CDG体系的深度调剖性能研究[J]. 石油与天然气化工，2005，34（5）：401–405.
[32] 郭志东，肖龙，朱红霞，等. CDG与聚合物的驱油特征研究[J]. 油田化学，2009，26（1）：84–91.
[33] 吴轩宇，任晓娟，李盼，等. 用于裂缝性地层的体膨颗粒钻井液堵漏剂TP–2的制备与性能研究[J]. 油田化学，2016，33（2）：191–194.
[34] 唐山，孙丽萍，蒲万芬，等. 体膨颗粒深部调剖技术研究[J]. 应用化工，2012，41（5）：771–773.
[35] 崔勇，郭鹏，姚新玲，等. 体膨颗粒复合调剖体系性能研究与应用[J]. 石油化工应用，2011，30（12）：47–50.
[36] 高伟，李斌，高占惠. 含油污泥调驱技术展望[J]. 能源化工，2019，40（2）：18–22.
[37] 高超利，鲁永辉，梁锋，等. 含油污泥精细深部调驱技术在吴起采油厂的应用[J]. 非常规油气，2019，6（3）：41–47.
[38] 罗强，蒲万芬，罗敏，等. 微生物调剖机理及应用[J]. 地质科技情报，2005，24（2）：101–104.
[39] 杨朝光，赵燕芹，陈洪，等. 明一西区块油藏深部调剖/微生物驱矿场试验[J]. 油田化学，2006，23（4）：365–368.
[40] 刘凤丽，杨东峰，曾玲，等. 文明寨油田微生物调驱矿场试验[J]. 石油钻采工艺，2007，29（1）：75–78.
[41] 唐孝芬，刘玉章，常泽亮，等. 适宜高温高盐地层的无机涂层调剖剂室内研究[J]. 石油勘探与开发，2004（6）：92–94.
[42] 唐孝芬，杨立民，刘玉章，等. 新型无机凝胶涂层深部液流转向剂[J]. 石油勘探与开发，2012，39（1）：76–81.
[43] 宋岱锋，韩鹏，王涛，等. 乳液微球深部调驱技术研究与应用[J]. 油田化学，2011，28（2）：163–167.
[44] 罗强，唐可，罗敏，等. 聚合物微球在人造砾岩岩心中的运移性能[J]. 油气地质与采收率，2014，21（1）：63–66.
[45] 武建明，石彦，韩慧玲，等. 聚合物微球调驱技术在沙南油田的研究与应用[J]. 石油与天然气化工，2015，44（6）：82–85.

[46] 马红卫，刘玉章，李宜坤，等. 柔性转向剂在多孔介质中的运移规律研究[J]. 石油钻采工艺，2007，29(4)：80–84.

[47] 马红卫，刘玉章，李宜坤，等. 柔性转向剂深部液流转向机理[J]. 石油勘探与开发，2008，35(6)：720–724.

[48] 詹耀华，鲁明晶，毕曼，等. 基于多因素关联体系的重复压裂选井选层方法研究及应用[J]. 钻采工艺，2020，43(2)78–82.

[49] 李标，唐海，吕栋梁，等. 米吸水指数随累积注水量变化规律研究[J]. 岩性油气藏，2012，24(1)：112–116.

[50] 刘文超，卢祥国，张脊. 低渗透油藏深部调驱剂筛选及其效果评价[J]. 油田化学，2010，27(3)：265–270.

[51] 王硕亮，张媛，董烈，等. 低渗油藏裂缝封堵剂用量计算[J]. 断块油气田，2013，20(3)：377–379.

[52] 周宏亮. 大剂量调驱工艺现场施工质量管理与控制[J]. 广东化工，2014，41(7)：124–125.

[53] 李爽. 不同类型油藏深部调驱效果评价研究[J]. 科技资讯，2020，18(6)：55–57.

[54] 万青山，袁恩来，侯军伟，等 新疆油田砾岩油藏调驱配方设计研究[J]. 特种油气藏，2017，24(4)：106–111.

[55] 孙磊，徐鸿志，郝志伟，等. 一种新型堵水调剖用酚醛交联剂的研究[J]. 化工进展，2017，36(9)：3400–3406.

[56] 任敏红，陈权生，焦秋菊，等. 有机铬交联剂 CXJ- Ⅱ的研制与性能[J]. 石油与天然气化工，2007，36(2)：142–146.

[57] 岳志强. 柠檬酸铝交联剂的制备及其缓交联体系研究[J]. 特种油气藏，2008，15(1)：74–77.

[58] 李丛妮，雷珂，朱明道. 柠檬酸铝交联剂的制备及其性能影响因素研究[J]. 化学工程师，2013，27(5)：14–16.

[59] 杨卫华，葛红江，徐佳妮，等. HPAM/ 酚醛溶胶体系的低温成胶性能改进[J]. 油田化学，2019，36(4)：630–635.

[60] 宫兆波，罗强，扎克坚，等. 有机酚醛聚合物溶胶深部调驱体系孔渗适应性研究[J]. 石油天然气学报，2014，36(5)：136–140.

[61] 张建生. 深部调驱缓膨高强度颗粒的制备及其性能评价[J]. 西安石油大学学报(自然科学版)，2013，28(3)：50–54.

[62] Chen X，Li Y，Liu Z Y，et al. Investigation on matching relationship and plugging mechanism of self-adaptive micro-gel (SMG) as a profile control and oil displacement agent [J]. Powder Technology，2020，364(2)：774–784.

[63] 唐可，胡冰艳，廖元淇，等. 用于封堵新疆油田砾岩油藏水流优势通道的调剖剂研究[J]. 油田化学，2016，33(4)：633–637.

第四章　砾岩油藏深部调驱配套技术

第一节　油藏和井层筛选技术

深部调驱的决策技术通过对调驱单元、调驱区域及调驱井层进行优化决策，最终确定区块与层位，需要根据油藏静态指标、生产动态指标、监测指标全面筛选，来构建评价体系[1]。

调驱单元优化决策通过分析油藏开发现状、储层、注水差异状况及剩余油分布状况，最终确定调驱的目的层；调驱井区优化决策通过对井区生产动态、井区渗透率差异、井区注采对应状况及井区剩余潜力等因素综合分析，从而优选产量下降快、含水率上升快、平剖面渗透率差异大、油水井对应关系好、剩余潜力大的井区，最终确定调驱井区；在对调驱单元、调驱井区优化决策的基础上，通过 PI 值和水流优势通道的描述，确定水驱挖潜的方向，并初步优选调驱井，通过对优选井注入动态及监测资料的反馈，判断高渗透通道的存在，明确调驱井的层位，并通过数模优化决策技术最终确定调驱井及层位。深部调驱油藏和井层筛选方法的建立使深部调驱措施在油藏和井层的筛选及研究过程中做到了分析过程程序化、研究内容具体化，可以提高决策的可靠性和针对性。建立的“调驱区块筛选、调驱井区确定、调驱井层优化确定”三级筛选方法和研究流程详如图 4–1 至图 4–3 所示。

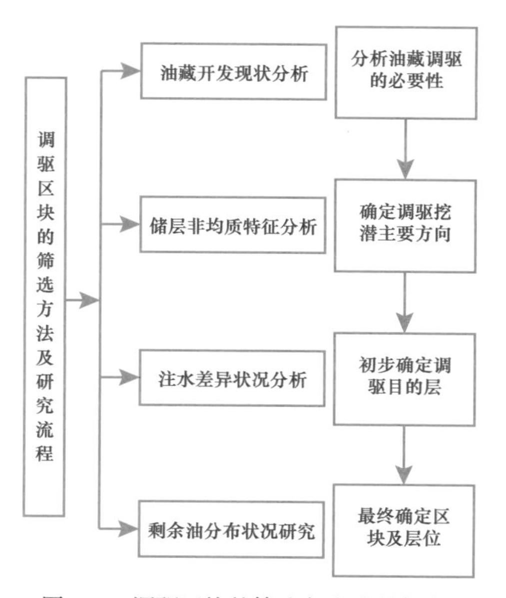

图 4–1　调驱区块的筛选方法及研究流程图

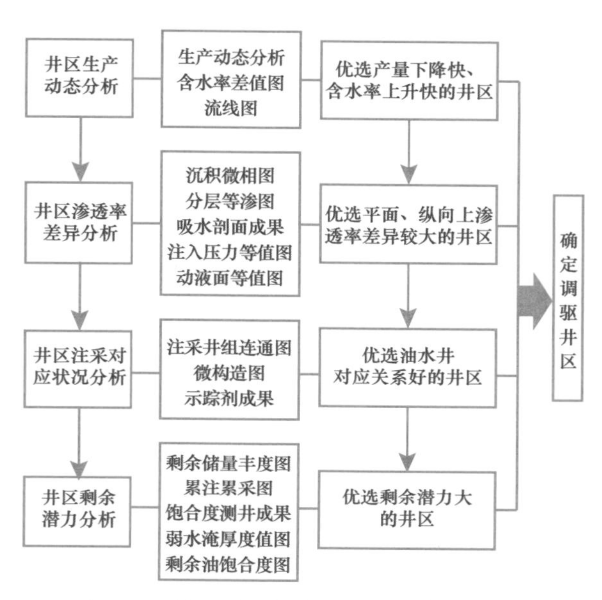

图 4–2　调驱井区筛选方法及研究流程图

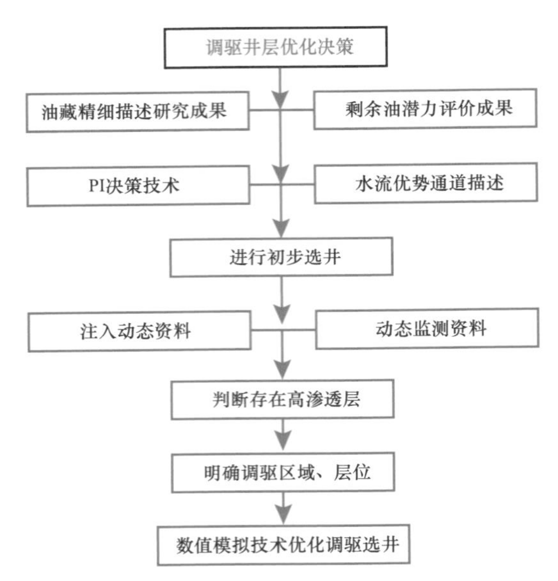

图 4–3　调驱井层筛选方法及研究流程

影响深部调驱选井的因素有很多，将这些指标归纳为三种类型：注水井吸水能力指标，油层非均质性指标以及对应油井动态指标。

一、注水井吸水能力指标

注水井的吸水能力反映和表征出油层的非均质性，可直接导致各注水井间注采平衡矛盾[2]。通常情况下，存在高渗透层（或条带）的井，层间层内矛盾突出。因此，选择吸水能力相对较大的注水井进行深部调驱，有利于井下层间以及层内矛盾的改善并且可以综合治理含水率的上升。反映注水井吸水能力的指标有每米视吸水指数、每米吸水指数以及井口压降指数 PI 值。

（一）每米视吸水指数

每米视吸水指数是指单位注入压力下每米油层的吸水量，每米视吸水指数是越大越优型参数，即数值越大，深部调驱的必要性越大。

对于笼统注水井，每米视吸水指数定义为：

$$K_s=\frac{q}{p_{wh}\cdot h} \tag{4-1}$$

式中　K_s——每米视吸水指数，$m^3/(d\cdot m\cdot MPa)$；

q——全井日注水量，m^3/d；

p_{wh}——井口注入压力，MPa；

h——注水厚度，m。

对于采取分层注水工艺的注水井，每米视吸水指数定义为：

$$K_s=\frac{Q_1}{(p_{wh}-\Delta p)\cdot h_1} \tag{4-2}$$

式中 Q_1——单层日注水量，m^3/d；

h_1——注水分层厚度，m；

Δp——水嘴压耗，MPa。

（二）每米吸水指数

每米吸水指数是指单位生产压差下每米油层的日注水量，每米吸水指数是越大越优型影响因素，即数值越大，越有必要进行深部调驱。

$$K=\frac{q}{(p_{wh}-p_e)\cdot h} \tag{4-3}$$

式中 K——每米吸水指数，$m^3/(d \cdot m \cdot MPa)$；

q——全井日注水量，m^3/d；

p_{wh}——井口注入压力，MPa；

h——注水厚度，m；

p_e——地层压力，MPa。

（三）井口压力指数

在正常注水条件下当注水井关井时，注入井井口压力会随时间变化而变化，可以得到井口压降曲线，如图 4–4 所示。

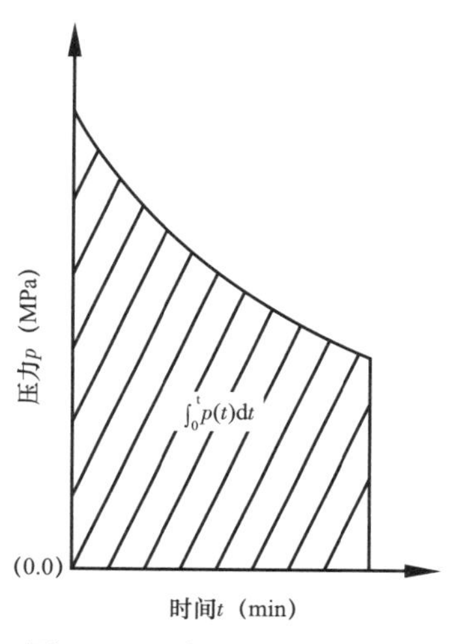

图 4–4 注水井井口压降曲线

井口压力指数定义为：

$$PI=\frac{\int_0^t p(t)dt}{t} \tag{4-4}$$

式中 PI——井口压力指数，MPa；

t——关井时间，min；

$p(t)$——井口压力，MPa。

根据注水井关井后测得的井口压力降落曲线，可由曲线积分计算井口压力指数。根据多孔介质渗流理论可以确定，注水井 PI 值与储层物性、流体特性等多因素相关。吸水能力越大，PI 值越小，越需要深部调驱。

二、油层非均质性指标

油层严重的非均质性可以直接导致并加剧油井及水井间的注采矛盾，油层非均质性指标是反映地下流体运移方向的一个关键参数[3-5]。储层沉积受水动力强度等因素的影响，储层渗透能力在平面和剖面上存在一定程度差异性。随着油田的长期注水开发，油层受注入水、边水等流体的长期冲刷，使得一些骨架矿物和胶结物侵蚀、运移形成了大孔道以及高渗透层，油层的非均质性加剧，从而进一步加剧了油井及水井间的注采矛盾。

渗透率的非均质性反映了油层的渗透能力，高渗透部位流体流动受到的阻力小，水驱油流动速度快，这些高渗透层（部位）通常都是高含水期的高含水层（部位）。在注水开发过程中，注入水就沿着这些高渗透层（部位）突进，造成注入水的不均匀推进，注入水推进的不均匀程度与渗透率差别相关，渗透率差别越大，不均匀程度就越高，剩余油也就相对越集中在低渗透部位。因此，深部调驱应该选择渗透率变异系数比较大的井进行调驱措施。从平面上看，通常平均渗透率高、各向分布不均的注水井，其吸水能力比较大并且单向突进严重，尤其是仅考虑静态因素时，渗透率应该是制约注水井注入能力大小的最主要因素，因此应该选择渗透率级差比较高的井进行深部调驱。

（一）渗透率变异系数

渗透率变异系数是指渗透率标准差与平均值的比值。其中渗透率平均值：

$$E(K)=\sum h_i K_i/H \tag{4-5}$$

式中 h_i——第 i 层厚度，m；

K_i——第 i 层渗透率，D；

H——储层总厚度，m。

渗透率平方的平均值：

$$E(K^2)=\sum h_i K_i^2/H \tag{4-6}$$

渗透率变异系数定义为：

$$V(K)=\sqrt{E(K^2)-[E(K)]^2}/E(K) \tag{4-7}$$

油田在高含水期，高渗透层（部位）通常都是高含水层（部位），在注水开发过程中，注入水就沿着这些高渗透层（部位）突进，造成不均匀水洗。从平面上看，平均渗透率比较高的井吸水能力往往也比较大。渗透率在静态因素中是制约注入能力的最主要因素。因此，平均渗透率越大的井越需深部调驱。从纵向上看，各小层的渗透率差别越大，水洗的不均匀程度越高，剩余油越相对集中在低渗透部位。因此在选择深部调驱措施井点时，也应选择那些渗透率变异系数比较大的井进行调驱措施。

（二）吸水剖面非均质性

吸水剖面是在纵向上反映注水井单层吸水量相对大小的一个参数，吸水剖面资料可以直接反映注水井单层吸水状况的差异。和渗透率一样，单层吸水的不同强度反映了注水井纵向上的差异性。吸水强度大的层吸水量大，吸水强度小的层位吸水量则小。这种吸水强度差别越大，那么注入水的不均匀推进也就越严重。因此，选择深部调驱井点时也必须选择吸水剖面最不均匀的井进行调驱措施，从而引出了与渗透率变异系数类似的吸水百分数变异系数，通常吸水百分数变异系数较大的井是应该进行深部调驱措施的井。

吸水剖面资料能直接反映注水井的单层吸水状况的差异，单层吸水强度越大，注入水的不均匀推进越严重。通常采用吸水百分数的变异系数差异来描述吸水剖面的非均质性。

（三）洛伦茨曲线

洛伦茨曲线是国际上公认可以用来描述社会某种收入分配差异程度的一种比较直观的方法[6, 7]。意大利经济学家1922年基于洛伦茨曲线提出表征收入分配差异的基尼系数，在油藏工程中，同样可以用基尼系数表征储层的非均质性，评价油藏剖面动用上的差异性。

洛伦茨曲线评价油藏非均质性的过程中，以取心井岩样块数百分比为x轴，渗透率百分比为y轴，建立直角坐标系。对角线AC为“完全均质线”，折线ADC为“完全非均质线”，实际油藏的渗透率分配处于AC与ADC之间，为曲线AEC。实际渗透率分配曲线越接近“完全均质线”，表明油藏非均质性越弱，反之，则非均质性越强（图4–5）。

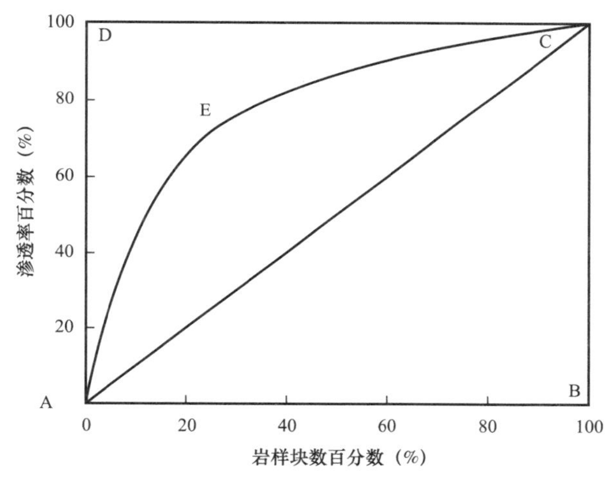

图4–5　渗透率分布的洛伦茨曲线

在实际应用过程中，可以画出不同油藏、不同时间洛伦茨曲线，通过对比曲线弯曲形状，可以看出油藏的非均质程度。为了定量测算油藏非均质程度，可以在洛伦茨曲线的基础上计算出渗透率的基尼系数。其定义为洛伦茨曲线与“完全均质线”AC围成的弓形面积即AEC的面积与三角形ADC的面积之比。

$$G(K)=\frac{\text{弓形AEC面积}}{\text{三角形ADC面积}} \tag{4-8}$$

式中　$G(K)$——渗透率的基层系数。

三、连通油井生产动态指标

进行深部调驱决策时，为了减小决策风险，应充分考虑连通油井的产能潜力、采出程度等因素，以避免注水井措施成功而油井由于产能小或采出程度高而未能达到预期的目的。因此，需要考察连通油井的剩余油、产液量或采出程度等参数来评价对应水井深部调驱是否具有挖潜潜力。

（一）连通油井总产液量

$$Q_L=\sum_{j=1}^{n}q_j \tag{4-9}$$

式中　Q_L——连通油井总产液量，m^3/d；

q_j——连通井 j 的产液量，m^3/d；

n——连通井数。

各连通油井占总连通油井产液量的百分数：

$$r=\sum_{j=1}^{n}q_w(j)/Q_L \tag{4-10}$$

式中　r——连通油井占总连通油井产液量比例，%；

$q_w(j)$——第 j 口井产水量。

以上参数属于偏小型，数值越小，表明越需要调驱处理。

（二）连通井含水率

对应油井的含水率是一个静态数据，但注水井作业时，油井含水率上升快，油层水淹产能下降可以反映出油水井之间的矛盾。综合考虑各对应油井含水率的上升速度，选用油井含水上升时间段的平均含水率来衡量连通油井的含水率指标。

平均含水率计算：

$$F_w=\sum_{j=1}^{n}q_w(j)/Q_L \tag{4-11}$$

连通油井含水率指标属于越大越优型决策参数，其值越大表明连通井间注采矛盾越突出，越有必要进行深部调驱措施。

（三）连通油井剩余储量

连通油井剩余储量也是影响深部调驱选井的动态参数之一，数值上等于连通油井的原始地质储量与累计产油量之间的差值。其值越大，越有必要进行深部调驱措施处理。

（四）连通油井采出程度

连通油井采出程度也是影响调驱选井的动态参数之一，其数值上等于连通油井的累计产油量与连通油井的原始地质储量之间的比值。连通油井采出程度属于偏小型决策参数，其值越小越需要深部调驱措施处理。

第二节 深部调驱油藏数值模拟技术

深部调驱数值模拟技术是在油藏水驱数值模拟的基础上进行深部调驱方案参数优化、预测及效果的跟踪评价调整的过程，首先进行精细三维地质建模，输出属性模型，然后在考虑油藏局部区域流体属性的基础上选择试验区块进行水驱历史拟合，重点拟合区块、单井的生产状态以及油藏区域压力场，在此基础上选择深部调驱参数进行优选，得出最佳参数组合，最后进行效果预测（图 4-6）。

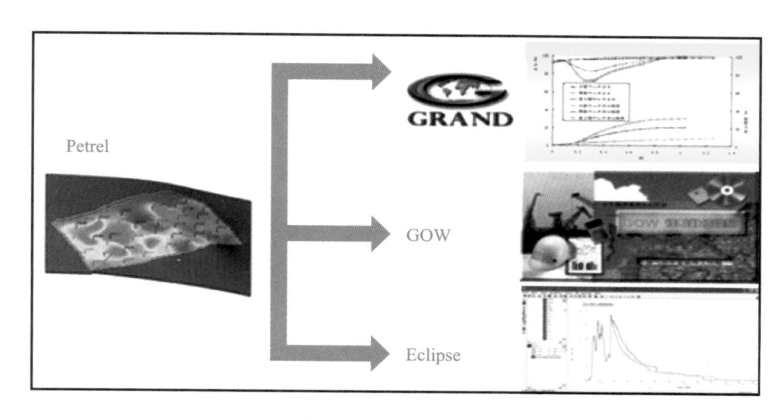

图 4-6 典型深部调驱数值模拟流程

一、精细地质模型的建立

（一）建模方法

储层地质模型是油藏地质模型的核心，是储层特征及其非均质性在三维空间上的分布和变化的具体表征。储层建模实际上就是建立表征储层物性的储层参数的三维空间分布及变化模型。储层参数包括孔隙度、渗透率和含油饱和度、储层厚度等。建立储层参数模型的目的就是要通过对孔隙度、渗透率和储层厚度的定量研究，从而为深部调驱方案的优化及效果跟踪调整提供最基础的地质依据。

储层建模在方法上一般分为确定性建模和随机建模[6-12]。确定性建模是对井间（控制点间）未知区域给出储层特征确定性的预测结果，其目的就是应用已知信息推测出控制点间确定的、唯一的、真实的储层参数；随机建模是以已知的信息为基础，以随机函数（变差函数）为理论，产生多个可选的、等概率的、高精度的储层结构和属性空间分布模型。这种方法认为控制点以外的储层参数有一定的不确定性。储层随机模拟的结果除了与已知的具体数值有关外，还与数据的构型有关，即与数据的空间位置和统计特征有关。随机模拟通常可分为条件模拟和非条件模拟。非条件模拟所产生的随机图像仅要求再现随机模型所要求的关于储层属性空间分布的相关结构，并不要求模拟产生的结果在控制点上忠实于已知数据。而条件模拟所产生的随机图像不仅要再现储层属性的空间分布结构，还要求随机图像必须与已知数据完全一致。一般认为控制点上的数据是准确的，因此通常讲的随机模拟都是条件模拟。储层建模中应用最广的是条件模拟。条件模拟要求模拟结果完全忠实于已知数据。而序贯模拟则要求在储层参数的邻域内模型忠实所有的数据，包括原始数据和已经模拟过的数值。也就是说，在储层属性的迭代模拟过程中，每一步模拟的结果都作为后续模拟的已知条件，并且后续模拟的结果不但要忠实于已知井点信息，还要忠实于以前模拟的结果。

七区克下组油藏深部调驱试验区地质建模是在地层精细划分对比和构造分析的基础上以井资料为主，通过补心海拔校正，确定试验区各小层的顶底界，建立该区的地层格架模型[13, 14]。储层参数模型主要以测井资料二次数字处理的每隔 0.125m 的孔隙度、渗透率、含油饱和度点数据和试油结果等为已知条件，应用地质统计学的方法，以确定性的沉积相模型作为控制条件，将这些储层参数分别看作具有一定分布范围的区域化变量，通过实验变差函数的计算，拟合合适的变差函数模型，通过不同参数的模拟方法的适用性分析，优选不同参数的模拟方法，对井间储层参数进行预测，从而得到储层参数的三维数据体，达到建立储层三维地质模型的目的（图 4–7）。

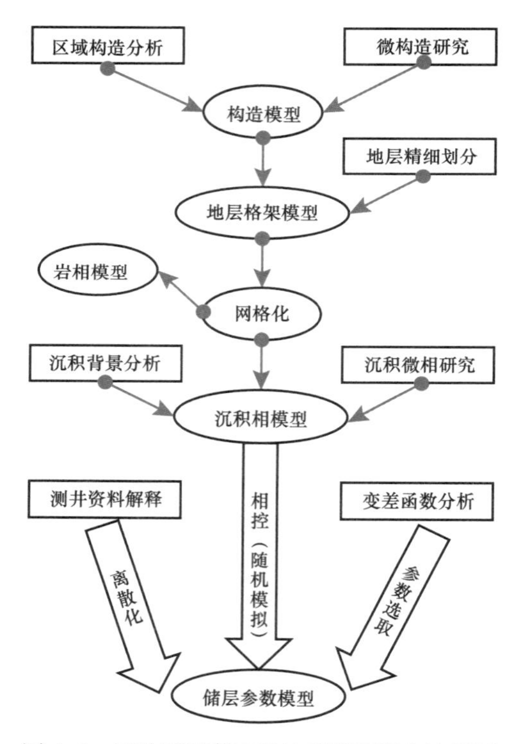

图 4–7　试验区油藏三维地质模型研究流程图

（二）构造地层格架模型的建立

构造是指地层在地应力作用下发生变形而呈现出的起伏形态。对于构造油藏，油气的分布直接受构造控制，因此建立精确的构造模型，是油藏地质建模的重要内容，也是油藏建模的难点之一。建立构造模型，就是要综合应用地质、地震和测井资料，尤其是要应用高分辨率层序地层学所建立的地层格架，依据不同的构造层位，定量表征地质层位的起伏形态和断裂系统的空间组合，总结工区的构造样式，分析构造及断裂系统对油气分布的控制作用。

地层格架模型是指区域或油藏范围内地层的空间分布及叠置关系。建立合理的地层格架模型就是通过储层精细划分与对比，把在同一地质历史时期形成的地层划归同一地层单元。本次三维地质模型研究地层格架模型建立过程中，平面网格取 20m×20m 作为网格单元，垂向上按每个砂层为一个大的单元，每个砂层再细分 10 个网格单元（图 4–8）。

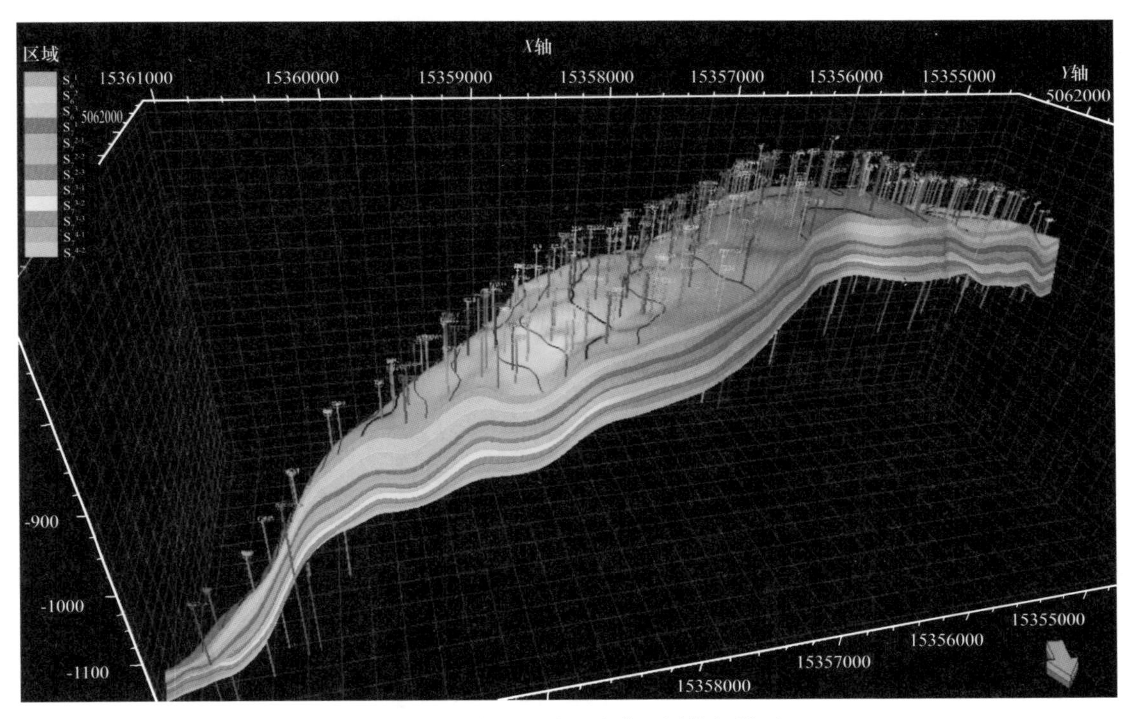

图 4–8　七中区试验区油藏地层格架模型

（三）属性模型的建立

储层参数模型是油藏地质模型的核心，是储层特征及其非均质性在三维空间上的分布和变化的具体表征。储层建模实际上就是建立表征储层属性的储层参数的三维空间分布及变化模型。储层属性参数包括孔隙度、渗透率、泥质含量等。建立储层参数模型的目的就是要通过对孔隙度、渗透率的定量研究，准确界定有利储层的空间位置及其分布范围，同时刻画储层层间、层内和平面非均质性。

本次储层地质模型建立的思路是，应用测井资料数字处理结果，以地层格架模型为控制条件，以地质统计学为手段，应用先进的条件模拟技术，对井间的变化进行预测，从而得到储层参数分布的三维数据体。

储层建模的结果提供了一个储层相应属性的三维数据体，对于井点以外的位置处给出了储层特征参数值，地质人员可以根据需要沿任意方向切片，观察储层的变化，这就为储层定量分析提供了条件。例如，通过垂直剖面或过井剖面及栅状图可以观察储层参数的井间变化、砂体的井间连通关系以及储层层间的非均质性，而通过三维模型得到的储层参数平面分布图则可以直观定量地显示储层宏观几何形态、砂体井间连通性、侧向尖灭以及物性的变化情况等，从而揭示储层的非均质性。图 4–9 和图 4–10 是七中区试验区储层渗透率、孔隙度三维模型栅状图。

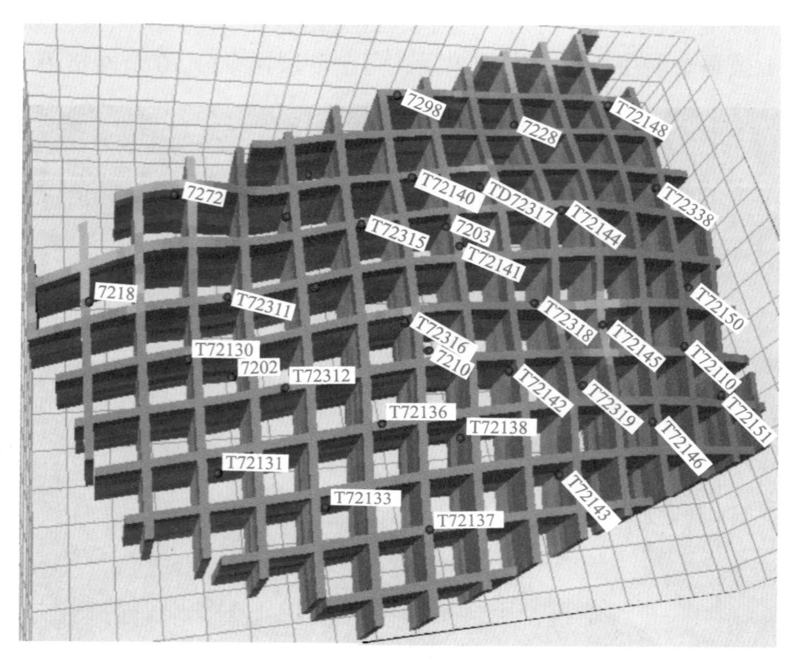

图 4–9 试验区油藏渗透率模型

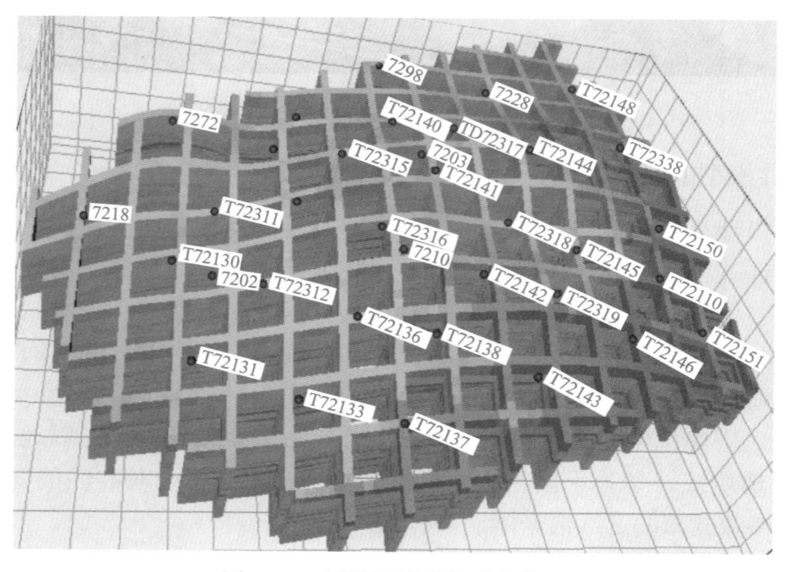

图 4–10 试验区油藏孔隙度模型

应用随机模拟的方法对储层参数进行空间预测，最大限度地应用了工区的已知信息，对于未知点的预测考虑了与其相关的所有点，并且以地质条件对预测的整个过程进行约束，可以保证预测的正确性。

高渗透通道或者高渗透层只是地质小层段的一层或者小层内的某部位。在地质建模过程中，为了很好表征储层的非均质性变化，在平面上和纵向上网格划分较细。但为了使动态数值模拟具有较快的运算速度，通常把一个地质小层从精细地质模型中仅粗化成一个数模小层，这掩盖了高渗透通道或高渗透层。

为了很好地表征高渗透通道或者高渗透层的储层物性和流动特征，建立示踪剂研究的地质模型需要注意两点：

（1）对于高渗透层或者大孔道可能发育的小层，建立精细地质模型时需要精细到1m以内；

（2）在粗化的时候，需要与油藏工程师讨论，确定粗化方案，保证示踪剂研究区域的地质模型精度。

经过分析检验，可将三维模型数据体按照油藏数值模拟的要求粗化输出，输入数模模拟器直接进行油藏开发历史拟合研究。三维地质模型可以为储层非均质性研究、注采井网优化、开发效果评价等提供重要的参考。

二、油藏精细数值模拟研究

（一）模拟器的选择

油藏数值模拟是油藏研究的重要方法之一。在计算机上应用油藏数值模拟软件可以再现油藏开发过程中地下油、水、气的运动，研究解决油藏开发的实际问题。借助油藏数值模拟研究可以虚拟实现油藏下一步的开发过程，优选出最佳的油藏开发方案[15-17]。

油藏数值模拟模型包括黑油模型及组分模型，当流体组分变化不是很大，流体的属性相对稳定时，可以选择黑油模型，否则应选用组分模型，组分模型一般用于凝析气藏。本示踪剂监测区是三维三相（油相，水相，气相），因此在本次的模拟中，选择了黑油模型，三维三相黑油模型是精细描述黑油类油藏储层三维空间中油气水三相非线性渗流公认的最好、最稳定的模型，它完全满足七中区深部调驱试验区油藏的数值模拟的需要。

（二）数据准备

由于油藏数值模拟软件是一个模拟器，它需要丰富的油藏动静态资料和准确的描述，才能使其正确地模拟油藏开发动态。静态数据场包括孔隙度、渗透率、有效厚度图等，在本次研究中所用的属性模型是在测井结果基础上，用Petrel建模软件进行建模得到的。

除所需的静态数据，需要准备很多其他资料，主要包括原始地层压力、饱和压力、流体性质及其高压物性资料；初始含水饱和度、相渗曲线；生产动态资料如产油量、产液量、含水率、生产油气比、注水量等；射孔及补孔资料、增产措施资料、油田调整的相关资料等；高压物性系数如密度、黏度、体积系数，压缩系数，溶解气油比等由实验室提供，或靠经验关系式；相对渗透率及毛细管力由实验室提供。

（三）网格划分及模型粗化

模拟区在纵向上根据油藏描述情况，对不同的沉积单元进行划分。在此指导思想基础上，深部调驱试验区在建立地质模型时纵向上把每个沉积单元划分为10个小层，在进行模型粗化时，为了精确拟合示踪剂产出曲线，描述高渗透通道性质，保留了发育较好、物性好的垂向细分小层。各层采用角点网格，平面上网格为20m×20m，网格厚度值取决于储层厚度（表4–1和图4–11）。

表4–1　七中区试验区网格层与地质层对照

地质小层	垂向分层	平面网格步长（m）
S_7^{2-1}	1	20×20
S_7^{2-2}	10	
S_7^{2-3}	10	
S_7^{3-1}	10	
S_7^{3-2}	10	
S_7^{3-3}	1	

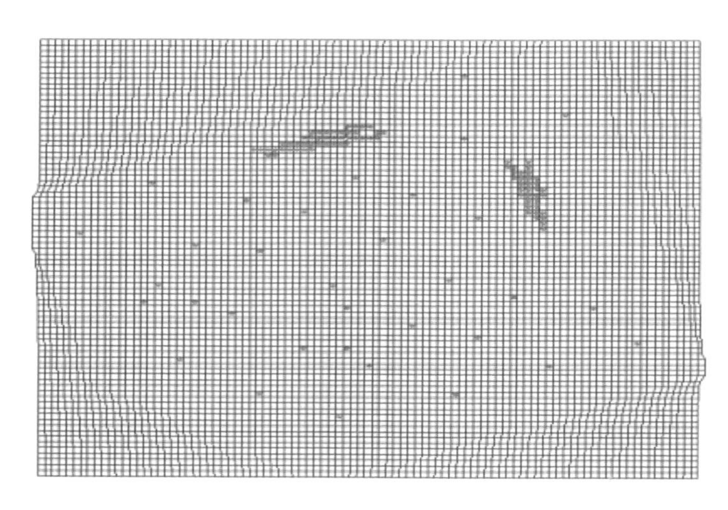

图4–11　七中区试验区网格划分二维示意图

（四）试验区历史拟合

生产动态历史拟合就是用已有的油藏参数（如渗透率、孔隙度、含水率、饱和度等）去计算油田已开发的历史，并将计算出的开发指标与油田实际开发动态相比较。若两者结果相差很大，必须重新调整参数进行计算，直到计算结果与实际开发动态相一致，能反映油田开发历史动态为止。历史拟合的质量将反映地质建模符合油藏实际情况的程度，并直接影响对拟合结果的分析以及影响动态预测和方案调整的可信度。

1. 参数的不确定性与调参原则

历史拟合应该尊重室内实验结果和油藏地质资料，同时也不能随心所欲地使用“参数虚拟组合”技术，无限制地修改油藏参数。油藏模拟中部分参数的不确定性与修改程度为：

（1）孔隙度为确定性参数，一般不进行修改，允许改动的范围很小；

（2）有效厚度为确定性参数，一般不允许调整，当个别井点有提供厚度解释值时，可进行适当调整；

（3）油、气（汽）、水 PVT 性质为确定性参数；

（4）岩石压缩系数为确定性参数，也为敏感性参数，岩石压缩系统可扩大 1 倍；

（5）渗透率不确定性参数，目前渗透率变化的规律性还难以准确表示出来，因此渗透率修改范围较大，一般可放大 2～5 倍或缩小 1/4～1/3，甚至更多；

（6）相对渗透率数据为不确定性参数。

2. 历史拟合指标

（1）全区指标拟合。

全区指标拟合主要包括累计产油量、累计产水量、日产油量、日产水量、含水率及采出程度等多项指标。拟合结果表明，计算的生产动态与实际生产动态相对误差较小，拟合精度高（图 4–12）。

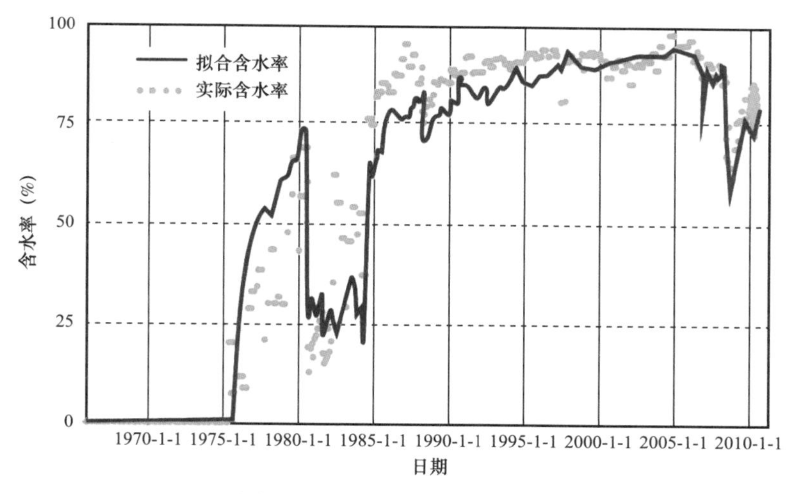

图 4–12　全区含水率拟合曲线

（2）单井指标拟合。

单井指标拟合是指压力、产油量、产水量及含水率和见水时间等一系列指标的拟合。主要方法是对地质属性模型（渗透率、孔隙度）和边水模型（边水的侵入方向及大小）进行反复修改调整，最终使模拟结果与生产动态相符。

通过数值模拟研究，力求对该油藏的地质特征、储层和流体的非均质性、油水运动规律、剩余油的分布有更深入的认识，从拟合曲线可以看出，无论是全油藏还是单井历史都得到了较好拟合，整体拟合误差小于 5%，单井符合率达 81%（图 4–13）。

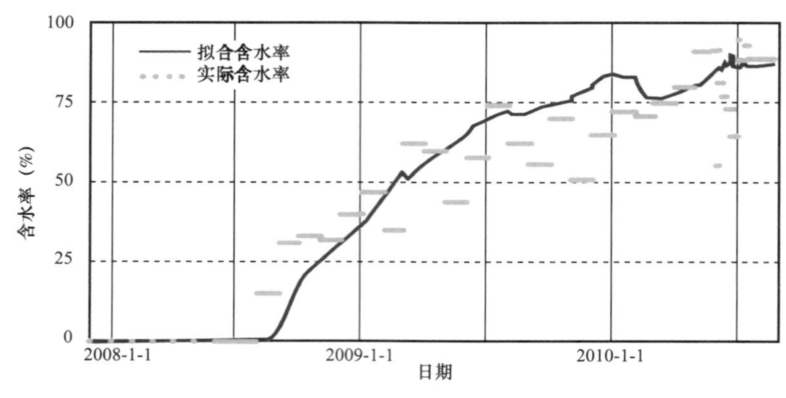

图 4-13　HWT7012-1 井含水率拟合曲线

（五）参数优选方案设计

采用单因素试验的方法对注入浓度、注入量、注入速度、注入时机等参数进行相关计算和优选，结合提高采收率幅度和综合指标等参数，最终确定六中东区、七中区克下组油藏深部调驱提高采收率技术现场实施的最佳方案，最终选择在油藏较低含水期，以较低的注入速度和较低的聚合物浓度长时间连续注入为原则（表 4-2、表 4-3 和图 4-14）。

表 4-2　七中区深部调驱参数优选对比单因素实验方案数据表

浓度（%）	注入量（10^4m^3）	注入孔隙体积倍数（PV）	注入速度（m^3/d）	注入时机①（%）
0.05	6.5	0.05	40	70
0.10	13.0	0.10	50	75
0.15	19.4	0.15	60	80
0.20	25.9	0.20	70	85
0.25	32.4	0.25	80	90

① 指此时的含水率。

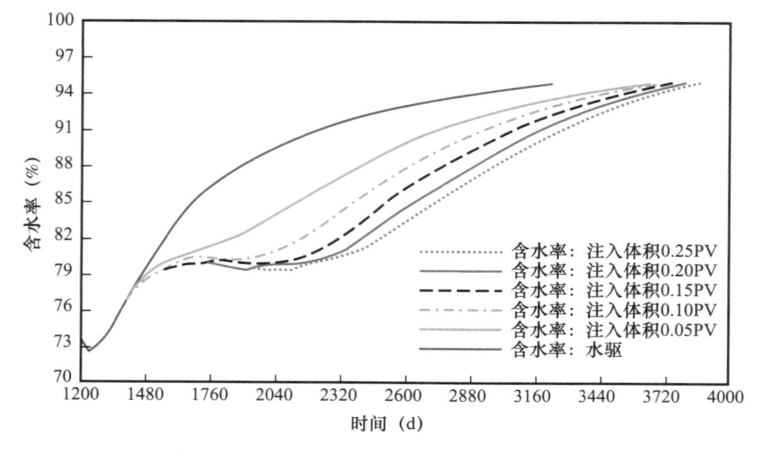

图 4-14　深部调驱试验区含水率变化对比图（注入量优选）

表 4–3 深部调驱效果预测综合数据表（注入量）

注入量（PV）	最大日增油（t）	最大降水（%）	总增油量（10^4t）	提高采收率幅度（%）
0.05	20.3	5.8	0.93	1.22
0.10	30.3	8.7	1.29	1.70
0.15	35.3	10.0	1.56	2.04
0.20	37.3	10.6	1.78	2.33
0.25	38.3	10.9	1.96	2.56

（六）深部调驱效果预测

1. 预测参数确定

根据对深部调驱各项注入参数的优选结果，结合配方研究成果及六中东区、七中区克下组油藏深部调驱项目的现场具体情况，预测开始注入时间设定为 2010 年的 1 月和 5 月，七中区试验区的 9 口井采用该油藏的注入水进行配液，注入调驱剂为铬凝胶体系，平均注入速度为 $40m^3/d$，注入量为 $16.67\times10^4m^3$，折合地层孔隙体积 0.2PV（连续 2 年）；六中东区 18 口井采用清水配液，注入聚合物凝胶携带体膨颗粒体系，注入量 $13.75\times10^4m^3$，折合地层孔隙体积 0.18PV（表 4–4）。

表 4–4 六中东区、七中区克下组油藏试验区深部调驱推荐方案设计数据表

区块	注入井数（口）	配方体系	注入量（10^4m^3）	折合孔隙体积倍数	注入时间
六中东区	18	凝胶 + 体膨颗粒	13.75	0.18	2010 年 1 月
七中区	9	凝胶 +GPAM	16.67	0.2	2010 年 5 月

2. 开发指标预测

利用 Eclipse 数值模拟软件对六中东区、七中区克下组油藏深部调驱试验区相关注入参数进行了优选，综合预测可增油 4.34×10^4t，提高油藏采收率 5.0%，其中六中东区预测增油 2.04×10^4t，七中区试验区预测增油 2.3×10^4t（图 4–15 和图 4–16）。

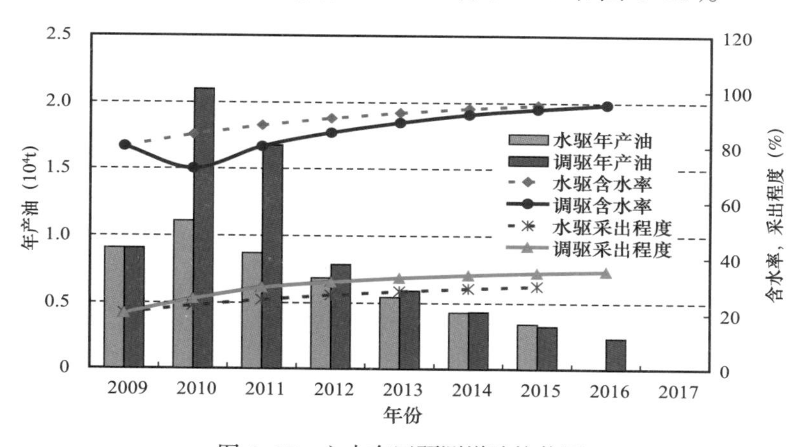

图 4–15 六中东区预测增油柱状图

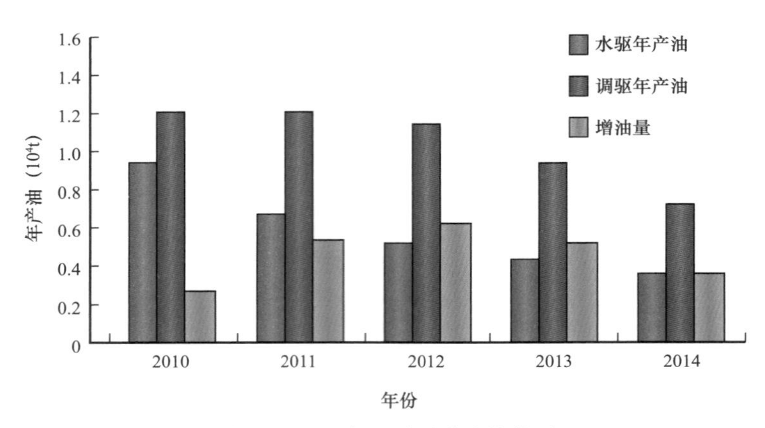

图 4-16　七中区预测增油柱状图

第三节　注入配套技术

早期国内调剖、堵水、调驱使用的注入设备主要有水泥车、柱塞泵等，普遍存在以下问题。（1）使用维护成本高。由于其活塞、缸套、阀体、阀座、阀箱等易损件更换频率高，不但影响生产，而且提高了使用成本。（2）对堵剂分子链剪切率高、工艺效果差。由于水泥车冲次高达每分钟几百次，阀体座起落次数频繁，因此对堵剂分子链剪切很重，极大地破坏了堵剂的性能。（3）现场配料难度大、配料精度低。现有工艺大多为人工配料后运至现场，不能保证配料精度，而且增加了大量的运输费用。（4）破坏地层、不能长期连续工作。由于水泥车在运转过程中，无论地层压力多高，都只能保持固定的注入速度，极易造成地层破坏，并且易损件的频繁更换，破坏了工艺的连续性。（5）操作复杂，占用人员多。无论是配料运输，还是设备运行等都需要大量人员协作才能完成。

为了满足大剂量调剖、调驱的需要，泵注设备必须满足以下几方面的技术要求：（1）对聚合物的剪切小；（2）连续工作时间长；（3）压力、排量可控；（4）提高自动化程度，降低施工劳动强度和施工成本。

一、橇装式注入系统

近年来开展的调驱试验过程中，已成功开发了橇装组合注入站设施，该设施由橇装式一体化注入装置和橇外辅助设备（1 座 $20m^3$ 水罐、1 座 $20m^3$ 搅拌储液罐）组成，该技术产品经现场运用已较成熟，且运行效果良好。

橇装式一体化注入装置是在传统工艺流程基础上，结合调剖调驱现场施工的特点，将调驱体系溶液的配制、注入工艺流程集中于一个列车房中，完成溶液配制、交联剂添加、升压注入和施工数据监测，实现主要注入设备的橇装一体化。列车房内的主要设备包括：注聚泵、螺杆泵、离心泵、蠕动泵、数字压力变送器、无纸记录仪、电磁流量计、配液罐、水粉混合器（文氏管）、搅拌器、超声波液位计、静态混合器、螺旋给料机、变频器及控制柜等，平面布置如图 4-17 所示。

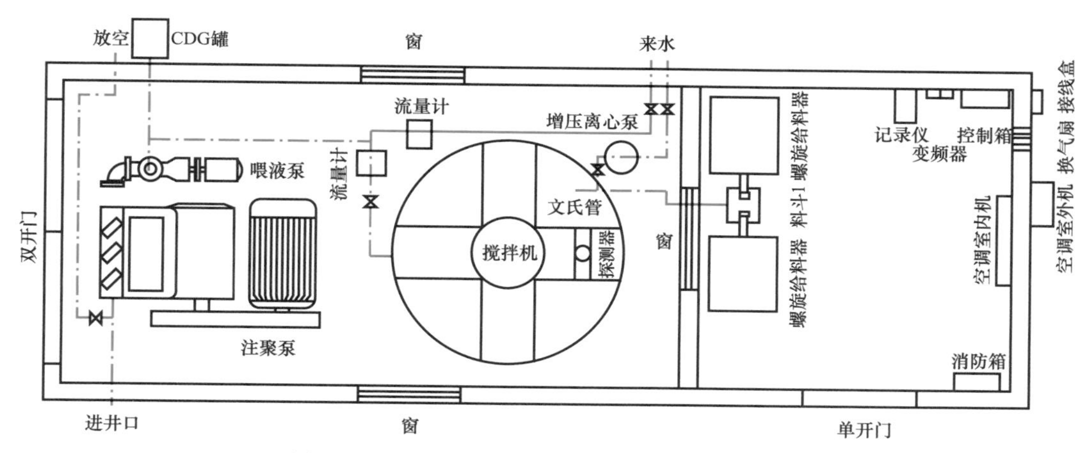

图 4–17 橇装式一体化注入装置平面布置示意图

注入装置采用可编程控制器作为自控系统的核心，用超声波液位探测仪作为检测变送单元，离心泵、电磁阀、搅拌电动机和螺旋给料器作为执行单元，组成全自动配注系统；实现把一定量的聚合物干粉、稳定剂和交联剂溶液均匀地溶解于一定量的水中，配制成预定浓度的混合液，然后经注聚泵升压后注入地层。同时用四通道无纸记录仪按时间自动记录累计配注液量以及施工过程中的泵压力、井压力等施工数据。

二、在线注入设备

针对部分具有在水溶液中悬浮性能好，不需要溶解熟化且性能稳定等特点的调驱体系如聚合物微球、乳液等体系，适用于采用在线注入设备进行泵注。设备占地面积小，适用于空间狭小、不具备大的溶解装置的现场。设备安装简便，使用效果好，同时可以达到大幅节约施工成本的目的。

在线注入设备通常直接与注水流程管线相连，主要部件包括原液罐、在线配液罐和微量计量泵，其中原液罐用来储存高浓度调驱剂原液，在线配液罐通过搅拌将高浓度调驱剂原液在配液用水中分散均匀，微量计量泵与在线配液罐和注入管线分别连接，并以一定注入速度将调驱体系注入注水流程管线，实现在线调剖（图 4–18）。

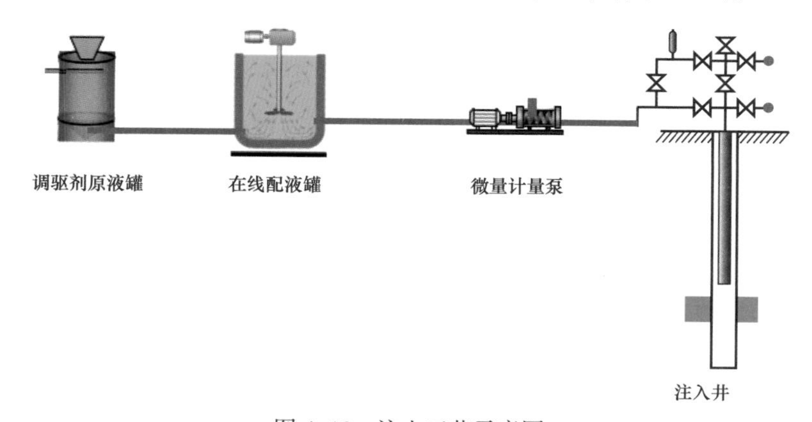

图 4–18 注入工艺示意图

第四节　采出液分析检测技术

油田在实施聚合物驱、复合驱等提高采收率技术和凝胶调剖、深部调驱等改善水驱效果的措施过程中，油井采出液中化学剂浓度检测对于动态分析有着重要的意义。通过采出液中化学剂浓度的检测，能够及时有效地了解化学剂在地层中的渗流情况，动态反映油水井间连通性和窜流情况，为现场试验跟踪调整提供重要的依据。

一、聚合物浓度检测技术

凝胶类调剖剂是目前现场应用最广泛的一类调剖剂，凝胶是由一定质量浓度的聚合物和交联剂通过分子间交联形成，因此现场一般通过检测油井采出液中聚合物含量来作为凝胶调剖的动态监控手段。

（一）高效液相色谱（HPLC-UV）检测方法

注采液中聚合物浓度检测主要采用高效液相色谱（HPLC-UV）检测方法，检测是依靠凝胶色谱柱将注采液中聚合物大分子与小分子物质（磺酸盐、微量原油等）分离（图 4-19），并通过紫外检测器检测在 200nm 下（图 4-20）的吸光度。该方法可靠，聚合物峰分离效果以及标准曲线的线性好，具有测试简单、快捷、精确度高的优点，工作曲线线性范围为 0.5～150mg/L（图 4-21）。

分析条件如下。

（1）SI-300 色谱柱：25cm×0.45cm。

（2）流动相：0.25M NaH_2PO_4：CHOH（90：10）。

（3）流速：1.0mL/min。

（4）检测波长：200nm。

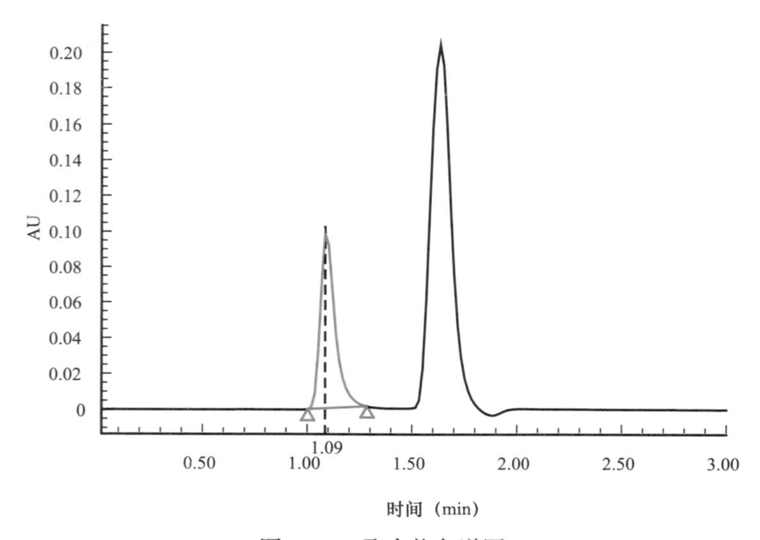

图 4-19　聚合物色谱图

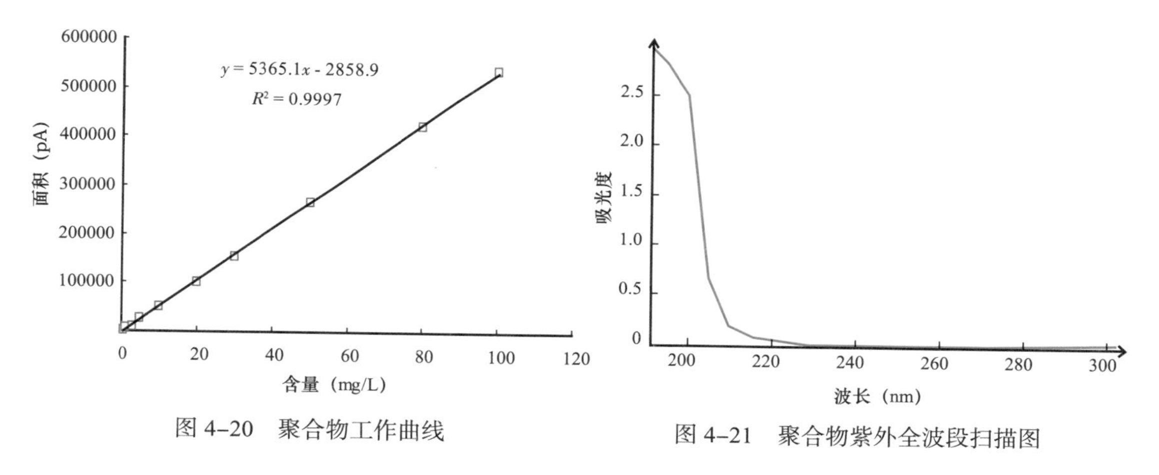

图 4-20　聚合物工作曲线

图 4-21　聚合物紫外全波段扫描图

（二）聚合物浓度检测影响因素研究

在建立和应用过程中，笔者进行了大量研究，模拟现场注入条件和油藏环境对聚合物浓度检测影响，不断完善高效液相色谱检测复杂体系中聚合物浓度方法。

1. 分子量的影响

通过液相色谱测定了不同分子量、水解度相近的聚合物样品的浓度，测试结果通过绘制标准工作曲线进行了对比。由图 4-22 可以看出，在水解度相近的情况下，不同分子量的聚合物样品绘制出的标准工作曲线相差不大。液相色谱法测试聚合物浓度的原理是利用其分子链上的紫外吸收基团在 200nm 处具有典型的吸收，由于聚合物分子量的大小对一定浓度溶液中的紫外吸收基团含量影响不大，因此，对浓度测定结果影响较小。

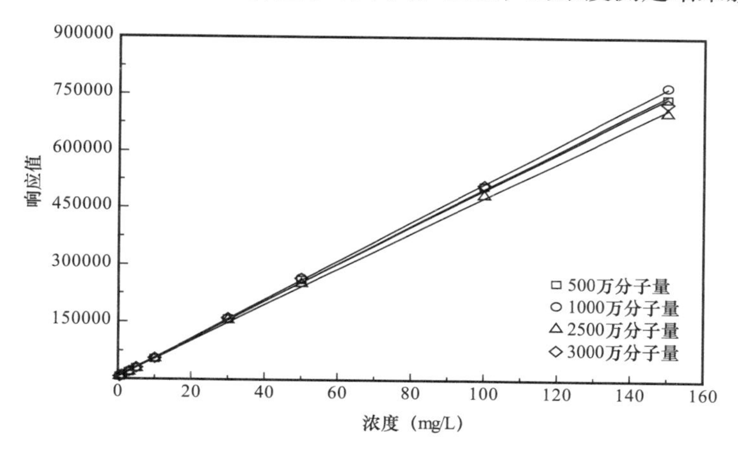

图 4-22　分子量对聚合物浓度测定的影响

2. 溶液含盐量的影响

配制加盐和不加盐两种聚合物溶液，绘制标准工作曲线（图 4-23），发现标准工作曲线相差不大，这是由于盐虽然对聚合物分子形态有一定影响，盐的加入引起聚合物的分子卷缩，使得溶液中聚合物的分子尺寸变小，黏度降低，但不会引起聚合物紫外吸收基团的变化，所以对聚合物浓度测定没有影响。

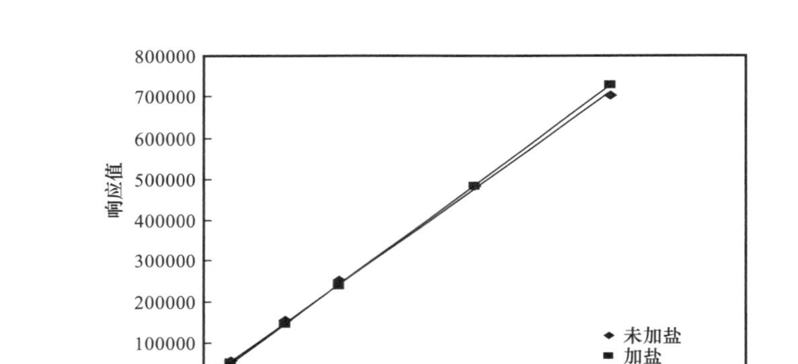

图 4-23　含盐量对聚合物浓度测定的影响

3. 不同剪切时间的影响

聚合物驱以及复合驱在化学剂注入及采出过程中，聚合物会受到不同程度的剪切作用。对不同浓度的同一样品在一定剪切速率下经过不同时间的剪切处理，考察剪切时间对样品标准工作曲线的影响。由图 4-24 可以看出，经过不同时间剪切，样品的标准工作曲线几乎重合在一起，即剪切作用对液相色谱法测定聚合物的浓度没有影响，这是由于尽管剪切处理使得部分聚合物的长链断裂，但对液相色谱有吸收值的酰胺基和羧基的数量并未受到影响。由此可见，液相色谱法适用于经在地层运移后油井产出液中聚合物浓度的测定。

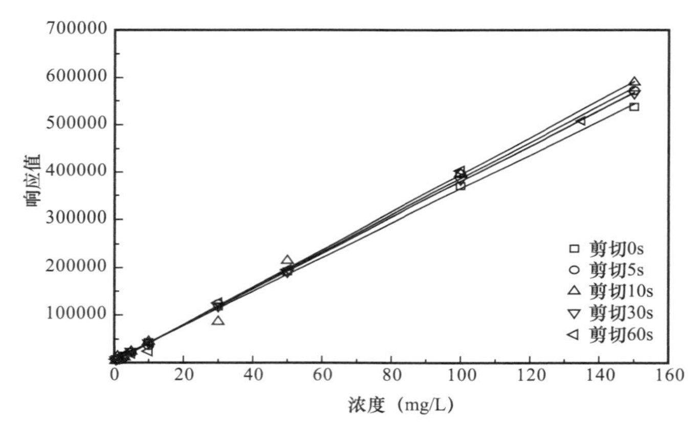

图 4-24　剪切时间对液相色谱法测定聚合物浓度的影响

二、聚合物微球浓度检测技术

利用凯氏定氮仪测定产出液中微球的含量，前期对产出液进行萃取、分离等操作，从而获得含微球的水样，在硫酸铜与硫酸钾的催化作用下，利用浓硫酸与水样中的氨基进行硝化反应后，进行酸碱滴定测定水体中的含氮量，从而反推水中微球的含量。

（一）产出液前处理

将适量产出液静止于 60℃的水浴中进行预热，同时对相应的溶剂油进行预热 1h，按照产出液与溶剂油 1:1 混合，同时在恒温振荡器中振荡 30min 后，采用离心机，在转速 3000r/min 下进行离心分离，这样除去大量的浮油和乳化油以及固体杂质，从而得到中间水层作为待测水样。

（二）硝化

聚合物微球中含有酰胺基团，利用硝化反应，水样中的聚合物微球与浓硫酸共热条件下，将酰胺基团转化为铵根离子，同时会向水样中加入硫酸钾—硫酸铜作为催化剂，以此来提高中间产物的沸点。

使用事先清洗并润洗的 15mL 移液管准确移取处理后的水样 15mL 于凯氏定氮仪试管底部中，不能将水样黏附到试管内壁上，设置平行三组，并将其放置于定氮试管架中，其中前 4 个水样为空白水样，向整批待测试管中加入 2 片加速剂硫酸铜—硫酸钾催化剂药片，并向待硝化试管中依次加入 15mL 浓硫酸。设置升温程序：开启硝化炉电源，设置为梯度升温，加热至 200℃，维持 30min，再加热至 420℃，维持 1h，冷却至室温，待测。

（三）含氮量测定

1. 0.1mol/L 盐酸标准溶液的标定

定氮仪中的滴定液（盐酸）需要配制，对盐酸的标定必不可少，取在 105℃干燥至恒重的基准无水碳酸钠若干，配制成基本溶液，加甲基红—溴甲酚绿混合指示剂平行测定 3 次，记下所消耗的标准溶液的体积，据此实测盐酸浓度。

2. 滴定常数确定

对仪器进行排空清洗并进行颜色校准处理后，取优级纯的硫酸铵固体颗粒，在 105℃条件下恒温干燥 2h，冷却后准确称取一定量置于定氮仪试管中，通过过量的 NaOH 溶液进行反应，生成的氨气在蒸汽发生器的正压推动下，冷凝成氨水进入滴定杯，与硼酸反应，再用盐酸进行滴定，测得所用盐酸的含量，计算得盐酸浓度。数值与标定盐酸浓度数值相近，相对误差小于 5%，即可设置当量浓度常数为上述盐酸浓度。

3. 样品的测试

在凯氏定氮仪显示屏上建立批次，输入需要分析的样品信息（包括清洗程序和空白测定），设置其分析程序为 AN300，设置结果表示单位为 mgN，其余保持默认即可，其中聚合物微球中有效氮含量为 x%。

地层水中本例含氮量很少，不影响产出液微球含量的测定；对不同取样时期的产出液进行微球测定，平行实验稳定，数据精确度高，相对误差小，数据真实可靠；采用凯氏定氮仪对聚合物微球进行测量，测得其含氮量，根据其有效含氮量折算成微球含量。

第五节　效果评价技术

在对国内外深部调驱技术调研的基础上，进一步查阅了国内目前已形成的调剖、堵水、聚合物驱等开发效果评价方法与标准（图 4–25）[18–20]，形成了砾岩油藏深部调驱效果评价体系（图 4–25）。

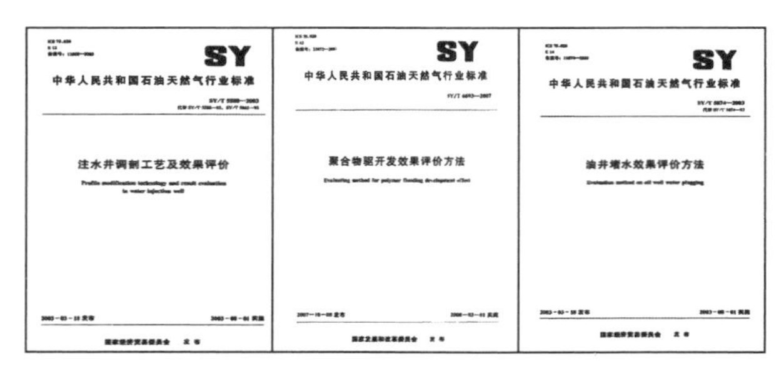

图 4–25　国内已经形成的调剖、堵水、聚合物驱等开发效果评价方法标准

本方法适用于深部调驱阶段效果评价及全过程结束后技术评价。本方法要求在录取水驱及深部调驱各项生产数据，包括注入量、注入压力、产液量、产油量、综合含水率、产聚浓度、动液面、试井及注采剖面等资料的基础上，评价调驱前试验区或开发单元水驱窜流速度、综合含水率、采出程度，以及调驱过程中综合含水率、综合含水下降幅度、产油量、增油量、阶段采出程度等。预测水驱至经济极限含水率的最终采收率、阶段采出程度、产油量等，并综合分析评价试验区或开发单元的水驱窜流速度、最终采收率、阶段采出程度、采收率提高值、产油量、累计增油量、投入产出比以及相关经济指标（图 4–26）。

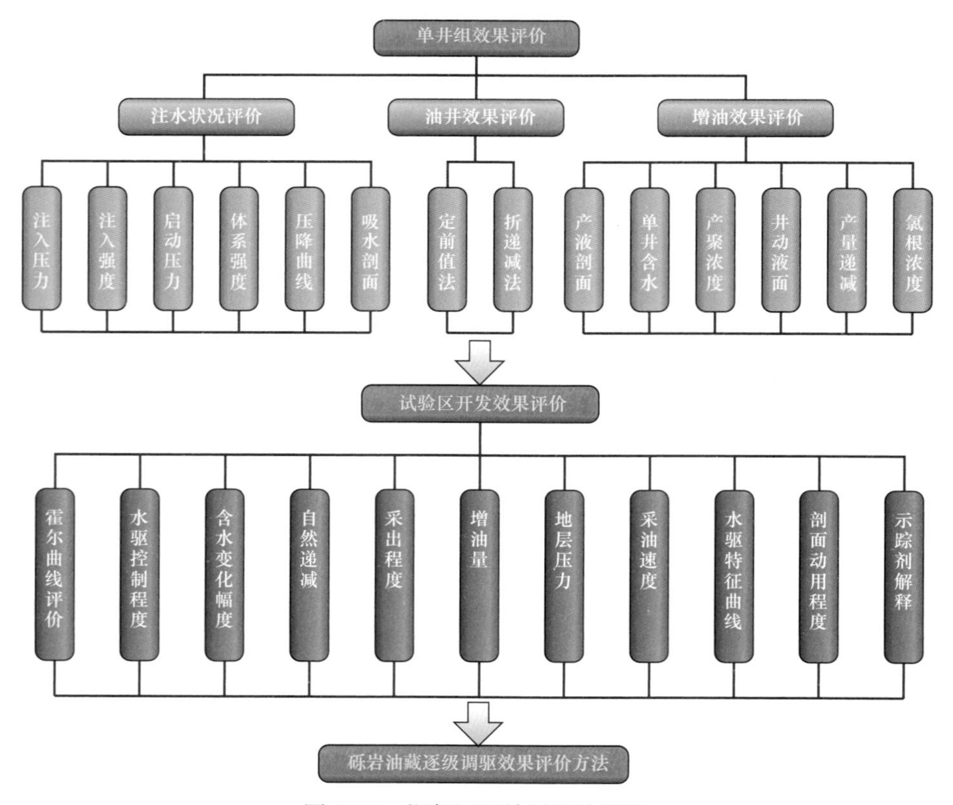

图 4–26　深部调驱效果评价流程

一、评价参数取值

（一）评价区块面积和地质储量

根据油水井射孔情况重新核定评价区块面积和地质储量，计算方法参照 GBn269—1988《石油储量规范》。

（二）调驱单井生产数据

砾岩油藏不同于砂岩油藏，产量日变化差异性较大，因此调驱前后单井月产液量、含水率采用月内全部测试值参与进行计算。

（三）单井评价基数确定

单井评价基数采用调驱前连续稳定生产三个月的（月报数据）平均值作为单井效果评价基数。

（四）调驱前试验区综合含水率

在进行深部调驱之前，注采系统生产稳定条件下的综合含水率作为调驱前试验区综合含水率。

（五）调驱前试验区产油量和产液量

与确定的综合含水率相对应的日产液量和日产油量，作为深部调驱前的产液量和产油量。

（六）注入井压力参考基数

由于单井调驱设计多有注入速度变化，因此注入井压力基数采用与调驱相同注入速度下的稳定注水速度作为注入井压力参考基数。

二、注水状况评价

（一）注入压力

注水井实施调驱后最大注入压力应小于目的层破裂压裂的 85%。采用调驱后注入压力与注入井压力参考基数之差表征反应单井组驱替阻力变化情况与水驱窜流通道封堵状况。在调驱过程中，合理的施工压力有利于调驱剂尽可能进入目的层，防止对非目的层的污染，达到稳油控水的目的。因此，在调驱过程中，及时监测注入压力的变化，并对注入压力进行有效的跟踪评价尤为重要。

（二）视吸水指数

视吸水指数是指注水井井口注入量与井口压力的比值，其单位为（m^3/d）/MPa。视吸水指数越大，调驱必要性越大。调驱后，高渗透层吸水能力得到控制，中低渗透层吸水能力相对提高。视吸水指数降低，说明高渗透层的吸水能力得到了控制，中低渗透层的吸水能力相对提高，堵剂对高渗透层起到一定的封堵作用。

（三）压降曲线

井口压降曲线是在注水井注入量稳定的情况下，关井后，测得的压力随时间的变化曲线，又称压力降落曲线。通过调驱前后压力指数（PI 值）和充满度（FD）对比，评价注水井封堵效果。

$$\mathrm{PI}=\frac{\int_0^t p(t)\mathrm{d}t}{t} \tag{4-12}$$

$$\mathrm{FD}=\frac{\int_0^t p(t)\mathrm{d}t}{p_0 t}=\frac{1}{p_0}\cdot\frac{\int_0^t p(t)\mathrm{d}t}{t}=\frac{\mathrm{PI}}{p_0} \tag{4-13}$$

式中 $p(t)$——注水井井口压力随时间变化函数；

t——时间；

p_0——调驱初始压力；

PI——压力指数；

FD——充满度。

公式（4-11）中 PI 值越大地层的渗流阻力越大，即注入井调驱后的压力降落曲线越平缓，效果越好（图 4-27）；公式（4-12）中 FD 等于 0 表征水驱状况反应为管流，FD 等于 1 表示地层无渗透性，地层合理渗流充满度应介于 0.65～0.95 之间，调驱后 FD 应落于此范围内（图 4-28）。

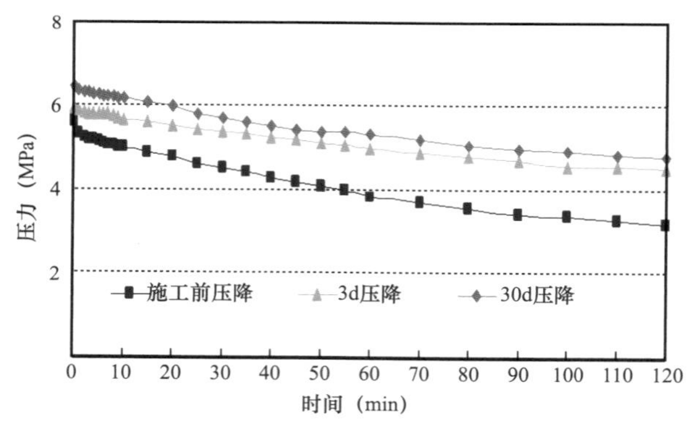

图 4-27 新疆油田石南 21 井区 SN6111 井调驱前后压降曲线

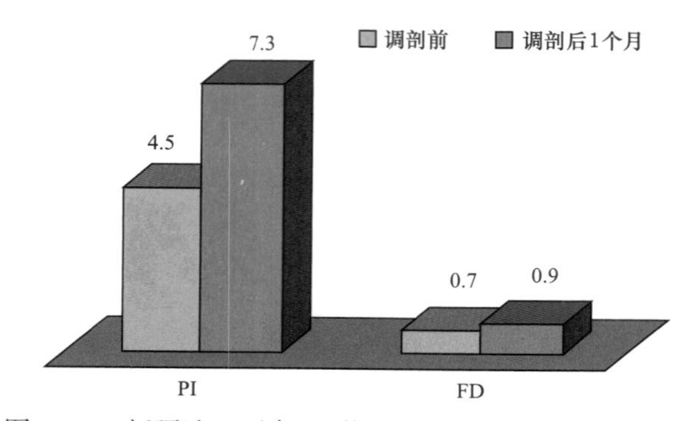

图 4-28 新疆油田石南 21 井区调驱前后 PI 与 FD 变化图

（四）吸水剖面

吸水剖面评价包括吸水层数动用程度和厚度动用程度评价。调驱后该井吸水剖面得到改善，说明高渗透层被有效封堵，同时弱吸水层或者不吸水的层位开始吸水，低渗透层启动。对应油井的产液剖面发生变化，说明该井措施是成功的（图 4–29）。

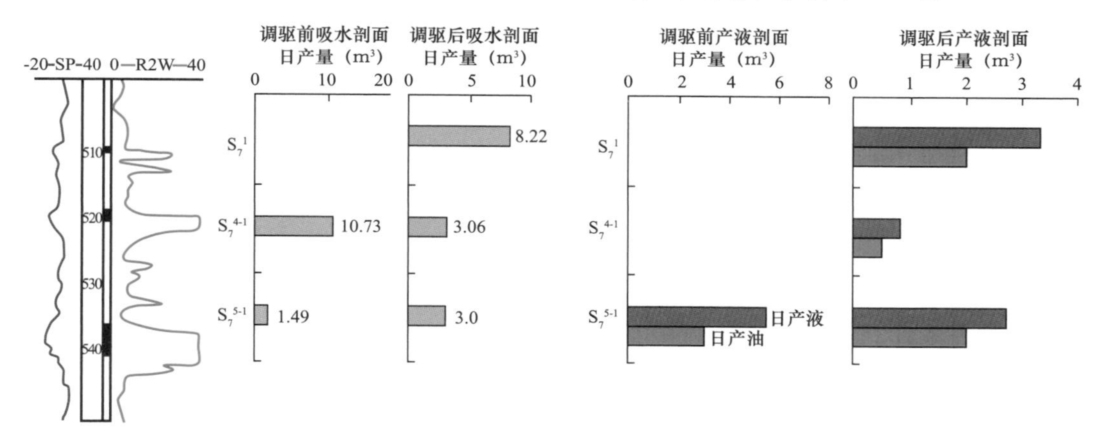

图 4–29　克拉玛依三$_2$区克上组油田 3263 井调驱前后吸水、产液剖面对比

调驱前后水井吸水剖面对比凡符合下列条件之一的即为有效。

（1）吸水厚度：调驱后吸水厚度有所增加。

（2）吸水强度：调驱目的层（高渗透层）吸水量下降，吸水强度降低，弱吸水层吸水量上升，吸水强度增加。

（3）吸水层数：调驱后吸水层数增加或启动新层。

三、增油降水效果评价

（一）单井求和绝对法增油

以油井单井为中心，用调驱后月产量与单井基数相减为当月增油量（取正值），累加求和为单井累计增油量。

$$Q_{增}=Q_n-Q_{基} \tag{4-14}$$

式中　$Q_{增}$——单井当月增油量，t；

$Q_{基}$——调驱前单井月产量基数，t；

Q_n—— 单井调驱见效后第 n 月产油量，t。

$$Q_{累计}=\sum Q_{增} \tag{4-15}$$

式中　$Q_{累计}$——单井累计增油量，t；

$\sum Q_{增}$——对应油井在有效期内月累计增油量之和，t。

（二）递减法增油

调驱前通过回归产量递减曲线预测持续水驱产量水平，调驱后当月产油量减去预测值为当月增油量，有效期内累加即为累计增油量。

砾岩油藏通常采用指数递减和双曲线递减表述。

指数递减：

$$q_o(t)=q_i \cdot e^{-a_i t} \tag{4-16}$$

双曲线递减：

$$q_o(t)=q_i/(1+a_i nt)^{1/n} \tag{4-17}$$

式中 $q_o(t)$——任意一时刻的产量，t/d；

q_i——初始产量，t/d；

a_i——初始递减率，1/d；

n——递减指数；

t——生产时间，d。

累计增油量计算：

$$\Delta N_p=\int_0^T[Q_o(t)-q_o(t)]dt \tag{4-18}$$

式中 $Q_o(t)$——调驱后产量，t；

ΔN_p——累计增油量，t；

T——有效期。

（三）含水上升率评价

对调驱见效前、见效后含水率值分别进行线性回归，依据回归结果，运用公式：

$$\frac{df}{dR}=\frac{f_{w2}-f_{w1}}{R_2-R_1} \tag{4-19}$$

式中 f_{w1}，f_{w2}——分别为阶段初始末的综合含水率；

R_1，R_2——分别为阶段初始末的采出程度。

求得调驱见效前、见效后含水上升率$[\frac{df}{dR}]_1$、$[\frac{df}{dR}]_2$。如果$[\frac{df}{dR}]_1>[\frac{df}{dR}]_2$，则表示调驱见效，且$\Delta[\frac{df}{dR}]=[\frac{df}{dR}]_1-[\frac{df}{dR}]_2$差值越大，见效越明显。

（四）降低产水量评价

降低产水量为水驱预测累计产水量W_{p1}与调驱有效期内实际累计产水量W_{p2}之差，ΔW_p值越大，调驱效果越明显。

$$\Delta W_p=W_{p1}-W_{p2} \tag{4-20}$$

式中 ΔW_p——降低产水量，m^3；

W_{p1}——水驱预测累计产水量，m^3；

W_{p2}——实际累计产水量，m^3。

（五）存水率

存水率为累计注水量与累计采水量之差和累计注水量之比。调驱后累计存水率越高，表明注入水的利用率越好。

$$W_f = \frac{W_i - W_p}{W_i} \times 100\% \tag{4-21}$$

式中 W_f——累计存水率，%；
W_i——累计注水量，m^3；
W_p——累计采水量，m^3。

四、综合效果评价

（一）有效期评价

有效期时间按调驱注水井所对应油井实际增产天数累计计算，有效期的统计不受年度限期制。深部调驱后，对应油井在无其他增产措施的状态下满足以下条件之一视为开始见效：

（1）日产油量上升，含水率下降 3% 以上；
（2）日产油量上升 10% 以上，含水率不变；
（3）日产油量不变，含水率下降 10% 以上；
（4）含水率上升 5% 以下，日产油量上升 15% 及以上；
（5）产量递减明显减缓。

在调驱有效期内，工作制度的改变（如抽油井调参等），不应影响调驱效果的统计。

调驱井对应油井见效后，若出现连续 3 个月以上时间不具备有效期计算内任一条件时，视为对应油井失效。试验区失效的界定依据为产量递减数值恢复至调驱前水平，月增油量持续 3 个月以上为负值。

（二）油井见效率

调驱对应见效井数占试验区总油井数的百分比称作油井见效率。油井见效率越高，表明调驱效果越好。

（三）中心井采出程度

试验区中心井阶段累计采油量占中心井控制地质储量的百分数，单位为 %（OOIP）。

（四）中心井采收率提高值

中心井调驱前后最终采收率之差，单位为 %（OOIP）。

（五）阶段采出程度

深部调驱阶段累计采油量占地质储量的百分数，单位为 %（OOIP）。

（六）采收率提高值

深部调驱最终采收率与水驱采收率之差，单位为 %（OOIP）。

（七）增加可采储量

应用水驱特征曲线：

$$\lg W_p = A + BN_p \tag{4-22}$$

式中 N_p——累计产油量，10^4t；

W_p——累计产水量，10^4m^3；

B——水驱曲线对纵轴的斜率；

A——与岩石、流体性质有关的常数。

根据调驱前后水驱特征曲线的表达式可以评价增加的可采储量、增加的最终采收率、降水量与含水上升率的下降等指标（图 4-30）。

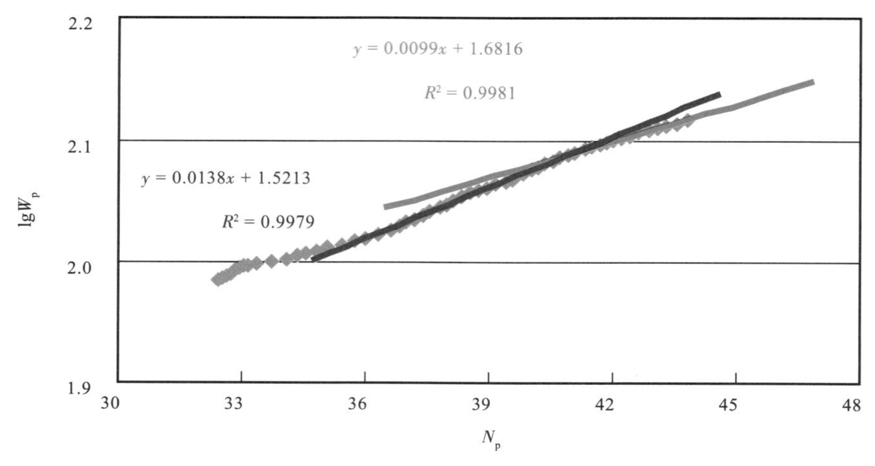

图 4-30　七中区克下组深调试验区甲型水驱特征曲线

当含水率 f_w=98% 时，分别计算调驱前后的累计产油量 N_{pmax1}，N_{pmax2}：

$$N_{pmax1} = \frac{1}{B_1}\left(\lg\frac{21.28}{B_1} - A_1\right) \tag{4-23}$$

$$N_{pmax2} = \frac{1}{B_2}\left(\lg\frac{21.28}{B_2} - A_2\right) \tag{4-24}$$

增加的可采储量 ΔN_{pmax} 为：

$$\Delta N_{pmax} = N_{pmax2} - N_{pmax1} \tag{4-25}$$

（八）含水率与采出程度关系评价

注水开发油藏影响含水上升率的因素较多，主要取决于油水黏度比和油层渗透率级差，因此不同地质条件的油藏含水率上升规律各不相同。实践表明，任何一个水驱开发油藏，含水率和采出程度之间都存在着一定的内在关系。

应用童氏水驱曲线回归公式：

$$\lg \frac{f_w}{1-f_w}=7.5(R-R_m)+1.69 \tag{4-26}$$

式中 f_w——含水率；

R——采出程度；

R_m——最终采出程度。

其描述的含水率与采出程度的基本关系是一条大致呈“S”形的曲线（图4-31），能够适用于一般的油藏，即中等原油黏度和中等渗透率级差的油藏。绘制实际含水率与采出程度关系曲线与理论曲线对比图，评价试验区调驱前后含水率上升与最终采出程度变化趋势。

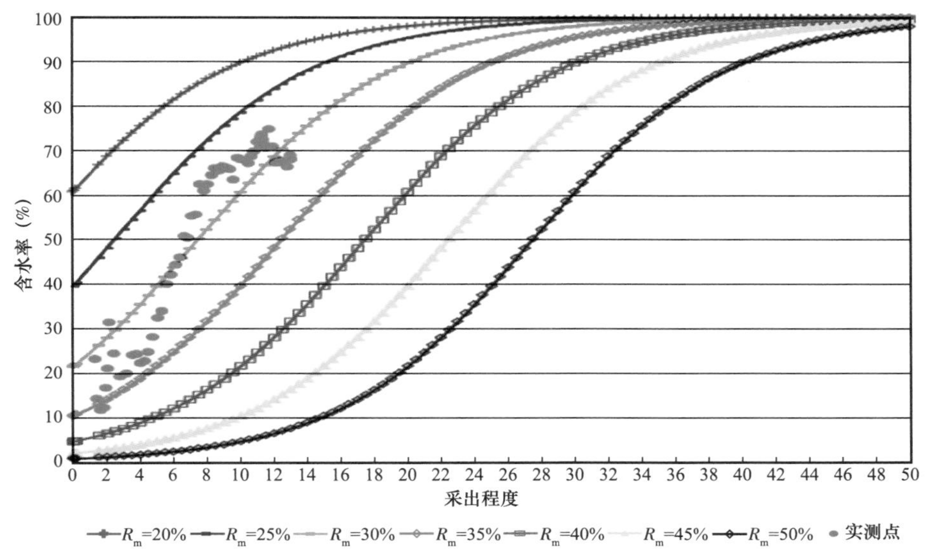

图4-31 新疆油田红18井区实施逐级调剖综合含水与采出程度关系曲线

（九）封堵效果评价

对比调驱前后试验区油水井间示踪剂见剂速度、见效方向及见效浓度变化，判断调驱封堵效果。

五、经济效益评价

（一）调驱施工总费用

$$C=C_1+C_2+C_3+C_4 \tag{4-27}$$

式中 C——调剖施工总费用，万元；

C_1——化学剂费用，万元；

C_2——施工费，万元；

C_3——测试费，万元；

C_4——地面工程改造费用，万元。

（二）调驱投入产出比

$$\lambda=C/(V_o+V_w) \tag{4-28}$$

式中 λ——调剖投入产出比；

V_o——增油效益，元；

V_w——降水效益，元。

（三）财务净现值（FNPV）

财务净现值是指项目按行业的基准收益率，将项目计算期内年净现金流量折算到建设初期的现值之和。它是考虑项目在计算内盈利能力的动态评价指标。按公式（4–29）至公式（4–31）计算：

$$\mathrm{FNPV}=\sum_{t=1}^{n}(\mathrm{CI}_t-\mathrm{CO}_t)(1+I_c)^{-t} \tag{4-29}$$

$$\mathrm{CI}_t=\mathrm{SR}_t+\mathrm{SLD}+\mathrm{STZ} \tag{4-30}$$

$$\mathrm{CO}_t=\mathrm{ZTZ}_t+C_{ct}+\mathrm{SJ}_t+\mathrm{Cf}_t+\mathrm{LD}_t \tag{4-31}$$

式中 n——评价年限；

CI_t——第 t 年现金流入，万元；

CO_t——第 t 年现金流出，万元；

I_c——折现率，%；

SLD——回收流动资金，万元；

STZ——固定资产产值，万元；

ZTZ_t——第 t 年总投资，万元；

C_{ct}——第 t 年经营成本，万元；

LD_t——流动资金，万元。

（四）财务内部收益率（FIRR）

财务内部收益率是指项目在整个计算期内各年净现金流量现值累计等于零时的折现率，它反映项目所占资金的盈利率，是考察项目盈利能力的主要动态指标。按公式（4–32）计算：

$$\sum_{t=1}^{n}(\mathrm{CI}_t-\mathrm{CO}_t)(1+\mathrm{FIRR})^{-t}=0 \tag{4-32}$$

（五）投资回收期（P_t）

投资回收期是考察项目盈利能力的主要静态指标。按公式（4–33）计算：

$$P_t=\text{累计净现金流量开始出现正值年份}-1+\frac{\text{年净现金流量绝对值}}{\text{当年净现金流量}} \tag{4-33}$$

六、评价结果表述

（一）项目基本概况

阐述评价区块的含油面积、油层孔隙体积、地质储量、油层厚度等油层基本地质数据，以及调驱前评价区块的生产概况。

（二）项目设计要点及实施情况

包括油藏工程设计方案和地面工程设计方案两部分。油藏工程设计方案简述深部调驱层系、井网、新钻井利用井井数以及调驱注入参数。地面工程设计方案简述调驱化学体系的配置和注入以及产出液处理等地面工程系统。项目实施情况简述方案执行和调整情况。

（三）项目技术效果评价

主要评价含水下降幅度、累计增油量、阶段采出程度、采收率提高值等技术指标，并对试验区水窜通道的封堵状况、体系注入状况进行评价，作出深部调驱试验区相关开发曲线图。

（四）项目经济效果评价

通过投资、费用、收入以及各项税金的测算，评价深部调驱项目实施后财务净现值、财务内部收益率、投资回收期。

参考文献

[1] 孟祥海，刘义刚，邹剑，等. 海上稠油油田深部调驱选井决策方法研究［J］. 石油地质与工程，2017，31（3）：87-90，133-134.

[2] 戴家才，郭海敏，彭燕明，等. 注水剖面测井确定分层吸水指数方法研究［J］. 测井技术，2006，30（4）：354-356.

[3] 于翠玲，林承焰. 储层非均质性研究进展［J］. 油气地质与采收率，2007，14（4）：15-18.

[4] 张云鹏，汤艳. 油藏储层非均质性研究综述［J］. 海洋地质前沿，2011，27（3）：17-22.

[5] 赵春森，翟云芳，张大为. 油藏非均质性的定量描述方法［J］. 石油学报，1999，20（5）：39-42.

[6] 康晓东，刘德华，蒋明煊，等. 洛伦茨曲线在油藏工程中的应用［J］. 新疆石油地质，2002，23（1）：65-67.

[7] 保罗·A. 萨缪尔森，威廉·D. 诺德豪斯. 经济学［M］. 14 版. 胡代光译. 北京：首都经济贸易大学出版社，1996.

[8] 胡向阳，熊琦华，吴胜和. 储层建模方法研究进展［J］. 石油大学学报（自然科学版），2001，25（1）：107-112.

[9] 张团峰，王家华. 储层随机建模和随机模拟原理［J］. 测井技术，1995，19（6）：391-397.

[10] 杨辉廷，颜其彬，李敏. 油藏描述中的储层建模技术［J］. 天然气勘探与开发，2004，27（3）：45-49.

[11] 尹艳树，吴胜和. 储层随机建模研究进展［J］. 天然气地球科学，2006，17（2）：210-216.

[12] 宋海渤，黄旭日. 油气储层建模方法综述［J］. 天然气勘探与开发，2008，31（3）：53-57.

[13] 左卿伶. 克拉玛依油田七中区克下组砾岩储层特征及三维地质建模［D］. 北京：中国石油大学

（北京），2018.
[14] 宋子齐，伊军锋，庞振宇，等. 三维储层地质建模与砂砾油层挖潜研究——以克拉玛依油田七中区、七东区克拉玛依组砾岩油藏为例[J]. 岩性油气藏，2007，19（4）：99-105.
[15] 周贤文，汤达帧，张春书. 精细油藏数值模拟研究现状及发展趋势[J]. 特种油气藏，2008，15（4）：1-6.
[16] 朱焱，谢进庄，杨为华，等. 提高油藏数值模拟历史拟合精度的方法[J]. 石油勘探与开发，2008，35（2）：225-229.
[17] 潘举玲，黄尚军，祝杨，等. 油藏数值模拟技术现状与发展趋势[J]. 油气地质与采收率，2002，9（4）：69-71.
[18] SY/T 6693—2007，聚合物驱开发效果评价方法[S].
[19] SY/T 5588—2003，注水井调剖工艺及效果评价[S].
[20] SY/T 5874—2012，油井堵水效果评价方法[S].

第五章　新疆砾岩油藏深部调驱现场试验

自2009年开始，新疆油田公司在室内研究的基础上，针对准噶尔盆地主体三类砾岩油藏开展深部调驱现场试验，涉及108个井组，地质储量727.1×10^4t，化学剂用量$135.81\times10^4m^3$，取得了较好的经济效益，试验研究取得的成果为深部调驱技术的进一步推广应用打下坚实的基础（表5-1）[1-5]。

表5-1　油藏分类深部调驱基本情况统计表

油藏类型	区块	调驱井数（口）	调驱用量（10^4m^3）	地质储量（10^4t）
Ⅰ类砾岩	七中区克下	15	39.8	196.7
	七区八道湾			
Ⅱ类砾岩	一东区克上	8	12.8	56.0
	红18井区克下	12	7.5	150.0
	百21井区百口泉	5	3.8	15.7
Ⅲ类砾岩	六中东克下先导	68	72.0	308.7
	六中东扩大			
	六中北克下			
合计		108	135.8	727.1

根据调驱方案中动态监测的要求，六七区在方案实施过程中，对油水井的产吸剖面、注入井的注入量、注入压力及压降曲线、注入过程中调驱体系的样品及试验区生产井的动态生产数据进行了及时的跟踪监测。通过监测资料及时反馈，对方案进行有效调整。在注入过程中，对于压力上升过快的井，通过对比分析注入井储层物性、吸水剖面、压降曲线及油井生产动态资料等相关数据，及时对注入井进行返排试验，保障调驱剂后期的顺利注入；通过对吸水剖面、注入压力及时监测，针对目前剖面改善程度较差、注入压力较低的井及时调整配方体系强度，使得水井的剖面动用程度提高；通过油井动态监测，对措施前后一直低产低能的井在具体分析油层发育状况的基础上，提出补孔的建议，保障调驱措施效果最大化。

第一节　Ⅰ类砾岩油藏试验区

一、试验区地质概况

七中区克下组油藏为断裂遮挡的单斜构造油藏，克—乌断裂、白碱滩北断裂及南白碱滩断裂为试点区块内三条主断裂，地层倾角 2 度～30 度，向下倾方向逐渐变陡。油藏属冲积扇沉积相，七中区处在扇中、扇顶或山麓河流相河床多次重叠发育地区，沉积厚度 54.1m，平均砂砾岩厚度 38.8m，分为 S_6 和 S_7 两个砂层组，主力油层为 S_7^2 层、S_7^3 层、S_7^4 层。储层岩性为砾岩、含砾不等粒砂岩。孔隙度 16%，渗透率 71mD，有效厚度 16.4m，油藏地质储量 530.74×10^4t，原始地层原油黏度 5.57mPa·s。

七中区八道湾组油藏构造属准噶尔盆地西北缘克—乌断阶带中段，由克—乌断裂与白碱滩南断裂所切割，地层走向与断层基本一致。构造形态为一由西北向东南倾的单斜，地层倾角 6 度～15 度，油藏埋藏深度 870～920m，油藏属中浅层断层遮挡下的一类构造岩性砾岩油藏。七中区八道湾组油藏自下而上经历了辫状河—辫状河三角洲的演化过程。主力油层八$_4$、八$_5^1$ 层为河道亚相沉积，主要为河床滞留和心滩微相，沉积厚度平均 82m，东南部和西部厚度平均 120m，中北部平均 65m。储层岩性以中粗砂岩、砾岩为主，具正旋回特征。有效渗透率变化范围在 0.25～3140mD 之间，平均 159mD，属中孔隙度、中渗透率储层。地面原油黏度（20℃）68mPa·s，有效厚度 5.9～30.0m，平均 27.2m，含油面积 11.3km^2，地质储量为 1935.11×10^4t。

二、试验区开发简况

七中区克下组油藏 1957 年发现，1974 年全面开发，2006—2008 年二次开发调整。调整后，形成五点法面积井网，注采井距由 340m 缩小至 200m。七中区八道湾组油藏 1967 年在七中区东部开辟线状注水试验区，1975 年七中区八道湾组八$_{4+5}$ 层采用 400～600m 点状面积井网开发，1982 年七中区中部调整，1986 年七中区东部调整，1988 年七中区西部扩边，1999—2000 年七中区中东部高含水期调整，油藏历经三个开发阶段：注水试验及产能建设阶段（1967—1975 年），稳产阶段（1976—1991 年），递减调整阶段（1992 年以后）。

三、深部调驱方案要点

根据方案设计，七中区选择 9 注 21 采的试验区，调驱目的层主要为克上组 $S_7^2+S_7^3$ 油层，覆盖储量 46.0×10^4t，化学剂用量 16.67×10^4m^3，折合地层孔隙体积 0.2PV。Ⅱ期工程在七中区八道湾组油藏进行，方案设计 6 注 27 采进行深部调驱，试验区含油面积 1.12km^2，地质储量 120.3×10^4t，调驱目的层为八$_5^1$ 层，化学剂用量 23.1×10^4m^3，折合地层孔隙体积 0.1PV（表 5-2、图 5-1 和图 5-2）。

表 5-2 深部调驱试验区方案表

试验区块	油藏类型	调驱井数（口）	相关油井（口）	调驱用量（10^4m^3）	试验区面积（km^2）	地质储量（10^4t）	调驱思路	预测增油量（10^4t）
七区克下	Ⅰ类砾岩	9	21	16.67	1.22	46.4	驱为主，调为辅	2.30
七区八道湾	Ⅰ类砾岩	6	25	23.10	1.12	120.3	驱为主，调为辅	4.31
合计		15	46	39.77	2.34	166.7		6.61

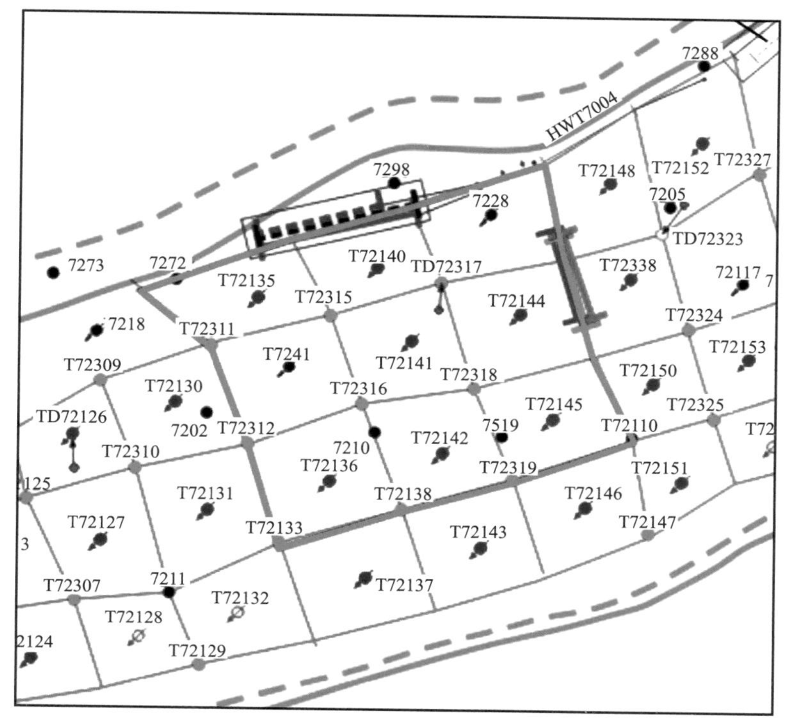

图 5-1 七中区克下组油藏深部调驱试验区井组分布图

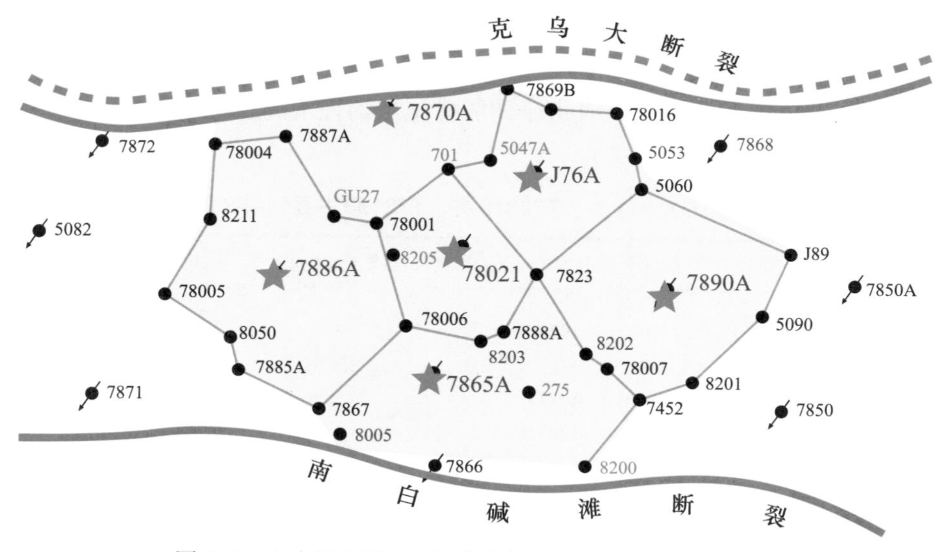

图 5-2 七中区八道湾组油藏深部调驱试验区井组分布图

以七区八道湾Ⅰ类砾岩逐级调驱为例。

针对中孔中渗、非均质性强的Ⅰ类砾岩油藏，配方设计应以驱为主、调驱结合，调剖段塞以中、低强度聚合物凝胶或聚合物携带小粒径体膨颗粒复配体系为主；驱替段塞采用微球或者 LPS 溶液，对中孔小喉的储层适应性较好。

调剖段塞设计分为四个段塞注入。第一段塞，聚合物保护段塞；第二段塞，高强度凝胶段塞；第三段塞，聚合物微球；第四段塞，强凝胶封口段塞（表 5–3）。

表 5–3　七中区八道湾组油藏调驱试验配制浓度设计表

时间段	聚合物（%）	交联剂 A（%）	交联剂 B（%）	微球（%）	备注
第一段塞	0.20～0.50				聚合物
第二段塞	0.12～0.30	0.01～0.02	0.2～0.4		高强度凝胶
第三段塞	0.08～0.15			0.03～0.10	聚合物微球
第四段塞	0.20～0.50				强凝胶封口

四、现场试验效果评价

七中区在试验过程中根据试验区动态特征和相关资料分析，发现试验区在调驱过程中主要存在以下问题。

（1）试验区 2 口中心井 TD72317 井、T72316 井，1 口角井 T72133 油水井射孔不对应，影响调驱试验效果。

（2）试验区注入过程中注水压力较高，近井地带存在伤害。

根据以上存在的问题，提出以下调整意见。

（1）对油井 TD72317 井、T72316 井、T72133 井进行补孔压裂。

TD72317 井、T72316 井和 T72133 井调驱前只射开了 S_7^1、S_7^2 层，S_7^3 层没有射开，分析 3 口井产液量较低，与对应水井射孔层位不对应，综合测井解释曲线和该区生产动态分析认为 3 口井水淹程度不高，且由于调驱措施可治理水淹层水突进的问题，建议对 3 口油井进行补孔压裂改造（表 5–4）。

表 5–4　TD72317 井、T72316 井、T72133 井建议射孔层段表

井号	生产情况	建议补孔井段（m）	射孔厚度（m）	层位	压裂井段
TD72317	日产液 2.5t，含水率 36%	1072.0～1076.5	4.5	S_7^{3-2}	全井段
T72316	日产液 12.2t，含水率 91%	1076.0～1077.0 1080.0～1083.0	4.0	S_7^{3-1} S_7^{3-2}	补孔井段
T72133	日产液 4.3t，含水率 81%	1123.0～1126.0	3.0	S_7^{3-2}	补孔井段

（2）对 6 口调驱井进行解堵。

七中区克下组深部调驱实施后，近井地带存在伤害，经分析主要是因为调驱剂注入过程中，由于聚合物没有完全溶解形成“鱼眼”，在近井地带滞留，与交联剂反应后形成弹性较大的堵塞物。近井地带的伤害造成注入压力升幅较大，影响后续段塞的注入和配方调整，因此采用化学解堵措施，使用现有注聚设备注入少量的化学解堵剂（过氧化氢）

溶解井筒周围的聚合物凝胶。解堵井选择依据：注入压力波动较大，明显的近井地带堵塞效应造成；压力升幅较高，较快。确定解堵井为 T72141 井、T72142 井、T72136 井、T72144 井、T72135 井、T72145 井。

通过对试验区措施过程中及时的跟踪调整，使深部调驱试验区增油效果显著，取得了较好的试验效果。

（一）七中区八道湾组试验区

1. 现场实施状况

七中区八道湾组油藏深部调驱试验于 2011 年 11 月开始进入现场实施，2014 年 1 月完成施工，累计注入调驱剂 $23.1\times10^4m^3$。现场应用体系以聚合物铬凝胶为主，以强弱组合段塞式注入。注入压力由措施前的 10.4MPa 上升至调驱后的 11.3MPa，升幅 0.9MPa。

2. 总体效果评价

深部调驱实施以来增油降水效果明显，截至 2017 年 12 月，七区八道湾组试验区累计增油 6.6×10^4t，最大日增油达 43.1t，最大降水 16.5%，提高阶段采出程度 5.5%（表 5–5 和图 5–3）。

表 5–5 七中区八道湾组深部调驱试验区见效情况表

区块	措施前			2017 年 10 月			变化幅度		最大变化幅度	
	日产液（t）	日产油（t）	含水率（%）	日产液（t）	日产油（t）	含水率（%）	日产油（t）	含水率（%）	日产油（t）	含水率（%）
七中区八道湾组	326.8	41.3	87.4	232.9	51.9	77.7	10.6	–9.7	43.1	–16.5

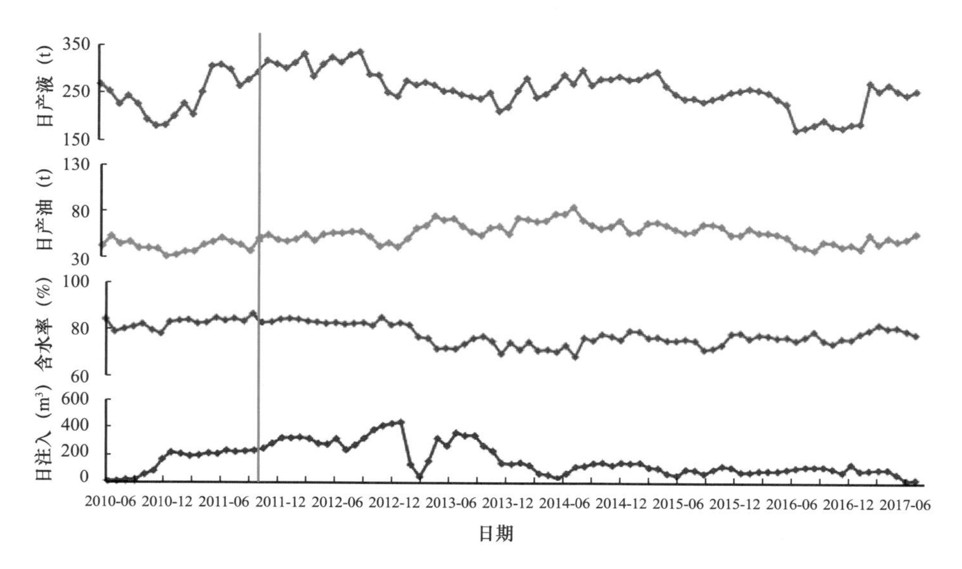

图 5–3 七区八道湾组深部调驱试验区月生产曲线

3. 油井见效状况

七中区八道湾组试验区 27 口油井中累计 22 口见效，见效率 81.5%，其中中心井全部见效。

（1）中心井见效情况。

全区共有中心井 8 口，8 口井全部见效，见效率 100%，其中累计增油大于 1000t 的井 4 口，500～1000t 的井 3 口，小于 500t 的井 1 口，累计增油 13183.5t，占总增油量的 19.9%（表 5–6 和图 5–4）。

表 5–6　七区八道湾深部调驱中心井增油效果表

分项	基数	最高	2017 年 10 月	增减
日产液（t）	110.2	128.5	41.0	–69.2
日产油（t）	14.1	23.1	7.6	–6.5
含水率（%）	87.2	70.1	81.5	–5.7
累计增油（t）	13183.5			

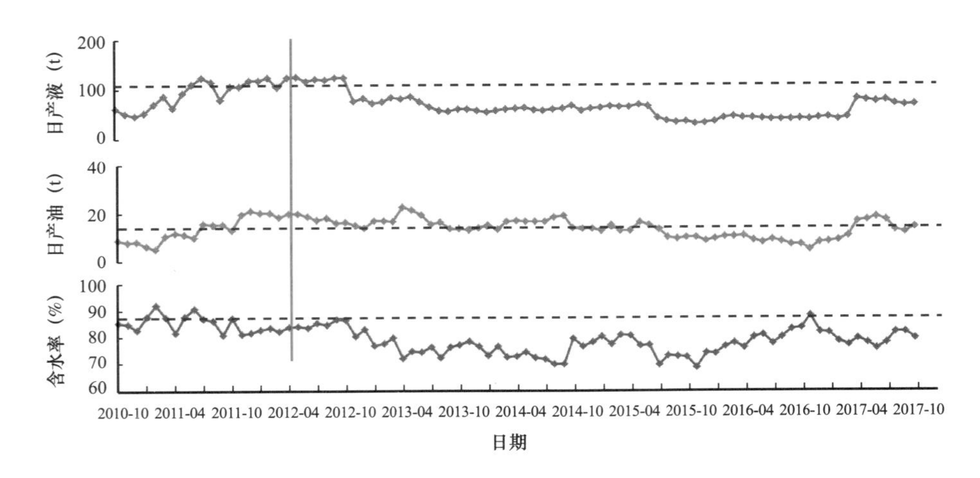

图 5–4　中心井月度开发曲线

（2）边井见效情况。

全区共有边井 19 口，16 口井见效，见效率 84.2%，其中累计增油大于 1000t 的井 9 口，500～1000t 的井 1 口，小于 500t 的井 9 口，累计增油 53033.8t，占总增油量的 80.1%（表 5–7 和图 5–5）。

表 5–7　七区八道湾深部调驱边井增油效果表

分项	基数	最高	2017 年 10 月	增减
日产液（t）	172.5	228.2	206.4	33.9
日产油（t）	28.6	65.7	48.8	20.2
含水率（%）	83.4	68.1	76.4	-7.0
累计增油（t）	53033.8			

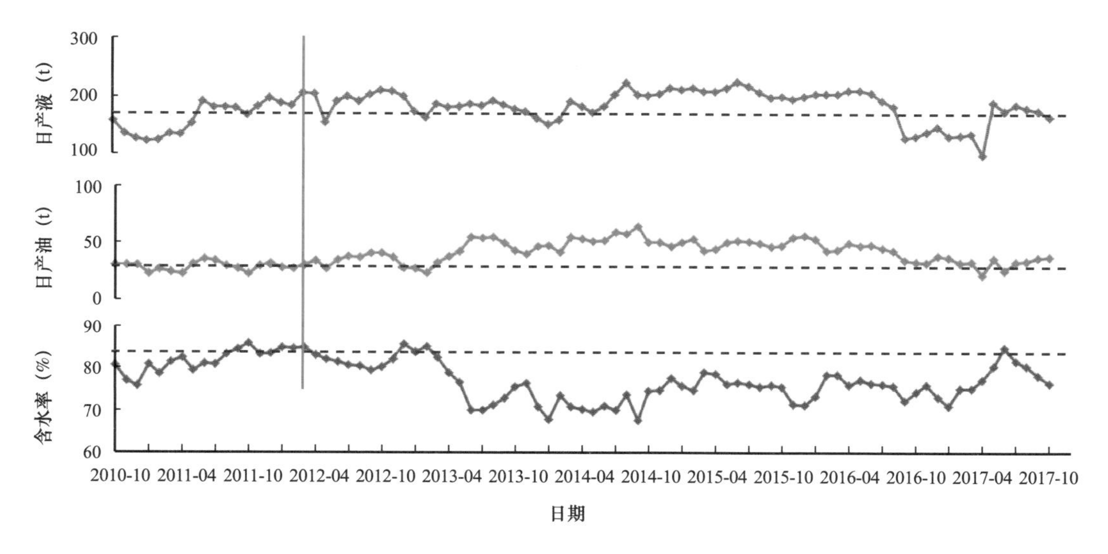

图 5–5 边井月度开发曲线

（3）典型见效井评价。

7867 井分布于试验区西南角，对应水井为 7886A 井和 7865A 井，措施前日产液 22.3t，日产油 1.6t，含水率 93%，为典型的高液量、高含水油井。示踪剂测试资料显示，其与 7886A 井和 7865A 井分别在八$_5^{1-1}$层、八$_5^{1-2}$层注采对应强烈，存在一级水流优势通道（表 5–8 和图 5–6）。

表 5–8 7867 井注采对应表

井别	井号	射孔厚度（m）		
		八$_5^{1-1}$	八$_5^{1-2}$	八$_5^{1-3}$
油井	7867	3.8	3.4	4.2
水井	7886A	4.5	2.5	2.0
水井	7865A	6.5	1.5	2.0

通过周围其他油井对应分析，发现相邻井 78006 井也存在高液量、高含水状况，因此，在调驱过程中不断优化对应水井调驱剂配方体系的基础上对 78006 井进行关井观察，旨在切断其与 7886A 井和 7865A 井注采对应，使井组整体驱替方向发生改变。

在配方调整与 78006 井控关的双重作用下，7867 井日产油量开始大幅度上升，调整后日产液 24.0t，日产油 7.5t，含水率 68.9%，实现调驱后单井最大日增油 23t，最大降水 59%，累计增油达到 6181.1t，增油降水效果显著。吸水剖面资料显示，7865A 井八$_5^{1-2}$层启动，剖面得到改善（图 5–7）。

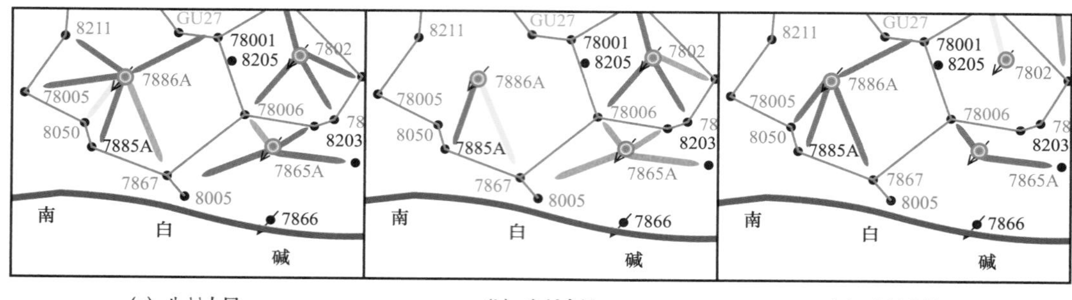

(a) 八$_5^{1-1}$小层 (b) 八$_5^{1-2}$小层 (c) 八$_5^{1-3}$小层

图 5-6 7867 井八$_5^{1-1}$、八$_5^{1-2}$、八$_5^{1-3}$小层示踪剂测试成果图

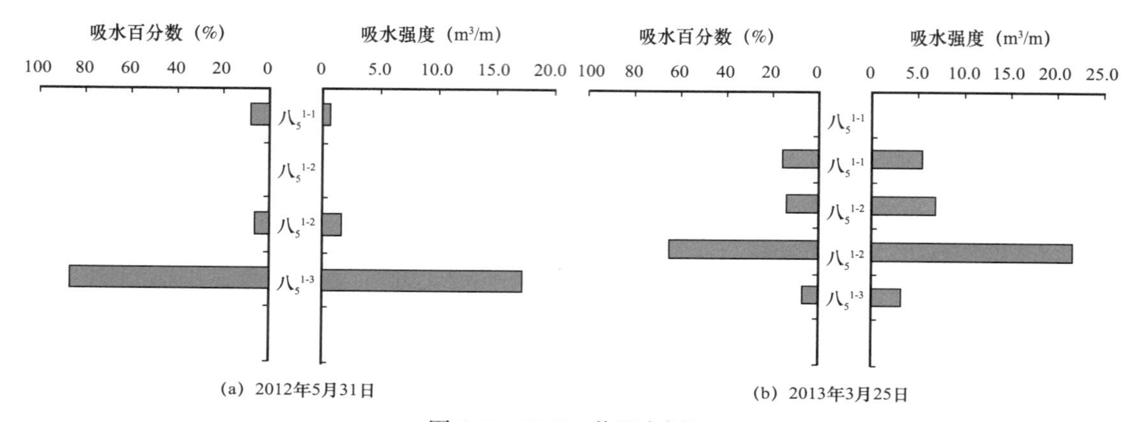

(a) 2012年5月31日 (b) 2013年3月25日

图 5-7 7865A 井吸水剖面

（二）七中区深部调驱试验区

1. 现场实施状况

现场试验于 2010 年 5 月开始，至 2012 年 4 月完成 $16.7 \times 10^4 m^3$ 的方案设计注入量。试验区平均注入压力由措施前的 4.6MPa 升至措施后的 8.5MPa，升高了 3.9MPa。

2. 总体效果评价

（1）增油降水效果明显。

累计核实增油 $3.2 \times 10^4 t$，提高阶段采收率 4.4%。试验区有效期 55 个月以上，含水率由 81.4% 下降到 68.1%，最大下降 13.3%（表 5-9、图 5-8 和图 5-9）。

表 5-9 试验区措施前后生产数据对比表

区块	措施前			调驱后			变化幅度		最大变化幅度	
	日产液（t）	日产油（t）	含水率（%）	日产液（t）	日产油（t）	含水率（%）	日产油（t）	含水率（%）	日产油（t）	含水率（%）
七中区克下	305.8	56.8	81.4	275.9	88.1	68.1	31.3	-13.3	31.3	-13.3

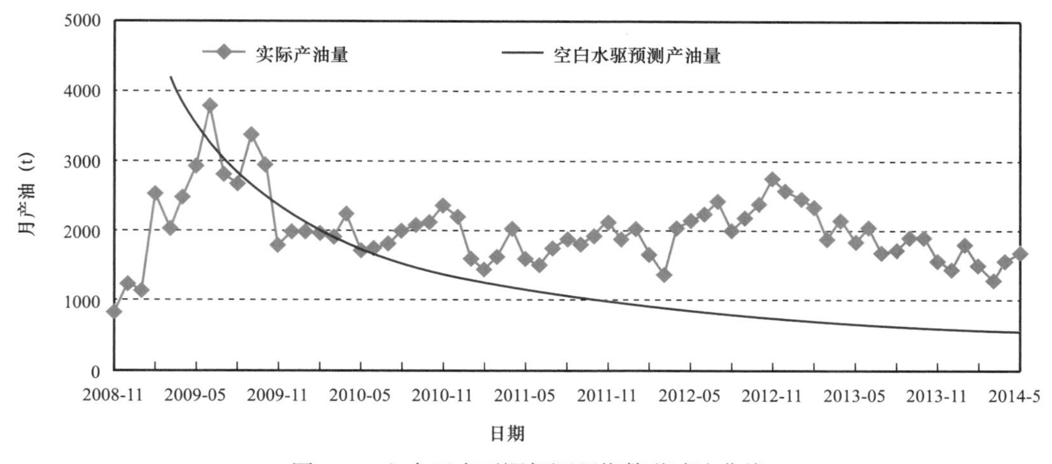

图 5-8　七中区克下深部调驱指数递减法曲线

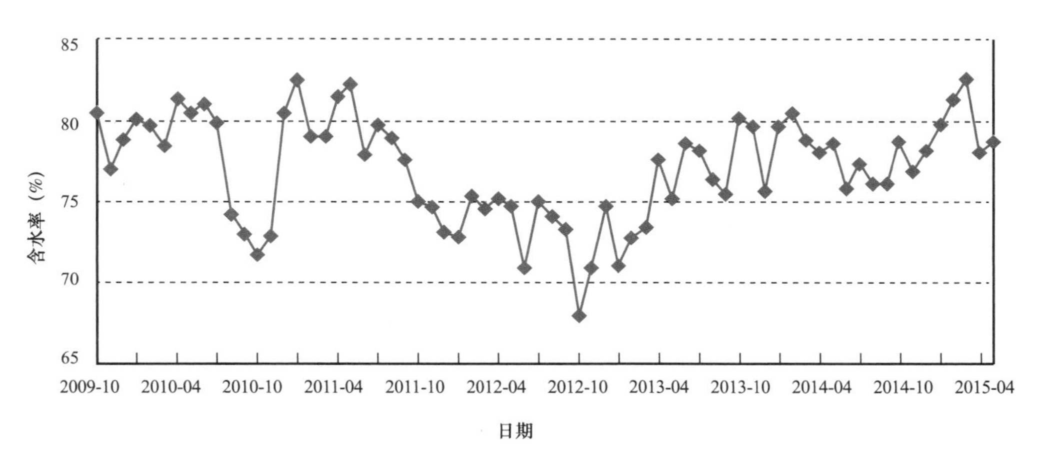

图 5-9　七中区试验区含水变化曲线

（2）试验区剖面改善，动用程度提高。

试验区单井小层间动用程度发生转换，调驱在封堵与启动双重作用的基础上保证了增油降水效果（图 5-10 至图 5-12）。

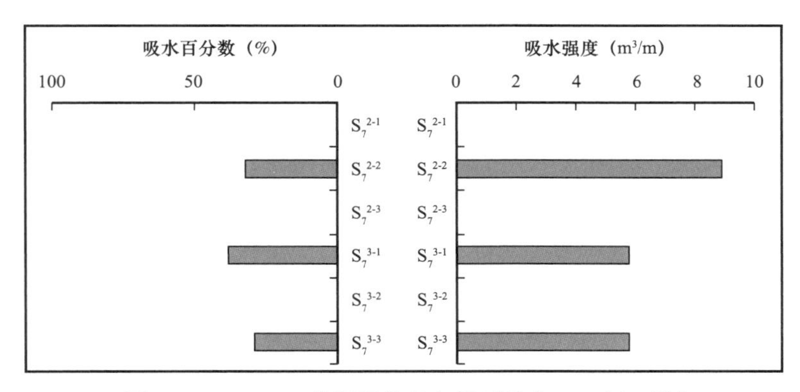

图 5-10　T72135 井调驱前吸水剖面图（2010 年 4 月）

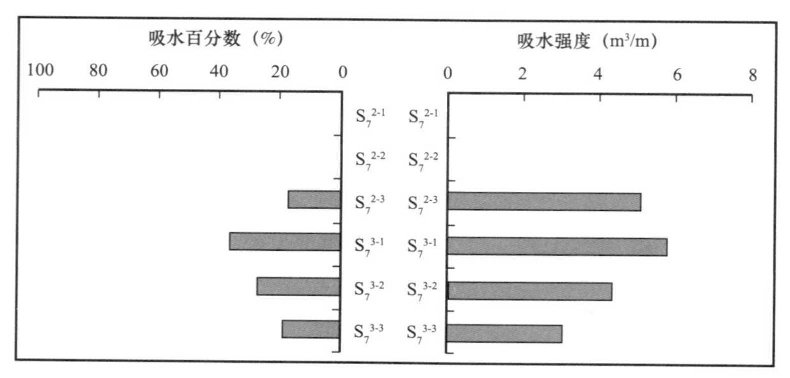

图 5–11　T72135 井调驱后吸水剖面图（2011 年 4 月）

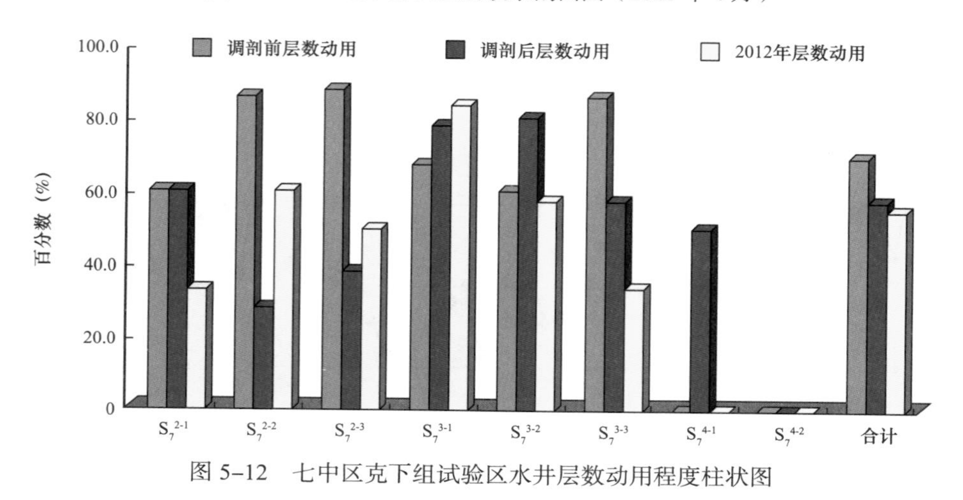

图 5–12　七中区克下组试验区水井层数动用程度柱状图

第二节　Ⅱ类砾岩油藏试验区

一、试验区地质概况

红山嘴断块区一组为走向北西的逆断层，另一组为北东或北东东向的逆断层。克下组底面的构造形态为向东倾的斜坡，局部地区由于受断层的牵引作用，形成小的褶皱和挠曲。克下段储层孔隙度在 0.1%～28.1% 之间，平均孔隙度为 15.3%；渗透率在 0.011～1620mD 之间，平均渗透率为 74.9mD，储层物性以中孔、低渗为主。

百 21 油藏位于两断裂呈“人”字形交界部位，两逆掩断裂完全封闭，形成了断裂遮挡油藏。构造形态为一自西北向东南缓倾的单斜，内部构造单一，地层倾角 3°～5°；自下而上内部构造形态有很好的继承性。属于山麓冲积扇沉积。孔隙类型以粒内溶孔、剩余粒间孔为主，其次发育少量砾缘缝。油层平均孔隙度 12.6%，渗透率 41.1mD，储层泥质含量低（1%～8%），表现为低速敏、低盐敏、中—弱水敏，水驱油效率 56.1%。储层润湿性为中性—亲水。

一东区克上组构造形态为一东南倾的单斜，地层倾角5°～11°，西北部倾斜较缓，东南部较陡。其东南部发育一条北东—南西走向的克—乌逆断裂。西北部发育着一条西段呈北东—南西走向，东段为东西走向的北黑油山逆断裂。

一东区克上组属于扇三角洲沉积，可细分为分流河道、水下分流河道和分流间湾微相，物源方向主要是西北、北部。沉积厚度28.0～93.0m，平均50m，砂层厚度8.0～39.0m，平均22.7m，纵向上S_2砂层组基本缺失，S_3砂层组在本区大面积缺失，仅在东部发育，总体上地层西北部较薄，向东南逐渐增厚，地层发育较稳定。油层有效厚度4.6～29.5m，平均10.5m，其中S_1小层发育最厚。S_1小层油层整体发育较好，南部最大厚度可达14.2m，平均厚度4.0m；S3小层在西部缺失，东部区域油层发育较差，只有东北区域发育小范围的厚油层，最大10.8m，平均厚度1.8m；S_4^1小层中部和东北区域油层较厚，最大9.4m，平均1.5m；S_4^2小层全区厚度发育较均匀，最大厚度8.5m，平均3.0m；S_5^1小层厚油层发育在北部区域，最大6.9m，平均1.3m；S_5^2小层厚油层发育在西北区域，最大12.4m，平均3.6m。

二、试验区开发简况

红山嘴油田红18井区克下组油藏于1982年探明，1984年3月采用300m井距四点法面积注水井网投入开发，1990年4月投注，2001年、2002年、2004年进行了扩边。

百21井区百口泉组油藏于1979年3月采用500m井距反九点法面积井网开发；1980年4月以来采用两套半井网开发；历经3个阶段，即：产能建设阶段（1979年3月至1980年3月）；高产稳产阶段（1980年4月至1986年6月）；递减阶段（1986年7月以后）。

一东区克上组油藏于1958年发现，1958年7月投入试采，1960年6月正式注水开发。依据其开发特点和产油量变化情况可大致分为四个阶段。低含水阶段（1956—1963年）：油藏采用两排水井夹三排油井行列式注水井网、井距200m、排距250m，克上组、克下组一套井网全层开发。中含水阶段（1964—1987年）：为改变油藏开发被动局面，1963年末开始井网调整，改行列注水井网为面积注水井网，克上组、克下组分层系开发。高含水阶段（1988—2006年）。二次开发阶段（2007年以后）：2007—2008年油藏采用150m井距五点法面积井网在剩余油富集部位实施二次调整开发，实施小层分注，油藏见效快，主力层动用好，油藏水驱储量动用程度由63.1%提高至二次开发后的84.5%。

三、深部调驱方案要点

根据方案设计，红18井区克下深部调驱试验选择了12注33采的试验区，调驱主要目的层为克下组，覆盖地质储量$150×10^4$t，设计化学剂用量$7.5×10^4m^3$（表5–10和图5–13）。

百21井区百口泉组深部调驱试验选择了5注13采的试验区，调驱主要目的层为百口泉组B_1层，覆盖地质储量$15.7×10^4$t，设计化学剂用量$3.8×10^4m^3$（表5–10和图5–14）。

一东克上深部调驱试验选择了8注13采的试验区，面积$0.58km^2$，调驱主要目的层为克上组S_1层，覆盖地质储量$56×10^4$t，设计化学剂用量$12.75×10^4m^3$（表5–10和图5–15）。

表 5-10 深部调驱试验区方案表

试验区块	油藏类型	调驱井数（口）	相关油井（口）	调驱用量（10^4m^3）	地质储量（10^4t）	调驱思路	预测增油量（10^4t）
红 18	Ⅱ类砾岩	12	33	7.50	150.0	驱为主，调为辅	2.50
百 21	Ⅱ类砾岩	5	13	3.80	15.7	驱为主，调为辅	0.40
一东克上	Ⅱ类砾岩	8	13	12.75	56.0	驱为主，调为辅	2.25
合计		25	59	24.05	221.7		5.15

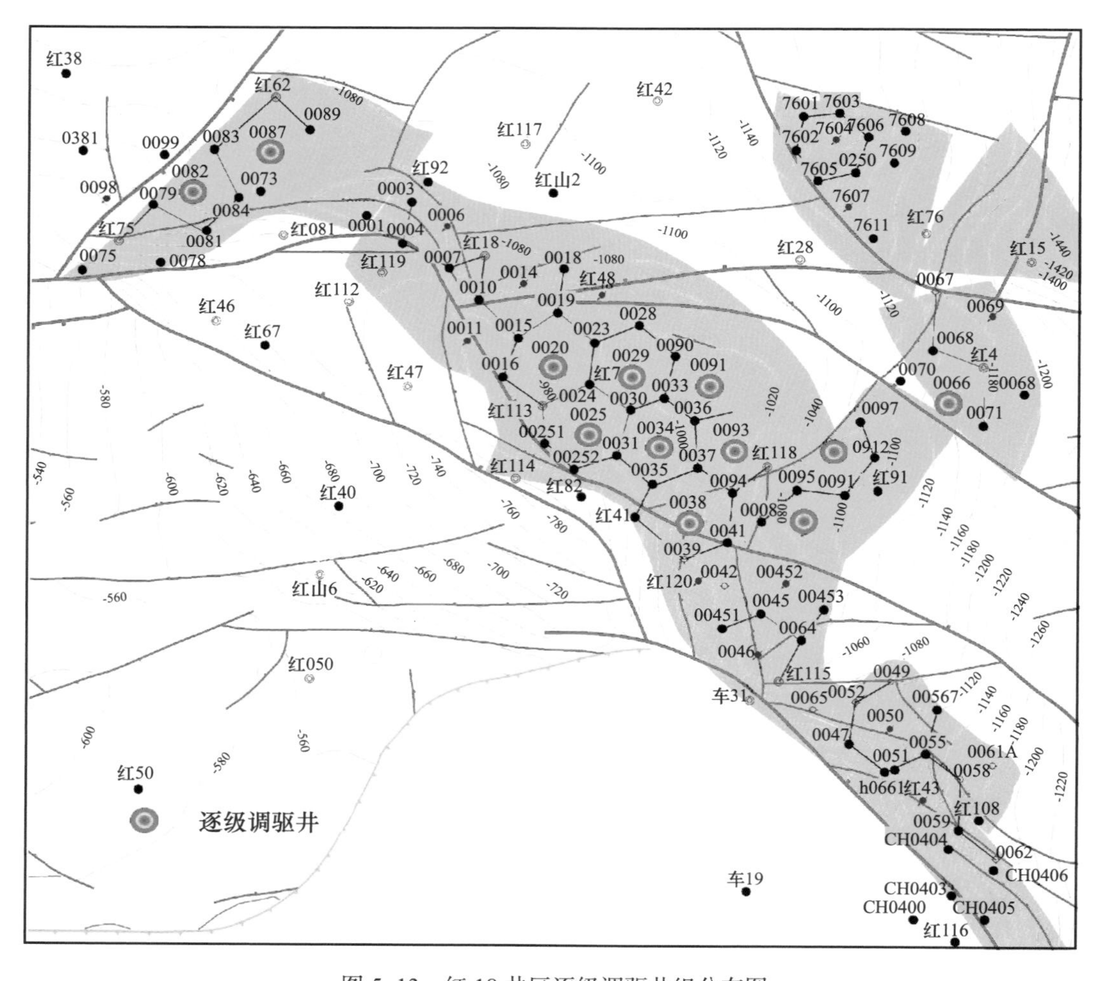

图 5-13 红 18 井区逐级调驱井组分布图

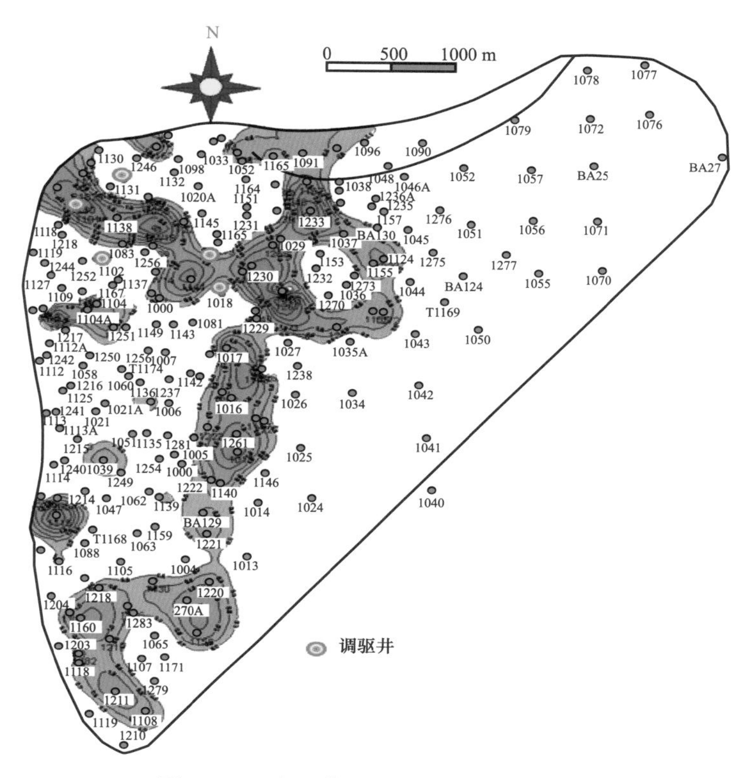

图 5–14 百 21 井区逐级调驱井组分布图

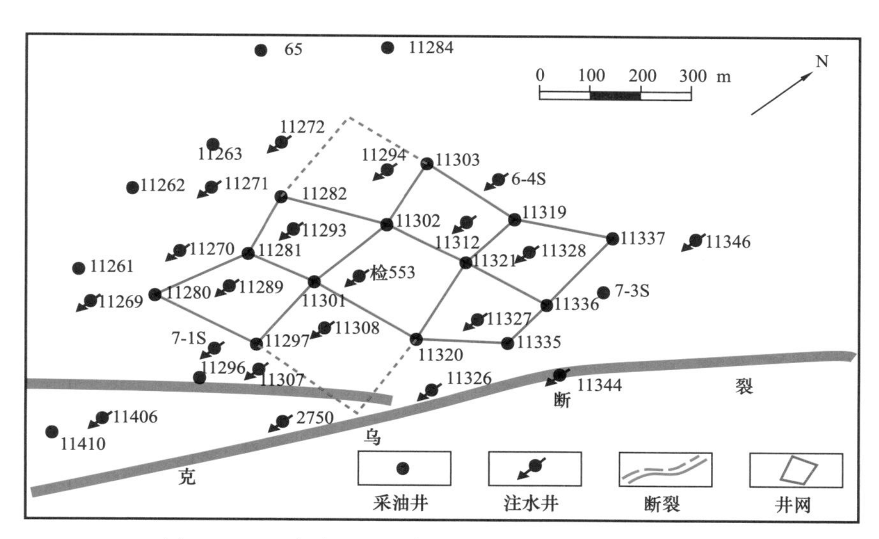

图 5–15 一东克上组油藏深部调驱试验区井组分布图

以 B21 井区Ⅱ类砾岩调驱为例，针对百 21 井区 B1 油藏油层厚、非均质强特点，开展由弱到强的调驱段塞组合设计。降低强吸水层的吸液能力，增大中低渗透层的吸液能力，从而扩大水驱波及体积，提高水驱采收率。

段塞设计上对强吸水层段用中高强度凝胶进行封堵、对中等吸水强度层用中弱强度凝胶进行封堵、弱吸水层段用弱凝胶调剖，调整各层的吸水能力，改善吸水剖面，提高水驱效果（表 5-11）。

表 5-11　段塞注入方式设计

调驱阶段	调驱井号				
	1102 井	1029 井	1018 井	1131 井	1019 井
第一阶段	前置段塞	前置段塞	前置段塞	前置段塞	前置段塞
第二阶段	弱凝胶	弱凝胶	弱凝胶	中凝胶	弱凝胶
第三阶段	中凝胶	中凝胶	中凝胶	强凝胶	中凝胶
第四阶段	强凝胶	强凝胶	强凝胶	GPAM 体系	顶替段塞
第五阶段	顶替段塞	顶替段塞	顶替段塞		

四、现场试验效果评价

（一）红山嘴红 18 井区深部调驱试验

1. 现场实施状况

实施 12 个井组，设计注入量 75334m^3（0.05PV），实际注入调剖剂 75150m^3（强凝胶 31603m^3，中强凝胶段塞 13344m^3，弱凝胶段塞 6421m^3，活性剂驱油段塞 22396m^3，封口段塞 1386m^3），如图 5-16 所示。

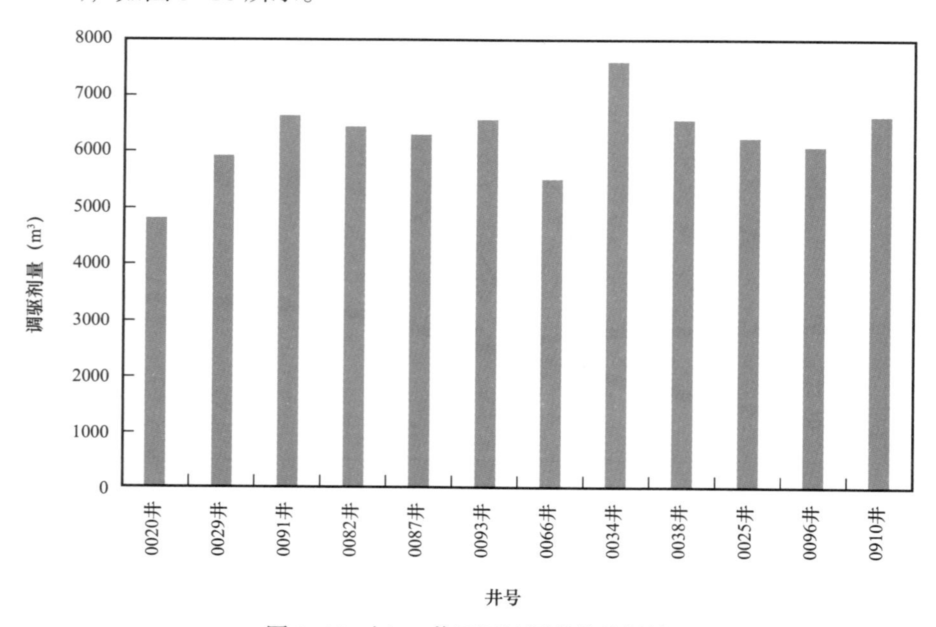

图 5-16　红 18 井区逐级调驱单井剂量

2. 总体效果评价

（1）改善了平面、剖面动用，注采矛盾得到缓解。

经过整体调驱，红 18 井区克下组油藏产吸剖面动用程度由 2010 年的 48.3% 升至 55.1%。其中，产液剖面由 54.1% 升至 64.2%，吸水剖面由 41.6% 升至 42.5%（图 5–17 和图 5–18）。

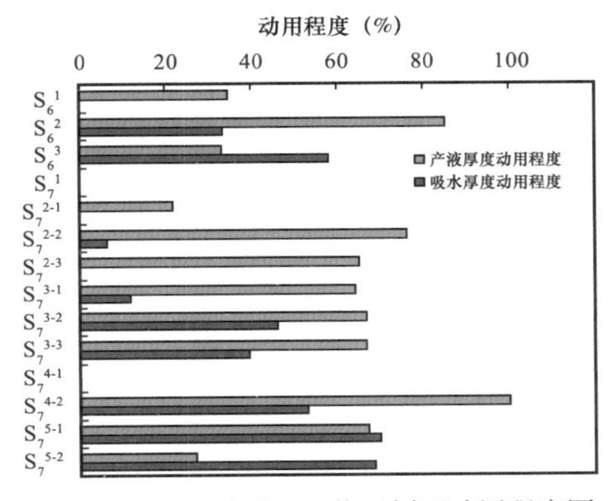

图 5–17　2010 年红 18 井区剖面动用程度图

图 5–18　2012 年红 18 井区剖面动用程度图

同期对比，红 18 井区年注水量、注采比呈上升趋势，地层压力由 2010 年的 9.4MPa 上升至 9.5MPa，地层能量逐步恢复，缓解了注采矛盾（图 5–19）。

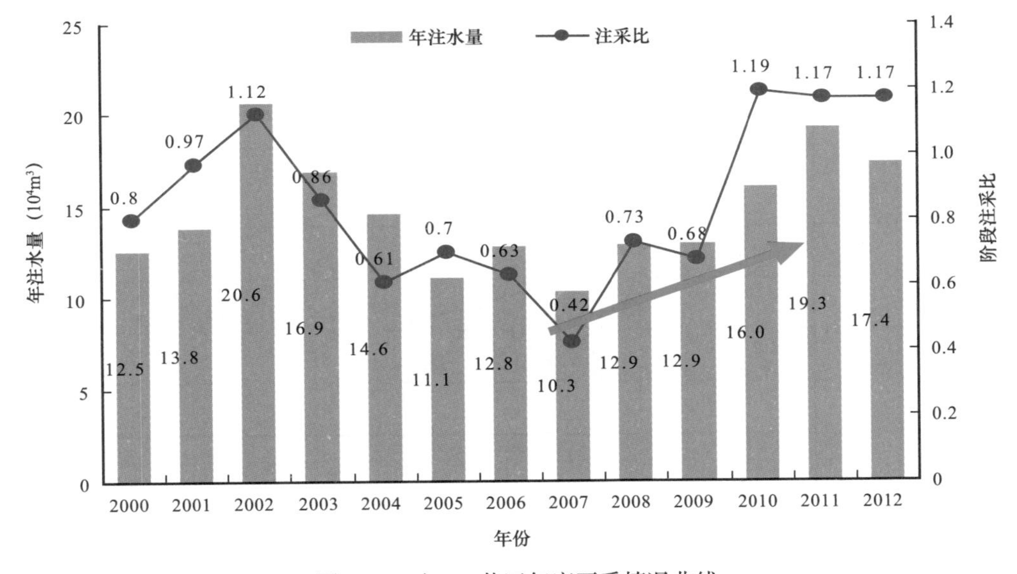

图 5–19　红 18 井区年度开采情况曲线

（2）遏制了含水率上升，水驱油效率提高。

2011 年 5 月开始含水率明显下降，含水上升率得到控制。区块含水率由 75% 下降为 70%，含水上升率由 16.6% 降至 –7.7%（图 5–20）。主力断块红 48 断块，含水率下降明显，由 74.4% 降至 66.7%。

图 5-20 红 18 井区综合含水率图

（3）扭转了区块生产形势急剧恶化的局面。

调驱井组 12 个，周围受效油井 33 口，日产油由 85t 上升至 130t，日增油 45t（图 5-21）。

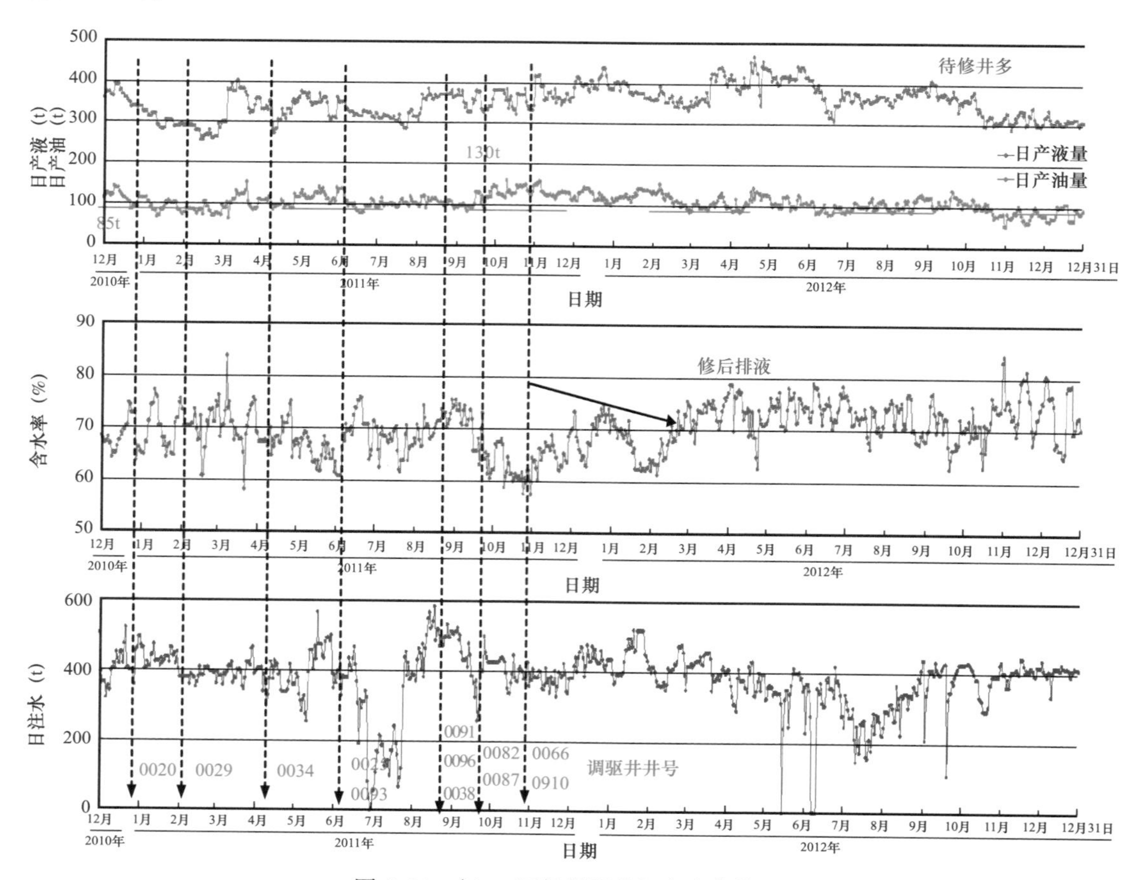

图 5-21 红 18 逐级调驱井组生产曲线图

调驱措施后区块的递减趋势发生了很大的变化，见效初期产量逐渐上升，后保持稳定。按照新疆油田公司标准用月报递减法计算累计增油 3.0×10⁴t，增油效果明显（图 5-22）。综合涉及调驱的 33 口油井，中心井的增油是边井的 3.7 倍。

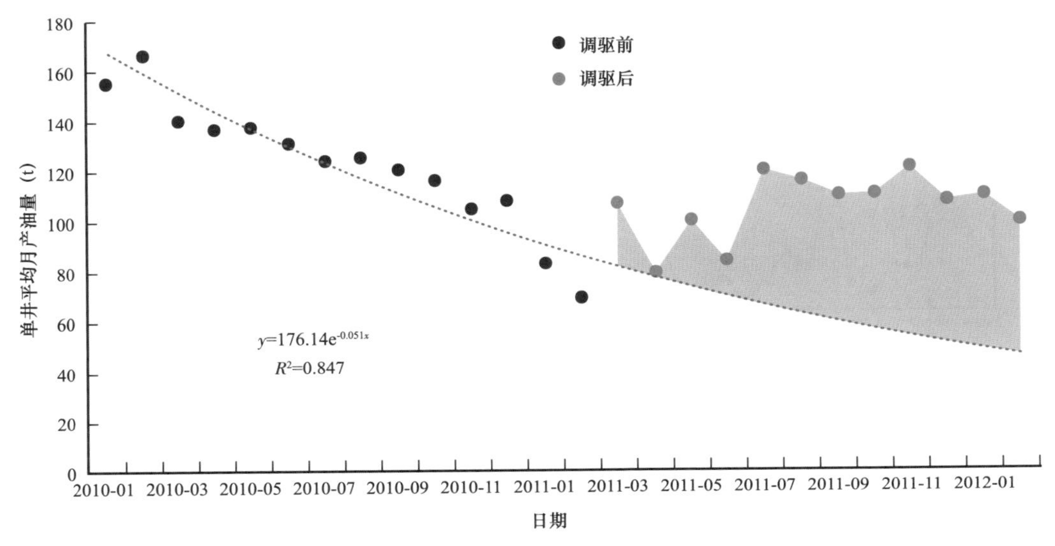

图 5-22　红 18 井区克下组油藏月度递减曲线

（二）百 21 百口泉组深部调驱试验

1. 现场实施状况

试验区五口注水井于 2009 年 9 月开始实施调剖措施，截至 2010 年 10 月，5 口调剖井已完成全部设计注入量的注入，总注入化学剂 $3.8\times10^4m^3$。注入压力由措施前的 6.5MPa 上升到调剖结束后的 7.6MPa。

2. 总体效果评价

（1）措施有效率高，单井增油效果好。

试验区 5 口注水井，对应油井 23 口，见效油井 21 口，见效率 91.3%。从单井增油量分级统计结果来看：累计增油大于 100t 的井有 16 口，占试验区井数的 70%（表 5-12 和图 5-23）。

表 5-12　单井增油量分级统计

增油量分级	井数（口）	累计增油量（t）	所占比例（%）	所属井组
>300t	7	3906.8	30.4	1018，1102，1131
100～300t	9	966.7	39.1	1018，1019，1029，1102，1131
<100t	5	134.5	21.8	1018，1019，1029
无效	2	—	8.7	1131
合计	23	5008.0	100.0	

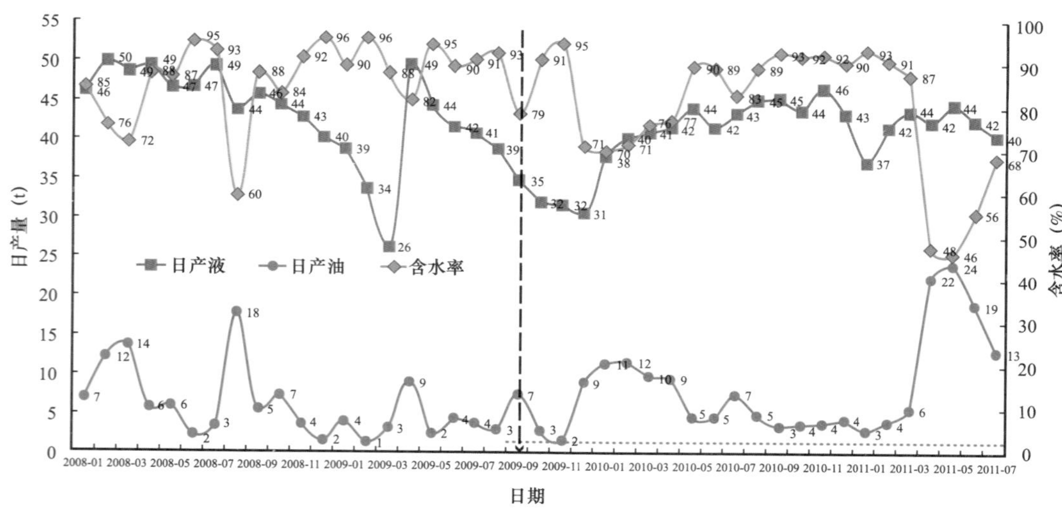

图 5-23　受效油井 1058 井生产曲线

（2）生产形势明显变好。

试验区至 2011 年 9 月核实累计增油 5008t，提高阶段采收率 3.2%，与全区对比，生产形势明显变好（图 5-24 至图 5-26）。

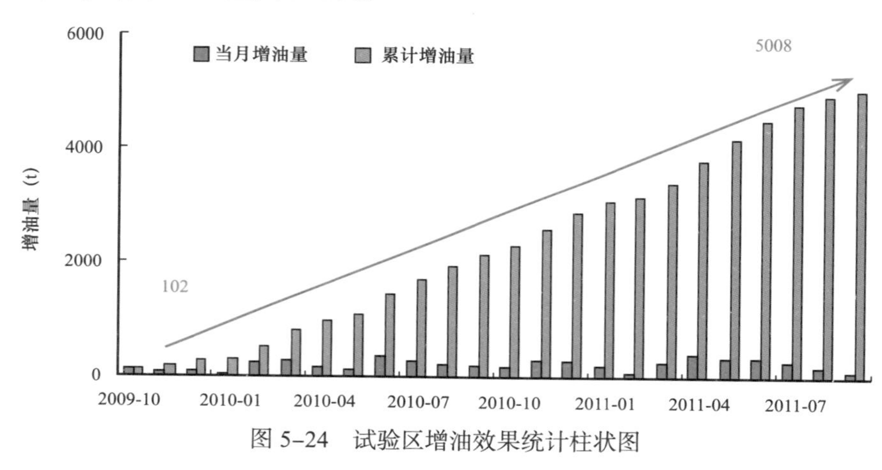

图 5-24　试验区增油效果统计柱状图

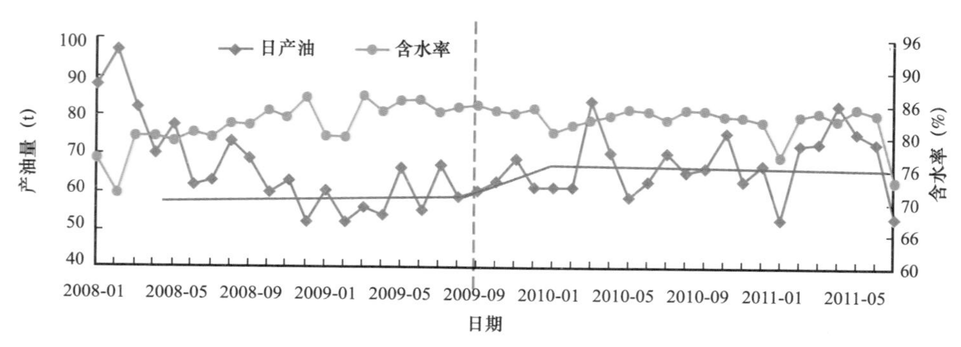

图 5-25 试验区生产曲线

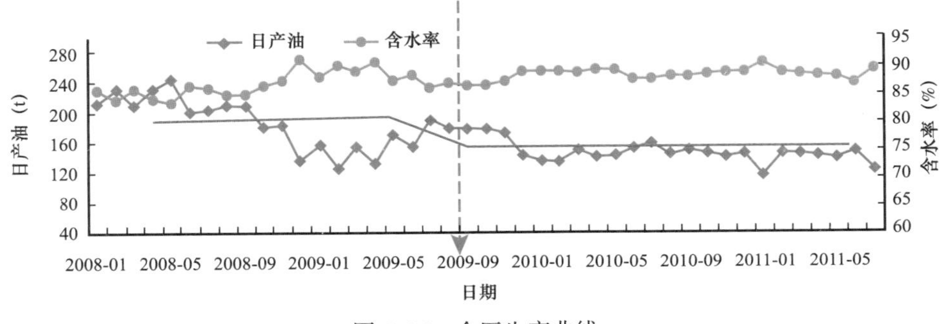

图 5–26　全区生产曲线

（3）试验区水驱开发效果得到改善。

措施后水驱特征曲线斜率明显变缓，水驱指数上升，试验区水驱开发效果得到改善（图 5-27）。

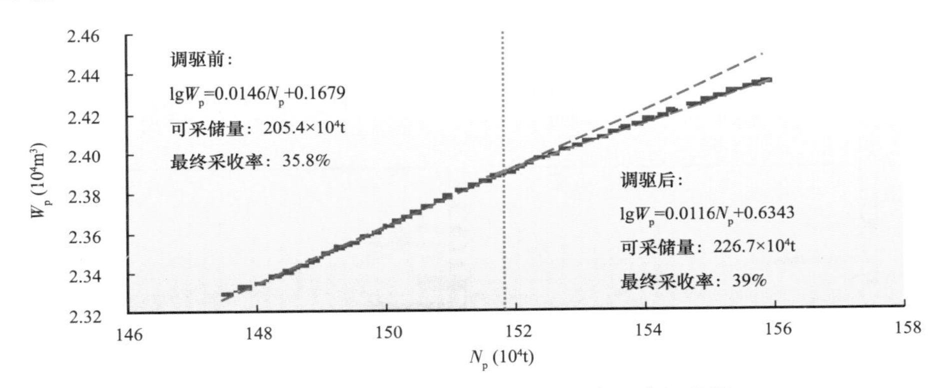

图 5–27　百 21 井组 B1 油藏试验区水驱特征曲线

（4）水井剖面动用程度大幅度提高，注采矛盾得到缓解。

从调剖前后的测试资料来看，吸水剖面得到改善，高渗透层被有效封堵，同时启动低渗透层，厚度动用程度由 32.8% 提高到 55.3%（图 5–28 至图 5–30）。

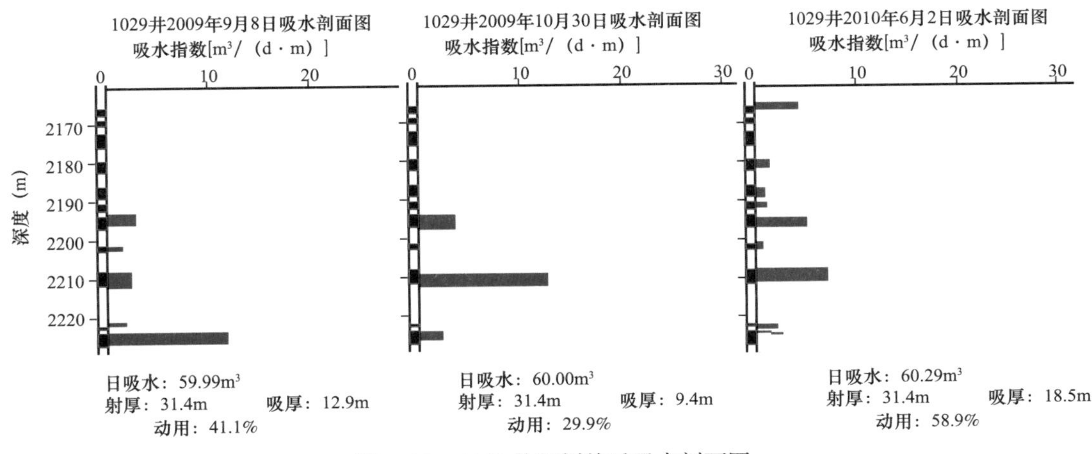

图 5–28　1029 井调剖前后吸水剖面图

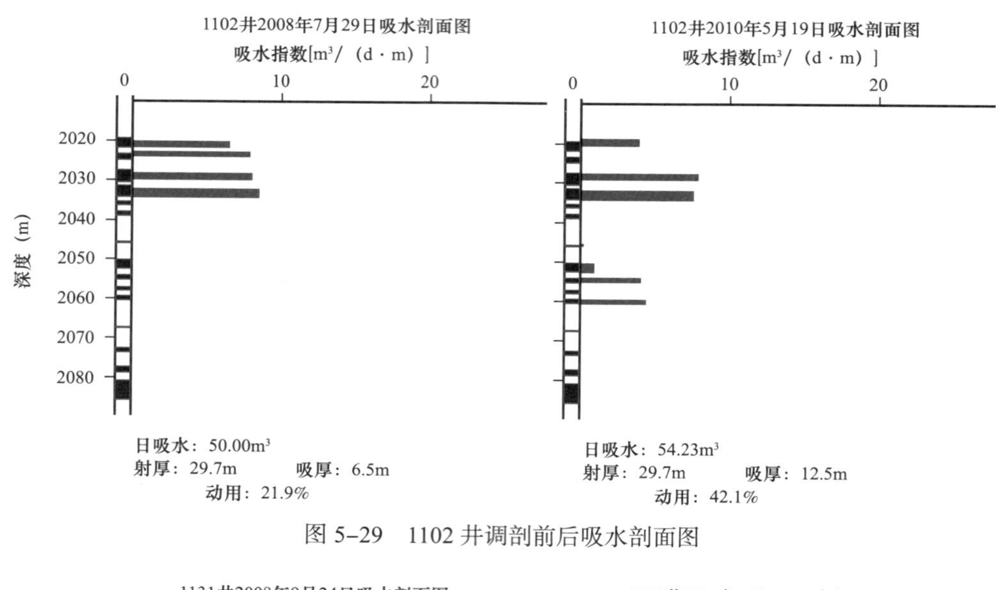

图 5-29　1102 井调剖前后吸水剖面图

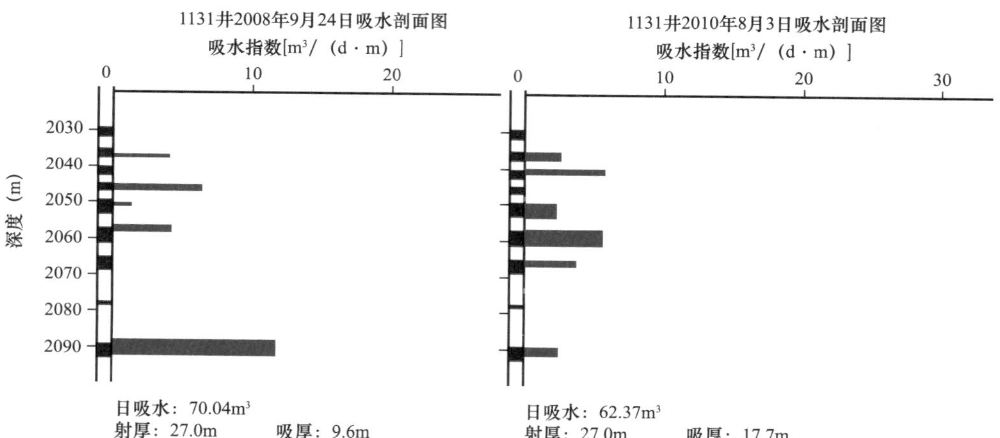

图 5-30　1131 井调剖前后吸水剖面图

第三节　Ⅲ类砾岩油藏试验区

一、试验区地质概况

六中区为断裂遮挡的单斜构造油藏，克—乌断裂、白碱滩北断裂及南白碱滩断裂为试点区块内三条主断裂，地层倾角 2°～30°，向下倾方向逐渐变陡（图 5-31）。沉积厚度为 31～100m，储层岩性为砾岩、含砾不等粒砂岩。六中区孔隙度 18.96%，渗透率 251mD，有效厚度 22.9m，六中区克下组油藏地质储量 2084.12×10^4t，原始地层原油黏度 80mPa·s。

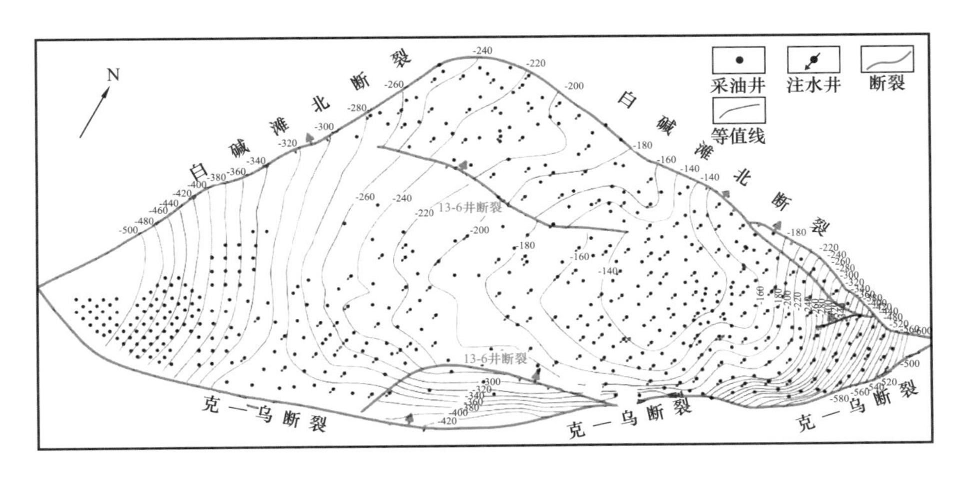

图 5-31 六中区克下组油藏底部构造图

二、试验区开发简况

六中区克下组油藏于 1957 年发现，1968 年六中区西部开辟注水试验区，1974 年全面开发，1975—1982 年分注分采和扩边调整保持了高产稳产，1983 年进入高含水期递减阶段，后经历了 1993 年、1998 年的加密调整，2006—2008 年的二次开发调整。二次开发调整后，六中区克下组形成五点法面积井网，注采井距由 300m 减小到 125m。

三、深部调驱方案要点

根据方案设计，六中区选择 18 注 28 采的矩形试验区，调驱目的层为克上组 S_7^3 油层，地质储量 40.6×10^4t，化学剂用量 13.75×10^4m^3，折合地层孔隙体积 0.18PV；六中东克下组（扩大）试验选择了 40 注 64 采的试验区，面积 1.4km^2，调驱主要目的层为 S_7^{3-1}～S_7^4 层，地质储量 199×10^4t，设计化学剂用量 45.5×10^4m^3，折合地层孔隙体积 0.2PV，注入周期 605d。预测 10 年可提高采收率 4.58%，增产油量为 8.65×10^4t。六中北选择了 10 注 22 采的试验区，面积 0.48km^2，调驱主要目的层为 S_7^{3-1}～S_7^4 层，地质储量 68.9×10^4t，设计化学剂用量 12.74×10^4m^3，折合地层孔隙体积 0.1PV，注入周期 422d。预测 10 年可提高采收率 4.25%，增产油量为 2.93×10^4t（表 5-13）。

表 5-13 深部调驱试验区方案表

试验区块	油藏类型	调驱井数（口）	相关油井（口）	调驱用量（10^4m^3）	试验区面积（km^2）	地质储量（10^4t）	调驱思路	预测增油量（10^4t）
六中东区	Ⅲ类砾岩	18	28	13.75	2.88	40.8	调为主，驱为辅	2.04
六中东扩大	Ⅲ类砾岩	40	64	45.50	1.40	199.0	调为主，驱为辅	8.60
六中北	Ⅲ类砾岩	10	22	12.74	0.48	68.9	调为主，驱为辅	2.93
合计		68	114	71.99	4.76	308.7		13.57

以六中区Ⅲ类砾岩逐级调驱为例，调驱施工五个阶段调驱剂的配制浓度见表5-14。

（1）第一阶段：高强缓膨颗粒。

（2）第二阶段：常规体膨颗粒。

（3）第三、第四阶段：弱凝胶调驱剂，为保证封堵效果，使用清水配制。

（4）第五阶段：高强度凝胶封口调驱剂，为保证封堵效果，使用清水配制。

表5-14　调驱试验配制浓度设计表

时间段	聚合物（%）	交联剂（%）	助剂（%）	颗粒凝胶（%）	备注
第一阶段	0.10	—	—	0.5	高强缓膨颗粒
第二阶段	0.10	—	—	1.0	常规体膨颗粒
第三阶段	0.30	0.19	0.02		凝胶
第四阶段	0.25	0.19	0.02		凝胶
第五阶段	0.40	0.21	0.02		凝胶

四、现场试验效果评价

为保证调驱效果，自2010年5月起，六中东调驱试验区根据采出液见聚情况，对先导性试验的4口见聚浓度高的水井进行了4次配方调整，通过有针对性的调整措施，见聚浓度较高的井得到有效控制（表5-15）。

同时为了保证调驱试验的效果，对试验区内油井进行了相关辅助措施，主要有以下3方面：

（1）对调剖后部分产液下降的油井，及时进行转抽或复抽；

（2）对储层物性较差区域的少数油井进行了压裂、酸化、挤液措施；

（3）及时检泵，保证油井正常生产。

主要实施情况：压裂1口，酸化1口，转抽、复抽5口（主要集中在先导性4井组），检泵5口井。

表5-15　六中东主要见聚井见聚情况对比表

井号	聚合物含量（mg/L）			样次	井号	聚合物含量（mg/L）			样次
	初始	最高	措放后			初始	最高	措放后	
T6089	1.7	15.4	5.9	11	T6154	38.2	1909.1	157.7	92
T6090	24.7	72.7	37.2	9	T6155	0.6	606.0	108.4	65
T6091	49.7	311.0	79.0	9	T6156	25.6	2098.0	1761.3	62
T6092	321.5	544.1	23.6	9	T6157	0	0	0	16
T6106	53.0	267.2	215.4	8	T6167	93.7	647.0	29.0	65
T6107	10.3	367.5	239.6	9	T6168	94.5	1694.7	19.0	92
T6108	7.4	195.8	8.7	11	T6169	9.3	1534.9	34.7	60
T6124	198.8	796.2	439.1	17	6102A	5.5	43.8	6.0	8

续表

井号	聚合物含量（mg/L）			样次	井号	聚合物含量（mg/L）			样次
	初始	最高	措放后			初始	最高	措放后	
T6125	65.0	882.8	196.7	12	6166	—	—	—	—
T6126	17.3	88.6	88.6	7	T6178	6.0	15.0	0	39
T6127	43.1	43.1	6.1	5	T6179	1.2	17.2	0	30
T6140	15.1	108.7	38.6	15	T6180	33.1	59.6	0	75
T6141	131.1	1803.1	703.8	37	T6081	6.4	6.4	0	5
21–2A	22.2	70.1	70.1	12	T6142	7.5	33.3	6.5	18

（一）六中东先导试验区

1. 现场实施状况

现场实施从 2010 年 1 月开始，分三批进行，2011 年 4 月 16 日调驱施工全部结束，累计注入化学剂 $13.75\times10^4m^3$。

2. 总体效果评价

（1）先导试验区开发特征反映了典型的提高采收率特点。

截至 2012 年 6 月，见效井表现为调驱阶段含水率下降，产油量上升，与聚合物驱的典型曲线类似。深部调驱先导试验区 9 口见效井含水率由调驱前的 79% 下降至 63%，下降了 16 个百分点。月产油量由调驱前的 671t 上升至 1221t，上升了 1.8 倍（图 5–32 至图 5–35）。

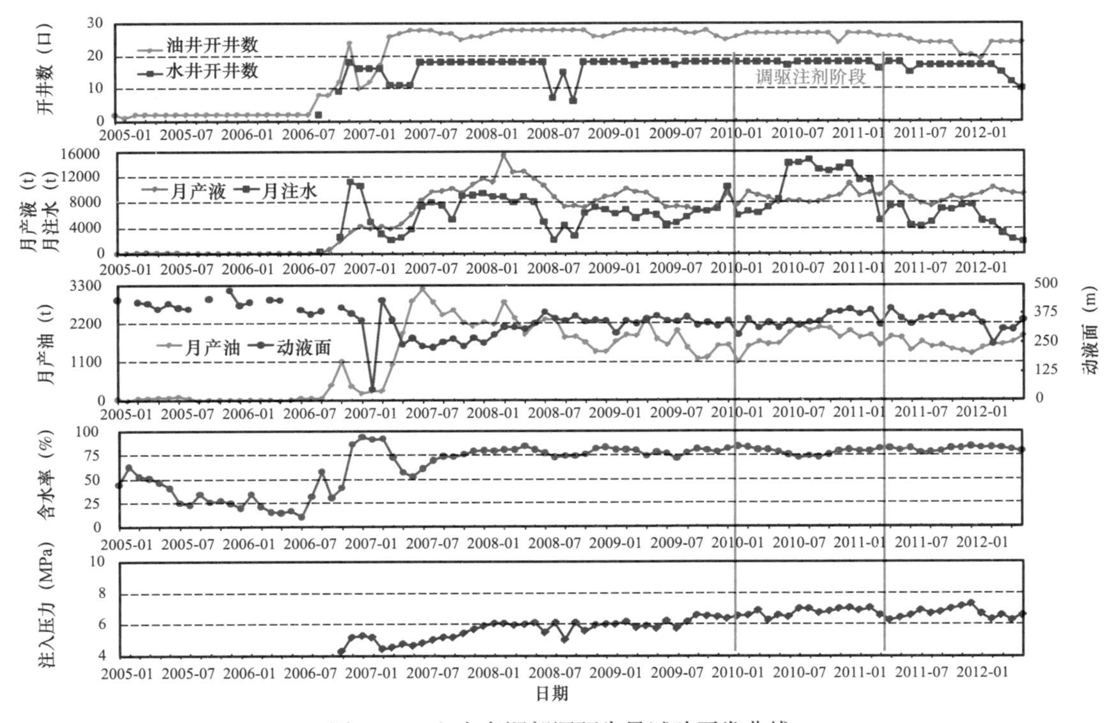

图 5–32　六中东深部调驱先导试验开发曲线

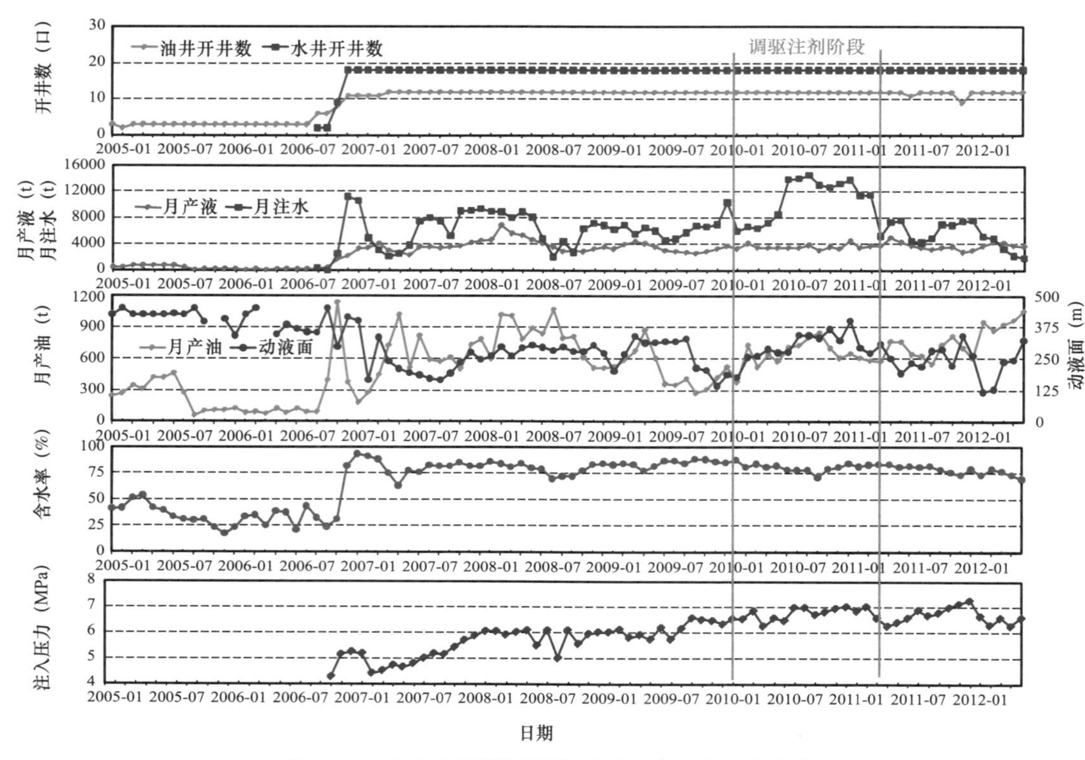

图 5-33　六中东深部调驱先导试验中心井开发曲线

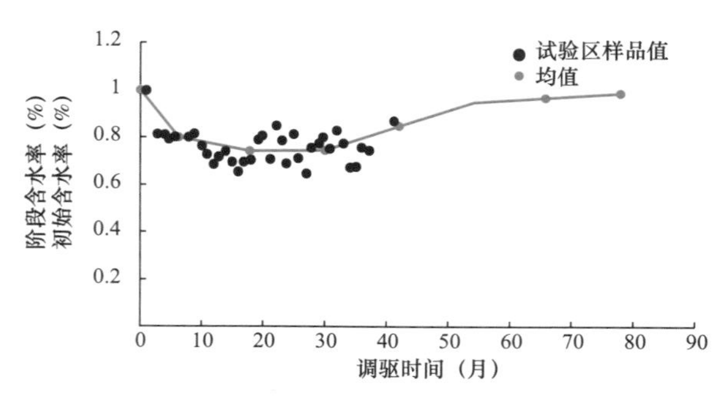

图 5-34　六中东深部调驱含水率变化情况

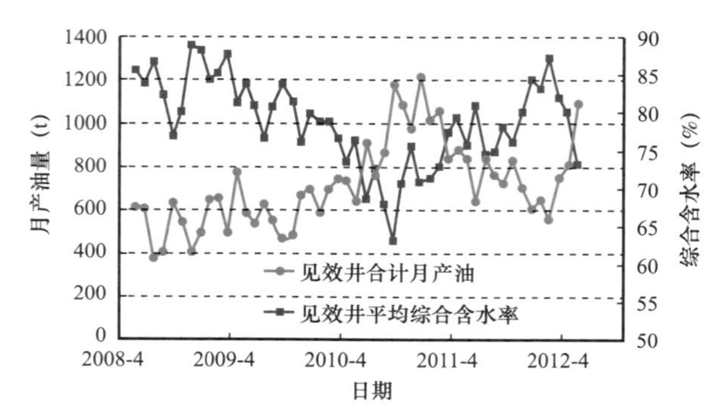

图 5-35　调驱先导试验区 9 口见效井含水率和产油曲线

按照试验区油井生产动态情况，分为见效好、见效较好、一般见效三类。见效好的特点是含水率下降幅度大（约20%），下降持续时间较长；见效较好的特点是含水率下降幅度较大（约10%），下降持续时间较短（图5–36）。

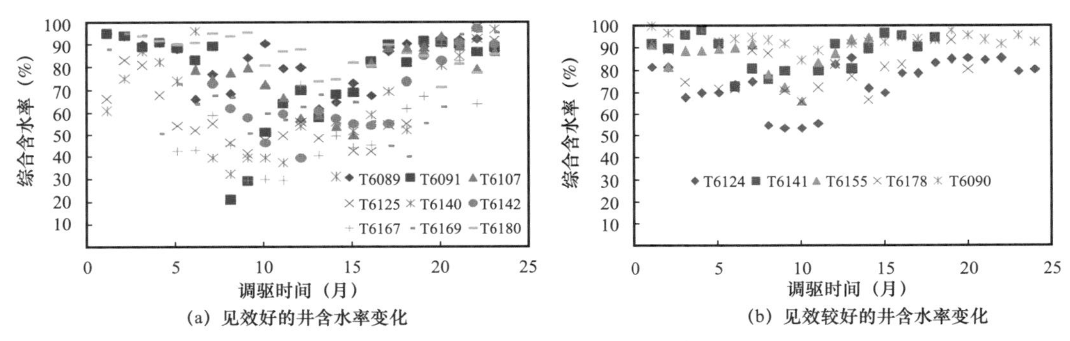

图5–36 各类见效情况油井含水率变化

（2）采油速度提高。

注入调驱剂的整个过程中以及全部调驱剂按照方案注入完成后，深部调驱先导区的采油速度高于扩大区（图5–37）。

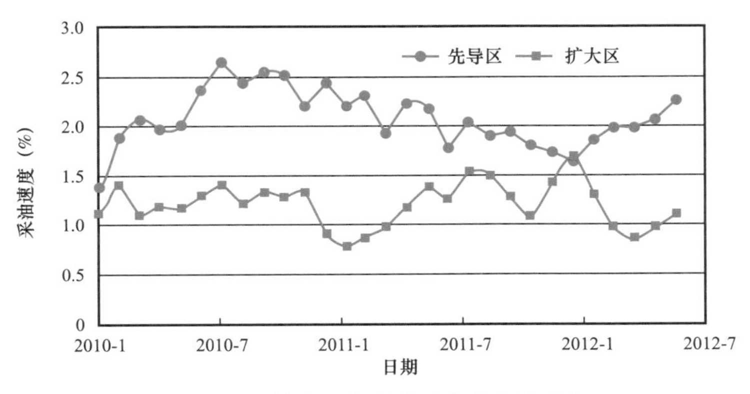

图5–37 扩大区和先导区采油速度对比

（3）多方向受效比例提高、中心井效果好于边井。

深部调驱调整了储层的渗流状况，调驱后多向受效井比例增加22.6个百分点，单向受效和双向受效占比减少（表5–16和图5–38）。

表5–16 六中东深部调驱先导试验实施前后受效情况对比

年份	单向受效井占比（%）	双向受效井占比（%）	多向受效井占比（%）
2008（调驱前）	15.4	23.1	61.5
2009（调驱前）	24.1	41.4	34.5
2010（调驱后）	17.2	34.5	48.3
2011（调驱后）	17.9	25.0	57.1

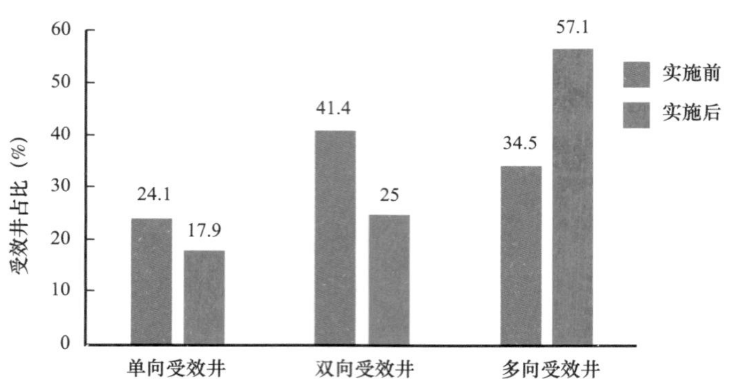

图 5-38 深部调驱先导区实施前后受效情况对比

调驱前多向受效井，调驱见效好的比例较高，为 80%；调驱前双向受效井，调驱后见效好的比例为 33.3%；调驱前单向受效井，调驱后见效好的比例仅占 28.7%（表 5-17）。

表 5-17 先导试验调驱前后受效情况统计

调驱前受效情况	井数（口）	调驱后见效井数（口）	比例（%）
多向受效	10	8	80.0
双向受效	12	4	33.30
单向受效	7	2	28.70

中心井效果好于边井：中心井月产液量和边井相当，月产油量呈上升趋势，目前中心井单井月产油量是边井的 1.8 倍，含水率比边井低 15 个百分点（图 5-39）。

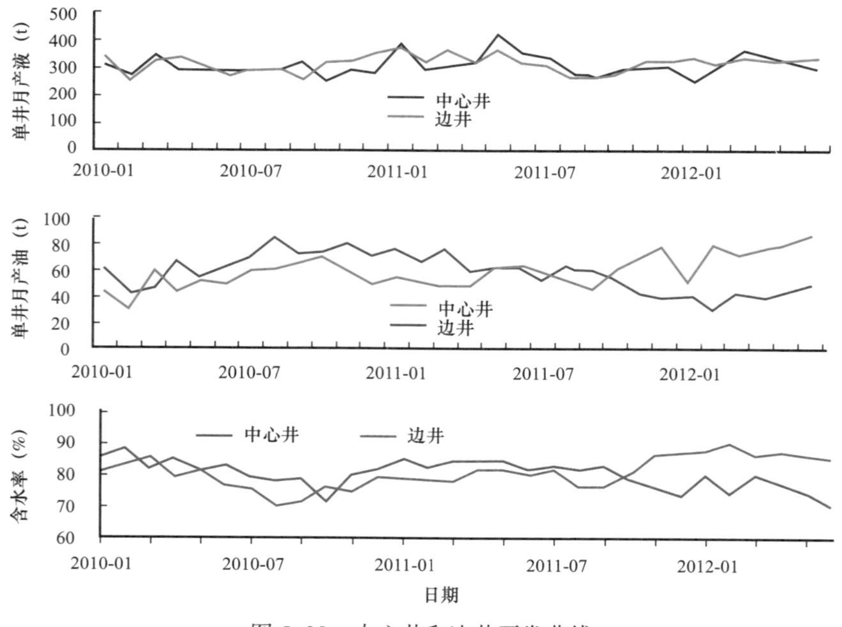

图 5-39 中心井和边井开发曲线

（4）注水突进速度、优势水流通道得到调整。

调驱前示踪剂监测曲线以不对称的单峰为主，表现为示踪剂峰值速度快、浓度大、浓度下降快，具有明显的大孔道、高渗透条带特征；调驱后以对称单峰为主，表现为示踪剂峰值速度小、见剂浓度小，曲线峰型较宽（图 5–40）。

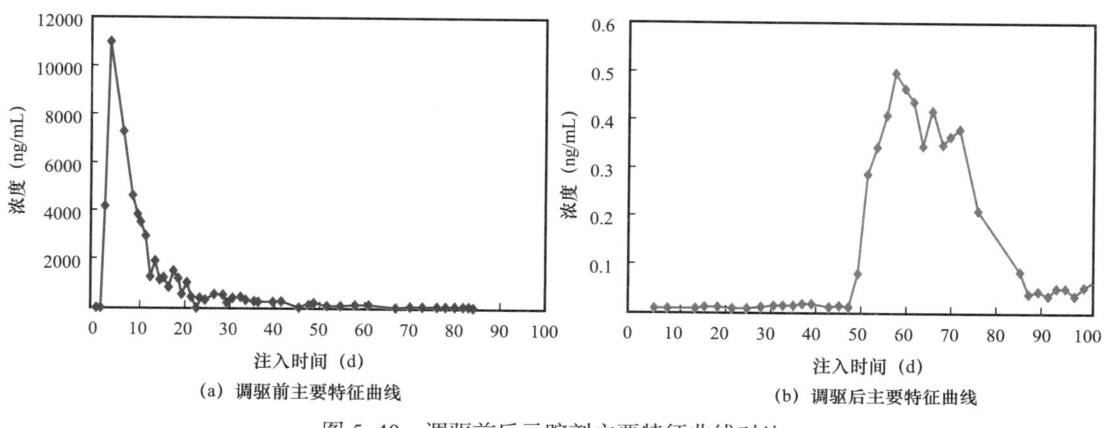

图 5–40　调驱前后示踪剂主要特征曲线对比

（二）六中东扩大试验区

1. 现场实施状况

六中东克下组扩大化试验以三套段塞组合方式进行现场注入，于 2013 年 4 月开始实施，目前调驱井正常注入 34 口，调驱结束 6 口（均为补调井），至 2014 年 10 月底，累计注入化学剂 $38.2\times10^4m^3$，占设计量的 83.8%，现场总体进展顺利。注入井单井注入压力变化差异较大，最大上升 4.0MPa，调驱井平均注入压力由调前的 5.0MPa 上升至调驱后的 5.5MPa，升幅 0.5MPa，其中压力升幅大于 1MPa 的有 9 口井。

2. 总体效果

六中东扩大深部调驱实施以来增油降水效果明显，截至 2017 年 12 月，六中东扩大试验区累计增油 6.2×10^4t，最大日增油达 63t，最大降水 14%，提高阶段采出程度 1.3%（表 5–18 和图 5–41）。

表 5–18　六中东扩大深部调驱试验区见效情况表

区块	措施前			2017 年 12 月			变化幅度		最大变化幅度	
	日产液（t）	日产油（t）	含水率（%）	日产液（t）	日产油（t）	含水率（%）	日产油（t）	含水率（%）	日产油（t）	含水率（%）
六中东扩大	531.1	109.3	79.4	377.0	130.3	65.4	21.0	–14.0	63.0	–14.0

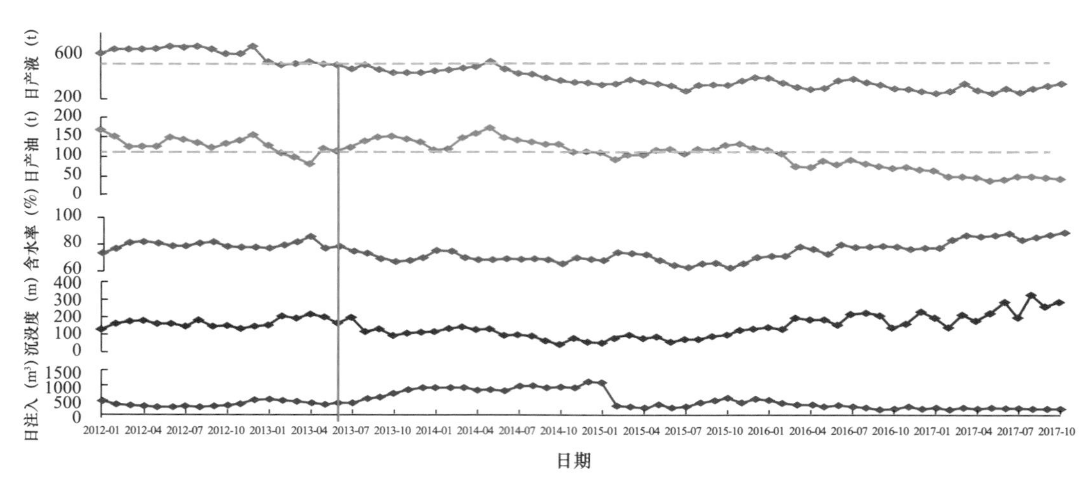

图 5–41　六中东扩大试验区历史开发曲线

3. 油井见效状况

六中东扩大试验区 64 口油井中累计 53 口见效，见效率 82.8%，其中中心井见效率高（93.3%）。

（1）中心井见效评价。

试验区块 22 口中心井含水率下降幅度大，持续周期长；低于调驱前 8.2 个百分点，调驱实施期间增油明显，日产油最高达 114.6t，后续水驱阶段日产油受产液量下降影响较大（图 5–42）。

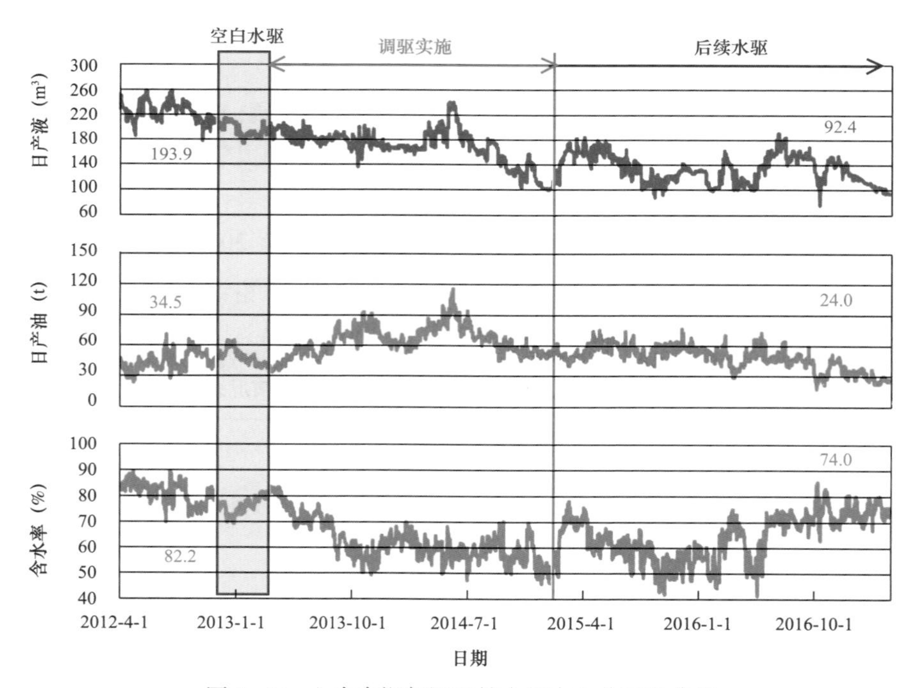

图 5–42　六中东深部调驱扩大区中心井开发曲线

（2）边部井见效评价。

试验区块组合方式二为5注11采，采用颗粒+凝胶与SMG段塞交替注入，调驱实施期间增油降水效果显著，后续水驱效果持续保持较好，自2016年12月受产液量影响，产油量有所下降。含水率低于调驱前3.7%（图5-43）。

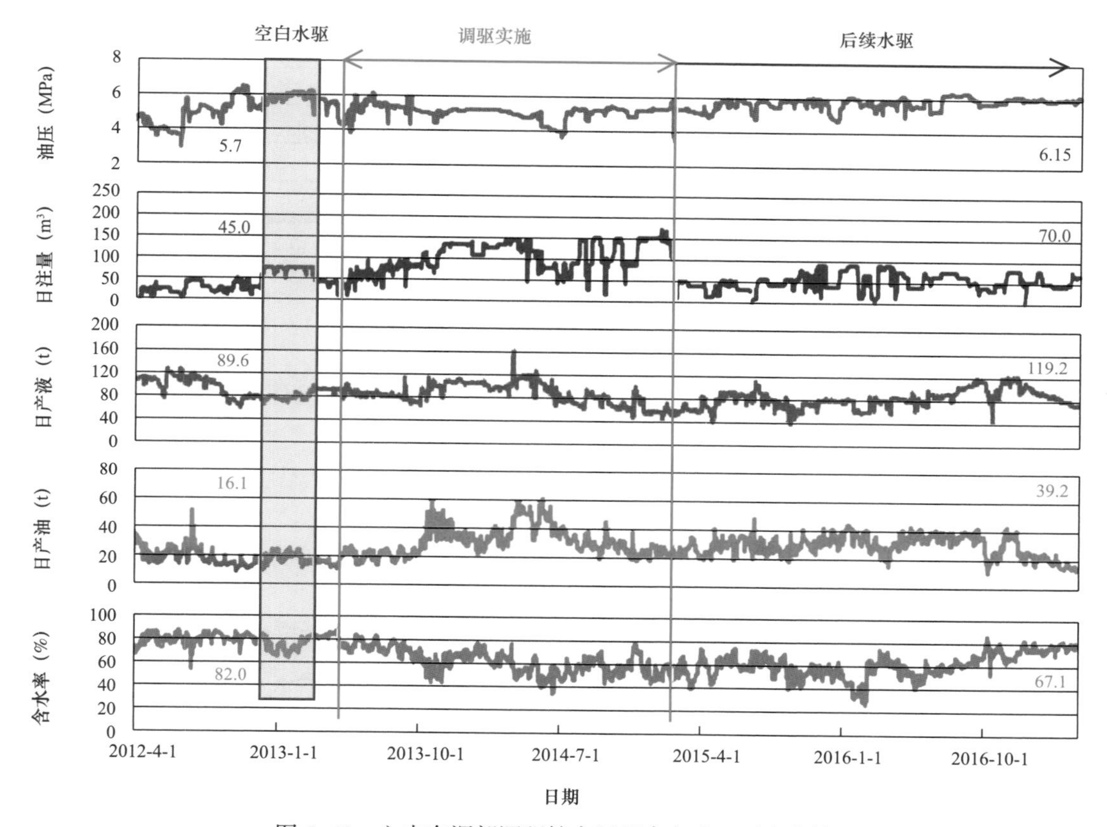

图5-43　六中东深部调驱扩大区组合方式二开发曲线

（3）典型见效井评价（T6069井）。

T6069井对应水井4口（T6058井、T6059井、T6080井、T6081井），措施前日产液16.2t，日产油0.9t，含水率94%，为高液量、高含水油井。T6059井示踪剂测试资料显示，其中T6069井见剂速度快，浓度较大，曲线峰型宽，有水窜，连通性较好，存在水流优势通道（图5-44）。

T6069井对应调驱井3月30日开始调驱，5月开始见效，与措施前相比日产液下降11.1t，日产油由0.8t升至4.5t，含水率由96%降到44%。实现调驱后单井最大日增油4.4t，最大降水50%，累计增油达到1266t，增油降水效果显著（图5-45）。

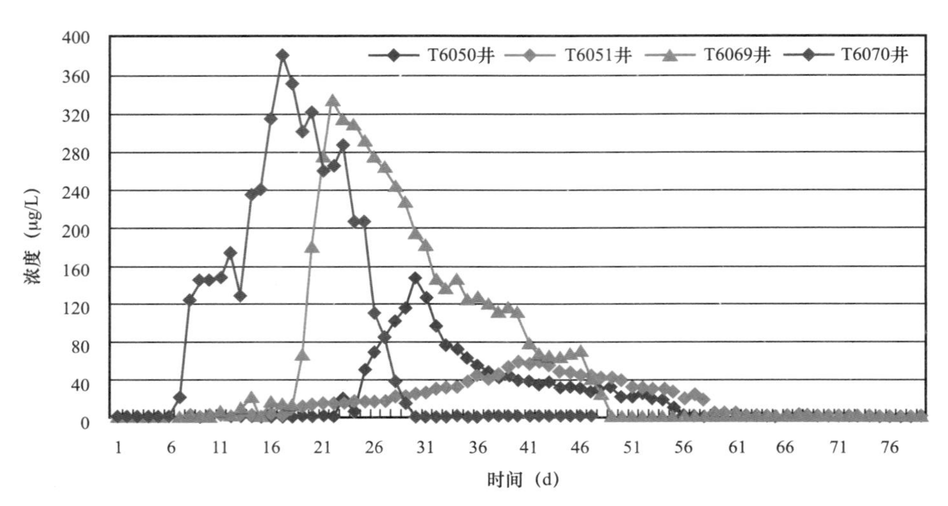

图 5-44　T6069 井示踪剂测试成果图

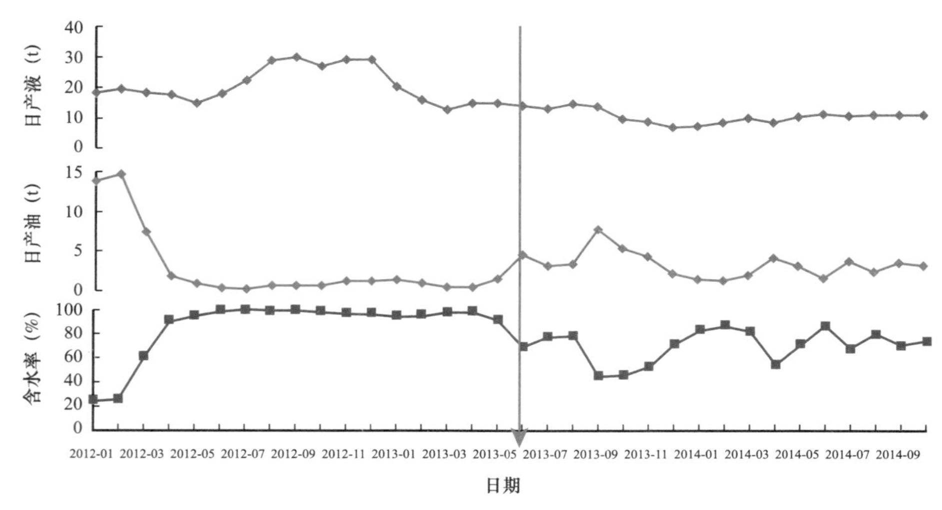

图 5-45　T6069 井月度生产曲线

参考文献

［1］杨志冬，周金燕，买买提·加马力，等. 逐级深部整体调驱技术在红山嘴油田的应用研究［J］. 化学工程与装备，2015（3）：44–48.

［2］袁述武，韩甲胜，萨如力·草克提，等. 深部调驱技术在砾岩油藏二次开发中的应用——以克拉玛依油田七中区克下组油藏深部调驱试验为例［J］. 新疆石油天然气，2015，11（2）：4，61–65.

［3］李永新，李东文，李红，等 . 克拉玛依油田红山嘴砾岩油藏开采方式探讨［J］. 新疆石油地质，2008，29（4）：517–519.

［4］李东文，汪玉琴，白雷，等. 深部调驱技术在砾岩油藏的应用效果［J］. 新疆石油地质，2012，33（2）：208–210.

［5］李红，李永新，邓泳，等. 调驱技术在边底水油藏的应用［J］. 新疆石油地质，2008，29（4）：517–519.